高等学校计算机基础教育教材

C语言程序设计
实用教程

鲍广华　钦明皖　主　编
王　虎　胡　勇　副主编

清华大学出版社
北京

内 容 简 介

本书作为普通高等院校计算机基础教学的教材,内容丰富,详略得当,深入浅出,通俗易懂,便于自学。全书共分 12 章,内容包括 C 语言概述、基本数据类型、数据的输入输出、程序的控制结构、数组、函数、指针、结构体、预编译、位运算、文件及综合实例。

本书可作为普通高校非计算机专业的教材或成教、职教计算机专业的教材,也可作为参加计算机等级考试人员及其他计算机自学者的自学教材。

图书在版编目(CIP)数据

C 语言程序设计实用教程/鲍广华,钦明皖主编. —北京:清华大学出版社,2015(2024.2 重印)
高等学校计算机基础教育规划教材
ISBN 978-7-302-40502-3

Ⅰ. ①C… Ⅱ. ①鲍… ②钦… Ⅲ. ①C 语言-程序设计-高等学校-教材 Ⅳ. ①TP312

中国版本图书馆 CIP 数据核字(2015)第 136990 号

责任编辑:袁勤勇
封面设计:常雪影
责任校对:焦丽丽
责任印制:曹婉颖

出版发行:清华大学出版社
    网 址:https://www.tup.com.cn,https://www.wqxuetang.com
    地 址:北京清华大学学研大厦 A 座   邮 编:100084
    社 总 机:010-83470000   邮 购:010-62786544
    投稿与读者服务:010-62776969,c-service@tup.tsinghua.edu.cn
    质量反馈:010-62772015,zhiliang@tup.tsinghua.edu.cn
    课件下载:https://www.tup.com.cn,010-83470236
印 装 者:艺通印刷(天津)有限公司
经 销:全国新华书店
开 本:185mm×260mm   印 张:23.75   字 数:552 千字
版 次:2015 年 8 月第 1 版   印 次:2024 年 2 月第 10 次印刷
定 价:68.00 元

产品编号:041376-04

前　言

　　"程序设计"是理工科学生的一门十分重要的基础课程,而 C 语言是一种国内外广泛使用的计算机语言。用 C 语言进行程序设计已成为计算机工作者的一个基本功,很多高校将"C 语言程序设计"(或类似名字)作为理工科学生的必修课。但是,由于 C 语言概念规则繁多,使用灵活易出错,很多学生在学习这门课时,感到吃力,虽然付出较多努力,但结果并不理想。

　　在我校,"程序设计基础 C"这门课程,也是非计算机专业理工科本科生的必修课。相对其他课程,该门课程的通过率也偏低。一直以来,我们不断研究,不断探索,不断改革,其目的,就是为了能使同学们学好这门课,练好这个基本功。

　　如何才能达到我们的目的,这其中要做的工作很多,而一本合适的教材对学生们来说,必不可少。目前关于 C 语言程序设计的教材有很多,但如何编写出一本让学生们学起来容易、看起来想看的教材,依然是我们日思夜想的目标,尽管我们编写的这本教材很可能没有完全实现我们的初衷,但至少我们的目标如此。

　　好的教材源于不懈的教学改革与教学实践。我们的教学改革,得到了学校相关部门一直以来的大力支持。教研项目"计算机程序设计基础课程教学模式改革与创新人才培养"于 2009 年获得学校批准立项(2012 年已结项),本次教材编写也是"安徽大学教学改革与建设项目"之一,本书为作者鲍广华承担的安徽大学教学改革与建设项目"C 语言程序设计实用教程"(项目类别:规划教材,项目编号:xjghjc1409)的研究成果。本教材的作者全部来自教学第一线,长期从事"程序设计基础 C"的教学与实践工作,潜心研究新形势下的教学对象、教学形式、教学内容、教学方法,积累了很多宝贵的经验。无论是在教研项目立项前、在研中还是结项后,我们的教学改革始终没有停歇,如何有效提高教学质量,如何通过"程序设计基础 C"这门课程的学习,使学生观察问题、分析问题及动手解决问题的能力得以全面提高,是我们一直以来追求的目标,也是我们编写本教材过程中始终牢记的。

　　全书以程序设计为主线,注重程序设计的思想和方法。通过具体问题或案例引出知识点,知识点介绍言简意明,通俗易懂,重点突出。联系实际编写的案例,与学生的生活、学习紧密相联,易于理解接受。案例中的算法分析,对编程思路给出分析,力求培养学生分析问题、解决问题的能力。注释形式的问题提出及分析,不仅有利学生更好理解程序代码,更是引导学生主动思维,以培养探索性、研究性学习习惯。对重点及必须掌握的难点内容,比如函数和指针这两部分内容,采用系列例题代码方式代之以传统单一例题方式,针对学生难理解易搞错的问题，抓住问题的根本，详细讲解，举一反三，而对语法中的细枝末节则简要介绍或以实例等方式灵活处理，以期学生能够掌握真谛，从根本上真正掌握重点与难点，顺利学好本门课程，并希望通过本门课程的学习，促进学生综合能力的提高。

本书由鲍广华、钦明皖主编，王虎、胡勇副主编。第 1 章由郑珺露、张磊编写，第 2 章、第 6 章由王文兵编写，第 3 章、第 7 章由鲍广华编写，第 4 章、第 5 章由钦明皖编写，第 8 章、第 9 章由胡勇编写，第 10 章由郑珺露编写，第 11 章、第 12 章由王虎编写，附录由张磊编写。全书统稿由鲍广华完成，全书统稿后的通读与修改由鲍广华、钦明皖、王虎、胡勇完成。

参考的资料有的来自网络，有时很难记录到作者，所以有的没能标明出处，恳请涉及的作者原谅。如果引用了贵文，请来信说明，若再版我们将及时注明。

由于编著者水平有限，书中错误在所难免，恳请读者专家批评指正，我们将不胜感激。

最后，衷心感谢学校相关部门与教学部领导的大力支持，衷心感谢全体同仁的通力合作与鼎力相助，衷心感谢清华大学出版社广大员工的辛苦付出，衷心感谢亲人们的理解与支持，衷心感谢所有关爱帮助支持我的人，谢谢，谢谢你们！

鲍广华

2015 年 4 月

目录

第1章 概述 ……………………………………………………… 1

1.1 C语言简介 …………………………………………………… 1

1.1.1 为什么要学习 C 语言 ……………………………… 1

1.1.2 C 语言的诞生 …………………………………… 3

1.1.3 C 语言的特点 …………………………………… 4

1.1.4 C 语言源程序的结构 …………………………… 4

1.1.5 C 源程序的运行 ………………………………… 6

1.2 程序与算法 …………………………………………………… 7

1.2.1 程序与程序设计 ………………………………… 8

1.2.2 算法 ……………………………………………… 9

1.2.3 算法设计的基本方法 …………………………… 11

本章小结 …………………………………………………………… 18

习题 1 ……………………………………………………………… 19

第2章 基本数据类型 ……………………………………………… 20

2.1 C 语言的数据类型 …………………………………………… 20

2.2 常量与变量 …………………………………………………… 22

2.2.1 标识符 …………………………………………… 22

2.2.2 常量 ……………………………………………… 23

2.2.3 变量 ……………………………………………… 24

2.3 整型数据 ……………………………………………………… 25

2.3.1 整型常量 ………………………………………… 25

2.3.2 整型数据在内存中的表示 ……………………… 25

2.3.3 整型变量 ………………………………………… 27

2.4 实型数据 ……………………………………………………… 30

2.4.1 实型常量 ………………………………………… 30

2.4.2 实型变量 ………………………………………… 30

2.5 字符型数据 …………………………………………………… 31

2.5.1 字符型数据的表示 ……………………………………………………… 31

2.5.2 字符常量 …………………………………………………………………… 32

2.5.3 字符变量 …………………………………………………………………… 33

2.5.4 字符串常量 ………………………………………………………………… 34

2.6 运算符和表达式 ……………………………………………………………… 35

2.6.1 算术运算符及表达式 ……………………………………………………… 36

2.6.2 关系运算符及表达式 ……………………………………………………… 40

2.6.3 逻辑运算符及表达式 ……………………………………………………… 40

2.6.4 赋值运算符和赋值表达式 ………………………………………………… 41

2.6.5 其他运算符及表达式 ……………………………………………………… 43

2.6.6 混合类型数据的运算 ……………………………………………………… 45

本章小结 ……………………………………………………………………………… 46

习题 2 ………………………………………………………………………………… 49

第 3 章 数据的输入输出 …………………………………………………………… 52

3.1 概述 …………………………………………………………………………… 52

3.1.1 C 语言的语句 ……………………………………………………………… 52

3.1.2 C 语言中数据输入输出的实现 …………………………………………… 54

3.2 数据的格式化输入与输出 …………………………………………………… 54

3.2.1 数据的格式化输出 ………………………………………………………… 54

3.2.2 数据的格式化输入 ………………………………………………………… 62

3.3 字符型数据的输入与输出 …………………………………………………… 70

3.3.1 字符串的输入与输出 ……………………………………………………… 70

3.3.2 单个字符的输入与输出 …………………………………………………… 71

本章小结 ……………………………………………………………………………… 76

习题 3 ………………………………………………………………………………… 80

第 4 章 程序的控制结构 …………………………………………………………… 84

4.1 程序的三种基本结构 ………………………………………………………… 84

4.2 顺序结构 ……………………………………………………………………… 85

4.3 分支结构 ……………………………………………………………………… 88

4.3.1 if 语句 ……………………………………………………………………… 88

4.3.2 switch 语句 ………………………………………………………………… 95

4.4 循环结构 ……………………………………………………………………… 100

4.4.1 while 语句 ………………………………………………………………… 101

4.4.2 do-while 语句 ……………………………………………………………… 102

4.4.3 for 语句 …………………………………………………………………… 103

4.4.4 三种循环语句的比较 ……………………………………………………… 105

　　　　4.4.5　循环结构的嵌套 ……………………………………… 105

　　　　4.4.6　辅助控制语句 ……………………………………… 107

　　4.5　应用举例 …………………………………………………… 109

　　本章小结 ………………………………………………………… 118

　　习题 4 …………………………………………………………… 124

第 5 章　构造数据类型——数组 ………………………………… 128

　　5.1　数组的概念 ………………………………………………… 128

　　5.2　一维数组 …………………………………………………… 129

　　　　5.2.1　一维数组的定义与初始化 ………………………… 129

　　　　5.2.2　一维数组的引用 ……………………………………… 131

　　　　5.2.3　一维数组的应用 ……………………………………… 132

　　5.3　二维及多维数组 …………………………………………… 137

　　　　5.3.1　二维数组的定义与初始化 ………………………… 137

　　　　5.3.2　二维数组的引用 ……………………………………… 140

　　　　5.3.3　二维数组的应用 ……………………………………… 140

　　　　5.3.4　多维数组的理解 ……………………………………… 142

　　5.4　字符型数组和字符串处理 ………………………………… 142

　　　　5.4.1　字符型数组的概念与初始化 ……………………… 142

　　　　5.4.2　字符串的概念与初始化 …………………………… 143

　　　　5.4.3　字符型数组的输入和输出 ………………………… 146

　　　　5.4.4　字符串处理 …………………………………………… 148

　　5.5　应用举例 …………………………………………………… 151

　　本章小结 ………………………………………………………… 158

　　习题 5 …………………………………………………………… 161

第 6 章　函数 …………………………………………………………… 166

　　6.1　概述 ………………………………………………………… 166

　　　　6.1.1　函数概述 ……………………………………………… 166

　　　　6.1.2　函数分类 ……………………………………………… 167

　　6.2　函数的定义、调用及返回 ………………………………… 169

　　　　6.2.1　函数的定义 …………………………………………… 169

　　　　6.2.2　函数的调用 …………………………………………… 172

　　　　6.2.3　函数的返回值 ………………………………………… 176

　　6.3　函数参数的传递 …………………………………………… 177

　　6.4　函数的嵌套与递归调用 …………………………………… 180

　　　　6.4.1　函数的嵌套调用 ……………………………………… 180

　　　　6.4.2　函数的递归调用 ……………………………………… 181

6.5 变量的作用域和存储类别 ……………………………………………… 186

    6.5.1 内部变量 …………………………………………………………… 186

    6.5.2 外部变量 …………………………………………………………… 187

    6.5.3 变量的存储类型 …………………………………………………… 189

    6.5.4 变量类别小结 ……………………………………………………… 191

6.6 应用举例 …………………………………………………………………… 192

本章小结 ………………………………………………………………………… 195

习题 6 …………………………………………………………………………… 197

第 7 章 C 的指针 …………………………………………………………… 201

7.1 指针的概念、定义及基本操作 …………………………………………… 201

    7.1.1 指针和指针变量 …………………………………………………… 205

    7.1.2 利用指针变量访问基本变量 ……………………………………… 209

7.2 用指针变量访问一维数组元素 …………………………………………… 216

    7.2.1 指针变量的关系运算、算术运算 ………………………………… 216

    7.2.2 用指针变量访问一维数组元素 …………………………………… 217

    7.2.3 指针变量的基类型必须与所指变量的类型一致 ………………… 219

7.3 指针变量做函数参数 ……………………………………………………… 220

7.4 用指针处理字符串 ………………………………………………………… 229

7.5 指针的其他应用 …………………………………………………………… 237

    7.5.1 指针数组和数组指针 ……………………………………………… 237

    7.5.2 指针与函数 ………………………………………………………… 241

    7.5.3 多级指针 …………………………………………………………… 243

7.6 main 函数的参数 ………………………………………………………… 244

7.7 应用举例 …………………………………………………………………… 246

本章小结 ………………………………………………………………………… 249

习题 7 …………………………………………………………………………… 252

第 8 章 构造数据类型：结构、共用和枚举 …………………………… 262

8.1 结构体 ……………………………………………………………………… 262

    8.1.1 概述 ………………………………………………………………… 262

    8.1.2 结构体数组 ………………………………………………………… 269

    8.1.3 结构体指针变量 …………………………………………………… 271

8.2 共用体 ……………………………………………………………………… 275

    8.2.1 概述 ………………………………………………………………… 275

    8.2.2 应用举例 …………………………………………………………… 278

8.3 枚举 ………………………………………………………………………… 279

8.4 动态存储分配及链表 ……………………………………………………… 282

8.4.1 动态存储分配 ……………………………………………………… 282

8.4.2 链表 …………………………………………………………………… 284

8.4.3 类型别名定义——typedef ……………………………………… 290

本章小结 ……………………………………………………………………………… 291

习题 8 ………………………………………………………………………………… 291

第 9 章 预编译命令 ………………………………………………………………… 295

9.1 概述 ……………………………………………………………………………… 295

9.2 宏定义 …………………………………………………………………………… 296

9.2.1 无参数宏定义 …………………………………………………… 296

9.2.2 带参数宏定义 …………………………………………………… 297

9.2.3 宏定义的作用域 ………………………………………………… 298

9.3 文件包含 ………………………………………………………………………… 298

9.3.1 概述 ………………………………………………………………… 298

9.3.2 文件包含的作用 ………………………………………………… 299

9.4 条件编译 ………………………………………………………………………… 299

9.4.1 第一种形式 ♯if 语句 …………………………………………… 300

9.4.2 第二种形式 ♯ifdef 语句 ……………………………………… 301

9.4.3 ♯ifndef 语句 …………………………………………………… 301

本章小结 ……………………………………………………………………………… 302

习题 9 ………………………………………………………………………………… 302

第 10 章 位运算 …………………………………………………………………… 305

10.1 位运算简介 …………………………………………………………………… 305

10.2 移位运算 ……………………………………………………………………… 309

10.3 应用举例 ……………………………………………………………………… 311

本章小结 ……………………………………………………………………………… 312

习题 10 ……………………………………………………………………………… 312

第 11 章 数据的永久保存——文件 …………………………………………… 313

11.1 概述 …………………………………………………………………………… 313

11.1.1 文件的概念 ……………………………………………………… 313

11.1.2 文件指针 ………………………………………………………… 314

11.2 文件的打开与关闭 …………………………………………………………… 315

11.2.1 fopen 函数 ……………………………………………………… 316

11.2.2 fclose 函数 ……………………………………………………… 318

11.3 文件的读写 …………………………………………………………………… 319

11.3.1 读写文件中字符的函数 ……………………………………… 319

11.3.2　读写文件中字符串的函数 ·· 322

11.3.3　格式化读写函数 ·· 324

11.3.4　数据块读写函数 ·· 325

11.4　文件的定位 ·· 328

11.5　文件的出错检测 ·· 330

11.6　文件操作实例 ··· 331

本章小结 ·· 333

习题 11 ··· 334

第 12 章　综合实例 ·· 336

12.1　概述 ·· 336

12.2　牛顿迭代法 ·· 336

12.3　穷举法求勾股数 ·· 337

12.4　回溯法求八皇后问题 ·· 338

12.5　一个简单的通讯录管理程序 ··· 340

本章小结 ·· 349

附录 A　运算符优先级和结合性 ··· 350

附录 B　常用字符 ASCII 码 ·· 352

附录 C　C 程序集成开发环境——VC++ 6.0 ·· 354

附录 D　C 常用标准库函数 ··· 365

参考文献 ·· 370

第1章

概　　述

学习目标

了解为什么要学习 C 语言,C 语言有哪些特点,C 语言源程序的结构。了解算法的概念及特征、程序及程序设计的概念、程序设计的一般步骤。掌握算法的表示,C 语言源程序的运行。了解几种常见的典型算法。

重点、难点

重点:算法、程序、程序设计的概念,算法的表示。

难点:用 N-S 图表示算法。

1.1　C 语言简介

1.1.1　为什么要学习 C 语言

C 语言是众多程序设计语言(**又称计算机语言**)中的一种。不同的程序设计语言,各有各的特点,而程序员们也是萝卜青菜各有所爱。但无论怎样,没人能够否认,C 语言是一门伟大的语言,一门承前启后的语言。C 语言如此旺盛的生命力,如此之长的生存期,就连 C 语言的发明人自己也没有料到。它的诞生是现代程序设计语言革命的起点,是程序设计语言发展史中的一个里程碑。C 语言既有高级语言的特点,同时又有汇编语言的特点,它把高级语言的基本结构和语句与低级语言的实用性完美结合起来。

C 语言的数据类型、运算类型、表达式类型极其丰富,不仅可以实现各种复杂数据结构的运算,甚至可以实现在其他高级语言中难以实现的运算。

C 语言之后,以 C 为根基的 C++ 、C♯、Java 以及 JavaScript、Objective-C 等程序设计语言层出不穷,并在各自领域大获成功。但迄今为止,C 语言在系统编程、嵌入式编程等领域依然占据统治地位。这是因为 C 语言允许程序员直接操作硬件,使得产生的目标代码质量高,程序的执行效率高,而嵌入式系统对程序运行的效率要求苛刻,故嵌入式系统编程首选 C 语言。操作系统的编写,C 语言更是不二之选。若用 C 语言加上一些汇编语言子程序,就更能显示出 C 语言的优势。

目前比较权威的编程语言流行程度排名是由 TIOBE 机构统计给出，每月更新一次。TIOBE 编程开发排行榜是根据互联网上有经验的程序员、课程和第三方厂商的数量，并使用搜索引擎（如 **Google、Bing、Yahoo!、百度**）以及 Wikipedia、Amazon、YouTube 统计出的排名数据。排名顺序只是反映某个编程语言的热门程度，并不能说明一门编程语言好不好，或者一门语言所编写的代码数量多少。表 1.1 是 2014 年 2 月发布的 TIOBE 编程语言流行程度排行榜。

表 1.1 TIOBE 编程语言流行程度排行榜

2014 年 2 月排名	2013 年 2 月排名	变化	编程语言	占有率	动态变化
1	2	⌃	C	18.334%	+1.25%
2	1	⌄	Java	17.316%	−1.07%
3	3		Objective-C	11.341%	+1.54%
4	4		C++	6.892%	−1.87%
5	5		C#	6.450%	−0.23%
6	6		PHP	4.219%	−0.85%
7	8	⌃	(Visual) Basic	2.759%	−1.89%
8	7	⌄	Python	2.157%	−2.79%
9	11	⌃	JavaScript	1.929%	+0.51%
10	12	⌃	Visual Basic .NET	1.798%	+0.79%
11	16	⌃⌃	Transact-SQL	1.667%	+0.89%
12	10	⌄	Ruby	0.924%	−0.83%
13	9	⌄⌄	Perl	0.887%	−1.36%
14	18	⌃⌃	MATLAB	0.641%	−0.01%
15	22	⌃⌃	PL/SQL	0.604%	−0.00%
16	47	⌃⌃	F#	0.591%	+0.42%
17	14	⌄	Pascal	0.551%	−0.38%
18	36	⌃⌃	D	0.529%	+0.23%
19	13	⌄⌄	Lisp	0.523%	−0.42%
20	15	⌄⌄	Delphi/Object Pascal	0.522%	−0.36%

由表 1.1 可见，C 语言是目前流行程度最广的编程语言，排名前 5 名的编程语言也都与 C 语言相关。另外从 TIOBE 发布的最近 10 年的编程语言的排名变动情况也可看出，C 语言的排名始终位居前列，保持较高的占有率。

C 语言简洁、灵活、高效，独具魅力。如今的程序编写向着越来越冗长、越来越庞大的趋势发展，C 语言则属于相对"低级"的编程语言，其简洁之美无可替代。因此，编程爱好者在众多程序设计语言中格外青睐 C 语言。

C语言高效、通用、使用广泛。支持多种显示器和驱动器,适用多种操作系统以及多种机型,可移植性好,1978年后先后被移植到大、中、小及微型机上;既可用于编写系统程序,也可用于编写不依赖计算机硬件的应用程序。从应用程序到操作系统,从电子表、微波炉到超级计算机、宇宙飞船,从Windows、Mac OS X、iOS、Linux、Symbian、Android到MTK系统,只要有电子产品的地方,绝大多数都能看到C语言的应用。许多系统软件,如DBASE Ⅲ PLUS、DBASE Ⅳ都是用C语言编写的。

C语言的发明人,Dennis MacAlistair Ritchie(**丹尼斯·里奇,1941.9.9—2011.10.12**)曾说:"C诡异离奇,缺陷重重,并获得巨大成功。"可见C语言并非十全十美,但却获得了巨大成功。

事实上,C语言由黑客设计、被黑客推崇。当然这里的黑客并非现今人们眼中那些擅自非法进入他人系统从事破坏、攻击、盗取等非法活动之徒,而是真正的英雄、高手,"黑客"一词尚未被人们熟知前,计算机高手们喜欢自称为黑客,并且以被其他黑客承认为荣。他们喜欢挑战技术极限,乐于与他人分享自己的成果,正是这种处处闪耀着的黑客光芒使C语言(简称C)永葆青春。尽管目前程序设计语言众多,但至今为止,C、UNIX、脚本语言仍是年轻黑客被圈子接受前必须苦练的三大技艺,这也是人们在众多的计算机程序设计语言中,为什么要学C的又一理由。

1.1.2 C语言的诞生

C语言由美国贝尔实验室的Dennis MacAlistair Ritchie于1972年推出,1978年由贝尔实验室正式发表。Ritchie 1941年9月9日出生于美国纽约,1968年获哈佛大学数学博士学位。父亲Alistair E. Ritchie长期担任贝尔实验室科学家一职,在晶体管理论方面颇有造诣。在父亲影响下,Ritchie开始走上科学研究之路。

C的诞生颇为有趣。C因UNIX而诞生,而编写UNIX的初衷,是为了潇洒玩游戏。C的根源可追溯到1960年出现的ALGOL 60语言,这种高级语言面向问题,离硬件较远,不适合编写系统程序。1963年剑桥大学将ALGOL 60发展成CPL(Combined Programming Language)语言,CPL比ALGOL 60接近了硬件一些,但CPL规模较大,难以实现。1967年剑桥大学的Matin Richards对CPL进行简化,产生BCPL(Basic Combined Programming Language)语言。

1970年美国贝尔实验室的Kenneth Lane Thompson(**对Ritchie的职业生涯影响最大**),对BCPL进一步简化,设计出B语言(简称B)。B很简单,只有8KB,且接近硬件,是一种解释型语言。Thompson和Ritchie用B写了UNIX(**一些应用是由B语言和汇编语言混合编写**)。因B过于简单,功能有限,为解决可移植性问题,Thompson和Ritchie对B语言进行改进,形成NB语言。但在UNIX的移植方面,NB语言依然不尽如人意,此后Ritchie对NB语言进行改进,于是C语言诞生。C既保持了BCPL和B语言的优点(**精练、接近硬件**),又克服了它们的缺点(**过于简单、数据无类型等**)。1973年Thompson和Ritchie两人合作,把UNIX的90%以上用C改写。

后来C语言经过多次改进,但主要还是在贝尔实验室内部使用。1977年出现了不依赖于具体机器的 C 语言编译文本"可移植 C 语言编译程序",C 的移植工作大为简化,使 UNIX 迅速在各种机器上实现。随着 UNIX 的广泛使用,C 也迅速得到推广。C 和 UNIX 在发展过程中,相辅相成。1978 年后,C 先后被移植到大、中、小、微型机上,如今 C 已风靡全球。C 设计之初,仅作为编写 UNIX 的一种工作语言,后来被众多程序员狂热拥戴,成为使用最广泛的系统开发语言,这是 Ritchie 本人也没预料到的。

1978 年 Brian W. Kernighan 和 Dennis M. Ritchie 合著了 *The C Programming Language*,简称 *K&R*、*K&R* 标准、*K&R* 版 C 教材、"白皮书"等,该书影响深远,成为后来广泛使用的 C 语言版本的基础,称为标准 C。但 *K&R* 中并没定义一个完整的标准 C 语言。1983 年,美国国家标准化协会 ANSI(American National Standards Institute)根据 C 问世以来各种版本对 C 的发展和扩充,制定了新标准 ANSI C,比标准 C 有很大的发展。目前流行的 C 编译系统大多以 ANSI C 为基础开发,但不同版本 C 编译系统实现的语言功能和语法规则略有差别。

1.1.3 C 语言的特点

C 语言具有以下特点。

- C 集高级语言的成分与低级语言的功能于一身。不仅具有高级语言通常的特点,同时可像汇编语言那样对计算机最基本的工作单元,如位、字节和地址等进行操作。
- C 简洁、紧凑、方便、灵活。仅有 32 个关键字、9 种控制语句。程序书写自由,压缩了一切不必要的成分。
- C 功能齐全。具有多种数据类型、多种运算符、多种类型表达式,灵活运用各种运算符,可实现其他高级语言中难以实现的运算。
- C 的执行效率高。因 C 可直接和计算机硬件打交道,在需要对硬件进行操作时,用 C 写代码,明显优于用其他解释型高级语言,C 是目前执行效率最高的高级语言。
- 语法限制不严,程序设计自由度大。
- C 适用范围广,适合多种操作系统与多种机型。

1.1.4 C 语言源程序的结构

按 C 语言语法规则编写的程序称 C 语言源程序,简称 C 源程序,具有如下结构特征。

① 一个 C 语言源程序由一个或多个源文件组成。一个源文件由一个或多个函数组成。

② 每个源程序,必须有一个且只能有一个 main 函数,也称主函数。

③ 源程序中可以有预编译命令,预编译命令通常放在源文件或源程序的最前面。

④ 每一个语句都必须以分号(;)结尾。但预处理命令后、函数头之后不能加分号。

⑤ 标识符、关键字之间需加空格(**一个或多个**)隔开,若已有明显的间隔符,可不加

空格。

⑥ /*……*/或//……为注释语句,仅起注释作用,程序运行时不被执行。前一种形式的注释语句可位于程序任何部位,但后一种形式的注释语句只能放在行末。若注释语句需分开写在两行(或两行以上),则只能用/*……*/。注意,/*、*/不能写为/ *、* /。另外,有些编译器(例如 TC)不识别后一种形式的注释语句。

⑦ C 源程序中,英文字母区分大小写(例如,主函数名为 **main**,而非 **Main**)。

⑧ 若需要,几个语句可写在同一行,一个语句也可分开写在多个行。

用 C 编程时,必须严格遵循以上规则,无论程序多么复杂或多么简单。此外,和所有程序设计语言一样,C 也有一个基本字符集。C 的标识符、关键字、语句和标准库函数等都是由 C 规定的基本字符组成,**只有基本字符集中的字符才可出现在 C 语言源程序中。**

C 语言的基本字符集,采用的是 ASCII 字符集。C 的基本字符包括:英文大、小写字母(A~Z、a~z),阿拉伯数字(0~9),运算符(＋、－、*、/、%、＝、＜、＞、＜＝、＞＝、！＝、＝＝、＜＜、＞＞、&、|、&&、||、^、(,)、[,]、－＞、.、,、!、?、:、,、,、;、‾,**详见附录**),特殊字符(**一些具有特定含义的符号,如〔、〕、/*、*/、//等**),分隔符(**空白符和,**)。

空白符是空格符、制表符、换行符等的统称,在字符常量和字符串常量中起空白字符作用,而在其他地方出现时,只起间隔作用,编译程序对它们忽略不计。故程序中,用或不用空白符皆可之处,是否使用空白符,并不影响程序的编译。但程序中正确使用空白符不仅是程序正确之所需,同时可增加程序的清晰性和可读性,而错误使用空白符将导致程序出错(**就像学习英语书写句子时,空格符的使用一样**)。分隔符,(**半角英文**)则主要用于分隔同类项,例如用"int x,y,max;"定义三个变量,皆为整型。

以下代码段 c1-1-1.c 就是一个 C 语言源程序,其中只有一个 main 函数。

【例 1.1】 仅有一个主函数 main 的 C 源程序。

```
/*代码段 c1-1-1.c*/
#include <stdio.h>          /*预编译命令(详见第 9 章)*/
main()                      //函数 main 的头部(详见第 6 章)
{
    printf("Only one!\n");  //函数体:输出结果(printf 详见第 3 章)
}
```

以下代码段 c1-2-1.c 也是一个 C 源程序,它由两个函数:main 和 volume 组成。

【例 1.2】 由两个函数组成的 C 源程序。

```
//代码段 c1-2-1.c
#include <stdio.h>          //预编译命令
#define PI 3.14159          //预编译命令:定义符号常量 PI(详见第 9 章)
main()                      //函数头
{
    int r;                  //函数体的第 1 条语句:定义变量(详见第 2 章)
    float L,S,V;            //函数体的第 2 条语句:定义变量
    float volume(int r);    //函数体的第 3 条语句:声明函数 volume(详见第 6 章)
```

```
        scanf("%d",&r);              //函数体的第 4 条语句:给变量 r 赋值(详见第 3 章)
        if(r<0)                      //函数体的第 5 条语句:if-else 语句(详见第 4 章)
          printf("\n半径 r 为负,无意义!\n");    //输出(详见第 3 章)
        else
            {
            L=2 * PI * r;            //对变量 L 赋值(详见第 2 章)
            S=PI * r * r;            //对变量 S 赋值
            V=volume(r);             //调用函数 volume(详见第 6 章)
            printf("\n周长 L=%f,面积 S=%f,体积 V=%f,\n",L,S,V);  //输出结果(详见第 3 章)
            }
        }
    float volume(int r)              //函数头
    {
        float c;
        c=PI * 4/3 * r * r * r;
        return c;
    }
```

关于 C 的源程序(**以 c1-1-1. c、c1-2-1. c 为例**),再做以下补充说明。

① C 规定,函数由函数头和函数体构成。函数体由若干条语句组成,函数体内若需要定义相关变量或声明相关函数,必须集中在函数体的最前面进行,之后才是若干执行语句。例如 c1-1-1.c 函数体中,没有变量定义与函数声明部分,仅有一个执行语句。而 c1-2-1.c 的函数体中,前三条语句为变量定义及函数声明,第三条语句之后的语句皆为执行语句,前三条语句的先后顺序无规定,只要集中位于函数体前部即可,但它们中任何一条皆不能位于执行语句之后,否则出错(**复合语句内定义变量例外,详见第 4 章**)。例如,若将 c1-2-1.c 函数体的第 3、4 条语句位置对调,则出错(**对 c1-2-1. c 编译,系统将提示出错**)。

② 在 c1-2-1.c 中,不可用 π 来表示圆周率 3.14159,因 π 是希腊字母,而 C 的基本字符集中没有希腊字母。例中用基本字符集中的英文字母 P、I 组成标识符 PI,通过预编译命令,将 PI 定义为符号常量,代表圆周率。

1.1.5　C 源程序的运行

首先,创建 C 源文件,即对 C 源程序进行编辑产生.c 文件。C 源程序可由记事本等编辑程序输入,或在 C 的集成开发环境,如 VC++ 6.0 中编辑(**更多是在后者中编辑,关于 VC++ 6.0 请见附录 C**),C 源程序通常以 c 为扩展名。

然后,运行 C 源程序。C 是编译语言,要运行 C 源程序,首先需将.c 文件,翻译成扩展名为.obj 的目标程序(**机器指令程序**),把高级语言源程序翻译成目标程序的过程称编译。目标程序仍不能被计算机执行。因为用户在编写源程序时,会调用系统库函数,其代码是系统提供而非用户所写的,编译只是将源程序代码转变为机器可识别的二进制代码,要运行程序,必须对调用的库函数代码进行连接,同时对所有机器指令程序进行重定位,以生成相应的.exe 文件(**此过程称为连接**),也就是可执行文件,此文件才可运行。

　　C 源程序的编辑、编译、连接与运行的整个过程如图 1.1 所示(**请读者分别对 c1-1-1. c、c1-2-1. c 进行编辑、编译、连接与运行。强调:c1-1-1. c 正确运行后,需通过 File/Close Workspace 将调试 c1-1-1. c 时所用工作空间关闭,之后再通过 File/New 重新编辑 c1-2-1. c,之后再编译、连接、运行。当然亦可在 c1-1-1. c 正确运行后,关闭 VC++ 6.0,之后再重新启动 VC++ 6.0 进行 c1-2-1. c 的编辑等调试工作,详见附录 C)。**

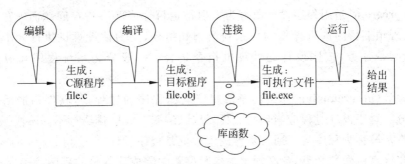

图 1.1　C 源程序的编译、连接和运行

1.2　程序与算法

　　C 语言是一种程序设计语言,学习它的目的是为了用它表示算法。用程序设计语言表示的算法就是通常所说的程序。也就是说学习 C 语言的目的是要用它来编程,通过在计算机上运行程序,达到让计算机按我们设计的步骤完成预期工作的目的。

　　机器语言、汇编语言以及 C#、FORTRAN、Pascal、Cobol、C++、Basic、Ada、Java、C 等都是程序设计语言,都用于编写程序代码。

　　程序设计语言也称为计算机语言,具有高级语言和低级语言之分。高级语言并非特指某一种具体的语言,而是包括很多编程语言,如目前流行的 C++、C#、Java、Pascal、Python、Lisp、Prolog、FoxPro、易语言等,不同语言的语法、命令格式都不相同。低级语言分机器语言(**二进制语言**)和汇编语言(**符号语言**),这两种语言都是面向机器的语言,和具体机器的指令系统密切相关。

　　高级语言、汇编语言和机器语言都是用于编写计算机程序的语言。机器语言用指令代码编写程序,符号语言用指令助记符编写程序。高级语言比较接近自然语言和数学公式,用高级语言编程,基本脱离机器的硬件系统,用人们容易理解的方式编写程序。但高级语言源程序编译生成的程序代码一般比用汇编语言设计的程序代码要长,执行速度也慢。而且高级语言程序"看不见"机器的硬件结构,不能用于编写直接访问机器硬件资源的系统软件或设备控制软件。为此,一些高级语言提供了与汇编语言之间的调用接口。用汇编语言编写的程序,可作为高级语言的一个外部过程或函数,利用堆栈来传递参数或参数的地址。汇编语言适合编写一些对速度和代码长度要求高的程序和直接控制硬件的程序。

C语言具有高级语言的特点,同时也具有低级语言可以直接访问硬件的特点,所以有人将 C 称为高级语言,有人将 C 称为低级语言,也有人将 C 称为中级语言。

下面对程序、程序设计、算法等相关概念进行简单介绍。

1.2.1　程序与程序设计

程序(**program**)是用程序设计语言为实现特定目标或解决特定问题而编写的命令序列,是为实现预期目的进行操作的一系列语句和指令,是为使计算机执行一个或多个操作,或执行某一任务,按序设计的计算机指令集合。一般分为系统程序和应用程序两大类。

程序设计(**programming**)是给出解决特定问题程序的过程,是软件构造活动中的重要组成部分。程序设计过程应当包括分析、设计、编码、测试、排错等不同阶段。专业的程序设计人员常被称为程序员。通常俗称的编程就是程序设计。

无论要计算机做什么事,都必须事先编写好要它完成这件事的程序,没有程序计算机什么事都做不了。最简单的,如果你的计算机上没有装 Office 办公软件,你就无法编辑 Word 文档。所以,有人说硬件仅仅是计算机的躯体,软件才是计算机的灵魂。可见,程序设计是一项十分重要的工作。

通常程序设计的一般步骤包括如下 7 步。

1. 分析问题

首先,进行需求分析,先搞清楚要写的程序是要让计算机做什么事,对所接受的任务进行认真的分析,研究给定的条件,分析最后应达到的目标,找出解决问题的规律,选择解题的方法,以完成所接受的任务。

2. 设计算法

设计出解决问题的方法和具体步骤。

3. 编写程序

根据设计好的算法,用某一种高级语言,例如 C 语言,编写出源程序。

4. 编辑源程序

对高级语言源程序(**用高级语言编写的程序**),例如 C 语言源程序,进行编辑并存盘。编辑可在编译器中进行,例如可打开 VC++ 6.0,在其编辑区编辑 C 语言源程序。

5. 对源程序进行编译和连接

高级语言源程序不能直接被计算机识别,C 语言源程序也如此,需用编译器,对 C 语言源程序(**文件名后缀为.c**)进行编译,产生由二进制代码组成的目标文件(**文件名后缀为.obj**),再对目标文件进行连接,产生可执行文件(**文件名后缀为.exe**)。

6. 运行程序、分析结果

运行可执行文件,分析运行得到的结果。注意,能得到运行结果并不意味程序一定正确,要分析结果是否正确合理。对程序进行调试,就是通过上机发现和排除程序中的问题,这是一个非常重要的环节。

7. 编写程序文档

许多程序是提供给别人使用的,如同正式的产品应当提供产品说明书一样,正式提供给用户使用的程序,必须向用户提供程序说明书等文档。通常应包括:程序名称、程序功能、运行环境、程序的装入和启动、需要输入的数据,以及使用注意事项等。

1.2.2 算法

算法(algorithm)是解题方案的准确、完整的描述,代表着用系统的方法描述解决问题的策略机制。不同的算法可能用不同的时间、空间或效率来完成同样的任务,算法的优劣可以用空间复杂度与时间复杂度来衡量。按照有缺陷或不正确的算法写出的程序代码,一定是错误的。衡量一个算法的正确与否,可从算法的如下重要特征来考查。

1. 算法的重要特征

(1) 有穷性(finiteness)

任何一个算法,都必须在有限步内结束。对数学中一些无穷多项的求和问题,在计算机中就只能用有限多项的和来近似代替。这里的"有限"是指对问题的解决具有实际意义。数学意义上有限的算法,可能有穷,也可能无穷。例如,对某一问题现有 5 种解决方案,前 4 种都只需 1 分钟就解决问题,而第 5 种则需要 10 天才能解决。虽然数学上 10 天是有限的,并非无穷大,但第 5 种方案显然不满足算法的有穷性,因而不可取。

(2) 确定性(definiteness)

算法的每一步必须有确切定义,不可有歧义。例如"若变量 a 为正数输出 yes,若为负数输出 no,就有歧义。当变量 a 为 0 时,是不是既要输出 yes,又要输出 no?"具有不确定性,故而不可取。

(3) 输入(input)

一个算法要有 0 或多个输入,以刻画运算对象的初始情况。所谓 0 个输入是指算法本身定出了初始条件。例如计算 9!,就不需从外部输入数据,终止值已经明确为 9;但若计算 $n!$,因 n 的值不确定,执行时必须从键盘输入,然后才能计算。

(4) 输出(output)

一个算法要有一个或多个输出,以反映程序运行结果,通常没有输出的算法毫无意义。

(5) 有效性(effectiveness)

算法中的每一步都要有效地被执行,并能得到确定的结果,也就是说,算法对满足某种条件的问题应能得到正确的结果。例如，计算分数时就应避免分母为0的情况出现，一旦出现，应有相应的代码，给出错误提示。同时算法的有效性还应考虑算法的时间复杂性和空间复杂性，计算次数过多、占用内存单元过多的算法都不可取。

2. 算法的描述

算法可以用自然语言、伪代码、流程图等多种不同的方法来描述。这些表示方法各有特点，我们只需选择其中一种。实际使用中，自然语言几乎不用，用得较多的是伪代码和N-S图，初学者则较多使用传统流程图。

（1）用自然语言表示

自然语言就是人们日常使用的语言，可以是汉语、英语或其他任何一种语言。这种表示法通俗易懂，但自然语言本身所表示的含义有时并不严格，用它表示的算法容易出现"歧义"，且对含有分支或循环的算法，这种表示法用起来也不方便，实际中很少使用。

（2）用流程图表示

流程图法是用一些带有文字的矩形框（**亦称功能框**）、菱形框（**亦称判断框**）、带有箭头的线段（**亦称流向线**）以及必要的文字或字符标注而成的图来表示算法。这种图看起来直观、形象，图中的流向线用来指出各框的执行顺序。对初学者，用这种方法描述算法相对容易理解。但这种图所占篇幅相对较多，算法复杂时，画这种图既费时又不方便，而且由于这种方法中对流向线的使用没有严格限制，设计者可随意在图中转来转去，使得算法相对难读、难改，因此结构化程序设计方法中，人们多用N-S图取代这种传统流程图。

（3）用N-S图表示

N-S图法是美国学者 I. Nassi 和 B. Shneiderman 在 1973 年提出的。其重要特点就是图中没有流向线，算法由上而下顺序执行，避免算法的任意转向，保证了程序质量，尤其适合结构化程序的设计。

（4）用伪代码表示

使用介于自然语言与计算机语言之间的文字符号来表示算法。该表示法中，自然语言、程序设计语言或它们的混合体都可使用，没有固定的、严格的语法规则。

下面给出用上述4种方法描述求 x 绝对值的算法。

用自然语言描述如下。

第一步：给 x 赋值。

第二步：若 x 大于等于0，则输出 x，跳至第四步。

第三步：输出 $-x$。

第四步：结束。

用伪代码描述如下：

```
给 x 赋值
if x>=0   输出 x
否则      输出 -x
```

或表示为：

```
给 x 赋值
若 x 为正   打印 x
否则      打印 -x
```

或表示为：

```
给 x 赋值
IF x is positive then
  print x
else
  print -x
```

用传统流程图描述如图 1.2 所示，用 N-S 图描述如图 1.3 所示。

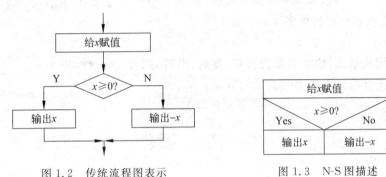

图 1.2   传统流程图表示   图 1.3   N-S 图描述

当然，算法也可用程序设计语言表示，用程序设计语言表示的算法就是程序。本书正是介绍如何用 C 语言进行程序设计的。写文章，必须先掌握字词句等；同样，要用 C 语言编程，就要从 C 语言的基本语法规则等学起，下面就从 C 语言的基本数据类型开始学习。但进行程序设计就是要把算法用程序设计语言描述出来，若没有算法便无从编写程序，所以学习基本数据类型之前，先介绍几种以后学习过程中常要用到的基本算法。

1.2.3   算法设计的基本方法

基本算法是使用计算机进行问题求解的基本方法。这些算法比较浅显，容易理解，使用频率高，所需要的数据结构也最为简单，适合作为算法学习的入门基础，例如枚举法、递推法和递归法等，下面简要对这些算法进行介绍。

1. 枚举法

枚举法是算法设计中常用的一种基本方法，也常称为穷举法。这种方法充分利用计算机计算速度快的特点，在一时找不到解决问题的更好途径时（**指从数学上找不到求解公式或规则**），根据问题的约束条件将可能的情况全都一一列举，然后逐一判断是否满足题目给定的约束条件，每一满足条件的答案即为一种可行方案，所有满足条件答案的集合即为问题的解。简言之，枚举就是把所有可能的情况全都列举出来，逐一验证。

采用枚举算法解题的基本思路:

- 确定枚举对象、枚举范围和判定条件;
- 逐个枚举可能的解,验证是否是问题的解。

枚举算法通常具备以下特点:

- 得到的结果肯定正确;
- 解题思路、算法设计、程序编写与调试都相对简单;
- 运算量较大,耗时较长,程序效率相对较低;
- 若数据量很大,可能造成时间崩溃。

【例 1.3】 百钱百鸡问题。问题记载于中国古代约 5 至 6 世纪成书的《张邱建算经》中,该问题导致三元不定方程组,其重要之处在于开创"一问多答"的先例。这道著名的题为:公鸡每只值 5 文钱,母鸡每只值 3 文钱,而 3 只小鸡值 1 文钱,用 100 文钱买 100 只鸡,问公鸡、母鸡和小鸡各买多少只?

算法分析:

① 显然用枚举法,枚举对象为公鸡、母鸡、小鸡的个数,分别设为 x、y、z。

② 判定条件为以下两个等式同时成立:

$$x + y + z = 100 \tag{1}$$

$$5 * x + 3 * y + \frac{1}{3} * z = 100 \tag{2}$$

将(2)化为整式即:

$$15x + 9y + z = 300 \tag{3}$$

③ 直接对三种鸡的个数 x、y、z 进行枚举。因 x、y、z 的取值范围皆为 0～100,故让 x、y、z 分别从 0 变化到 100,考察 x、y、z 的每一组取值是否满足(1)、(3)两个等式。若满足,则该组 x、y、z 的值则为问题的一个解,否则,继续枚举。现考虑,如何具体实现枚举?

编程时,循环结构是实现枚举的最佳选择。循环是在满足给定条件时,反复做某些事情(**循环详见第 4 章**)。本例循环条件是:x、y、z 的取值在 0～100,反复做的事情就是判断等式(1)、(3)是否同时成立。

根据以上分析,可用伪代码描述算法如下:

```
int x,y,z;                    //定义变量 x、y、z(参见第 2 章)
for(x=0;x<=100;x++)           //有关 for 循环详见第 4 章
  for(y=0;y<=100;y++)
   for(z=0;z<=100;z++)
    若 x+y+z=100 同时 15x+9y+z=300
      输出 x,y,z(公鸡,母鸡,小鸡)
```

算法优化:目的是减短程序执行时间。本例可通过改变枚举范围、枚举对象,以减少循环次数,提高程序效率。

① 缩小枚举范围

若母鸡和小鸡都不买,100 元全用于买公鸡,5 元一只,最多只能买 20 只,同理可得 y、z 取值范围。由题意 x、y、z 取值范围可缩小为:x,0～20;y,0～33;z,0～100。于是算法可改为：

```
int x,y,z;
for(x=0;x<=20;x++)
for(y=0;y<=33;y++)
  for(z=0;z<=100;z++)
    若 x+y+z=100 同时 15x+9y+z=300
      输出 x,y,z(公鸡,母鸡,小鸡)
```

② 减少枚举对象

因 $x+y+z=100$，故 $z=100-x-y$，枚举对象可由 3 个变为 2 个，从而循环层数由三重变为二重，于是算法可改为：

```
int x,y;
for(x=0;x<=20;x++)
for(y=0;y<=33;y++)
  若 15*x+9*y+(100-x-y)=300
    输出 x,y,100-x-y(公鸡,母鸡,小鸡)
```

注意：枚举算法中，若约束条件确定得不对或不全面，便不能枚举出正确的结果。例如，若将上述约束条件 $15*x+9*y+(100-x-y)=300$ 错误地改为 $15*x+9*y+(100-x-y)=500$，则算法的枚举结果显然不对。

枚举算法的例子还很多，四色定理的证明也是典型枚举算法的例子。人们早已从理论上找到一种证明四色定理的方法，但这种方法需要做上亿次的判断和检验，用人工力量完全不可能完成。出现高速运行的大型计算机后，该定理才真正获得证明。另外诸如鸡兔同笼、男人女人和小孩搬砖等问题，都是枚举算法的典型例子，这里不再赘述。

2. 迭代法

迭代算法是利用计算机解决问题的又一种基本方法，它利用计算机运算速度快、适合做重复性操作的特点，让计算机对一组指令(或**步骤**)重复执行，在每次执行这组指令时，都从变量的原值推出它的一个新值。"迭"是屡次和反复，"代"是替换，"迭代"就是反复替换的意思。迭代法按推导思路可分为递推法和倒推法两种，下面具体说明。

（1）递推法

递推法是利用问题本身所具有的一种递推关系，从前往后逐步求解问题的一种方法。所谓递推，是指从已知初始条件出发，依据某种递推关系，逐次推出所要求解的中间结果或最后结果。其中，初始条件或是问题本身已经给定，或是通过对问题的分析和化简后确定。

现在假设，要求问题规模为 N 的解。当 $N=1$ 时，解或为已知，或能非常方便地得到。凡能采用递推法构造算法的问题，皆有重要的递推性质。即当得到问题规模为 $I-1$ 的解后，由问题的递推性质，能够从已求得的规模为 $1,2,\cdots,I-1$ 的一系列解中，构造出问题规模为 I 的解。这样，程序可从 $I=0$ 或 $I=1$ 出发，重复地，由已知至 $I-1$ 规模的解，通过递推，获得规模为 I 的解，直至得到规模为 N 的解，如下例所示。

【例 1.4】 通过键盘输入一个正整数 $n(n<10)$，计算并输出 $n!$。

算法分析：若 n 为 1，1! 为 1；若 n 为 2，2! = 1! × 2 = 1 × 2；若 n 为 3，则 3! = 2! × 3 = 1 × 2 × 3；随着 n 不断增大，从前向后逐步推导，可得：$n! = 1 × 2 × 3 × 4 × 5 × \cdots × (n-1) × n$。显然，计算 $n!$，按从前向后逐步推导，即可完成。

伪代码表示的算法如下：

```
输入 n;
fact=1;
for(j=2;j<=n;j++)              //设置循环的初值和终值
  fact=fact * j;              //迭代设置,即当前值为前一个结果乘以变量 j
return fact;
```

本例通项公式较简单，采用伪代码方法表示求解步骤，思路同样简单易懂。而数学中，有这样一种数列，很难求出其通项公式，但数列中各项间关系却很简单，于是人们想出另一种办法来描述这种数列：通过初值及 a_n 与前面临近几项之间的关系。

例如，Fibonacci(**斐波那契**)数列：1，1，2，3，5，8，13，…，这是一个线性递推数列，从第三项开始，每一项都等于前两项之和。该数列可用有趣的古典数学问题兔子生兔子形象描述：现有一对新生兔子，出生后第 3 个月起每个月都生一对兔子，每对小兔子长到第三个月后每个月又生一对兔子。假如所有兔子都不死，问 1 年后兔子总对数是多少？该问题用递推法可方便求解(**详见第 4 章**)。

(2) 倒推法

倒推法是对某些特殊问题所采用的违反通常习惯的从后向前倒推求得问题解的方法。

【例 1.5】 猴子吃桃：有个猴子有一天摘下若干个桃子，当天吃了桃子数量的一半，觉得不过瘾，又多吃了一个。第二天又将剩下的桃子吃掉一半，又多吃了一个。以后每天都吃了前一天剩下桃子数量的一半多一个。到第 10 天早上想再吃桃子时，发现只剩下一个桃子了。问第一天共摘了多少桃子？

算法分析：本例若仍采用前述递推法，将很难下手。而若采用逆向思维方法，从后往前推，问题将简单很多。依题意，第 10 天所剩桃子数 $d_{10} = 1$，而 $d_{10} = [d_9/2] - 1$，于是从后向前依次推出当天所剩桃子数为：

$$d_{10} = [d_9/2] - 1; \quad d_9 = [d_8/2] - 1; \quad d_8 = [d_7/2] - 1; \quad d_7 = [d_6/2] - 1;$$
$$d_6 = [d_5/2] - 1; \quad d_5 = [d_4/2] - 1; \quad d_4 = [d_3/2] - 1; \quad d_3 = [d_2/2] - 1;$$
$$d_2 = [d_1/2] - 1$$

上述推导过程较繁，若是第 100 天后发现只剩下 1 个桃子，问第一天摘下多少桃子，仍用该法求解，计算量将非常大。可将上述过程转化成简单的数学模型，设第 n 天桃子数量为 d_n，其前一天桃子数量为 d_{n-1}，显然二者关系为：

$$d_n = \frac{1}{2}d_{n-1} - 1$$

简单变换后得

$$d_{n-1} = (d_n + 1) × 2$$

于是迭代过程的递推关系式：

$$d_n = \begin{cases} 1 & n = 10 \\ (d_{n+1} + 1) \times 2 & 1 \leqslant n < 10 \end{cases}$$

伪代码描述的算法如下:

```
int day,x1,x2;           //定义相关变量
day=9;                   //由第 10 天剩 1 个,从后向前依次推出第 9、第 8、...、第 1 天的桃子数
x2=1;
while(day>0)             //循环条件判断
{
    x1=(x2+1) * 2;       //第一天桃子数是第 2 天桃子数加 1 后的 2 倍
    x2=x1;               //迭代换位,为下一次循环做好准备
    day=day-1;
}
输出 x1;
```

算法优化:上述算法中,只用 x1 进行迭代同样可以,优化后代码为:

```
int day,x1;
day=9;
x1=1;
while(day>0)
{
    x1=(x1+1) * 2;
    day=day-1;
}
输出 x1;
```

从以上所举例子来看,采用迭代算法解决问题,主要有以下关键步骤:

- 确定迭代变量:可用迭代算法解决的问题,至少存在一个直接或间接不断由旧值递推求出新值的变量,这个变量就是迭代变量。
- 建立迭代关系式:这点很关键,通常可用递推或倒推方法来完成。所谓迭代关系式,就是如何从变量的前一个值推导出下一个值的公式(或关系)。
- 迭代过程的控制:迭代过程不能无休止重复下去,必须考虑何时结束迭代。通常分两种情况:一种是迭代次数确定(**可以计算出来**);另一种是无法确定迭代次数。对前者,可用一个固定次数的循环控制迭代过程;对后者,则需进一步分析出用来结束迭代过程的条件。

牛顿迭代法和欧几里得算法是迭代法解决问题的两个经典例子,在不同学科中有广泛应用。例如,牛顿迭代法是数值计算中求解非线性方程的基本方法,通过迭代计算实现逐次逼近方程的解。辗转相除法迭代求解两个整数的最大公约数即为欧几里得算法的一个典型应用。

3. 递归法

递归(recursion)法就是程序或函数直接或间接调用自身的算法。通常递归算法中,

为求解规模为 N 的问题,将其分解为若干个规模较小的问题,用这些较小问题的解构造出较大问题的解,并且这些规模较小的问题也能采用同样方法,分解成规模更小的问题,并从这些更小问题的解构造出较大问题的解。特别是当规模 N=1 时,能直接得解。从而把大型复杂的问题层层转化为一个或若干个与原问题相似的规模较小的问题来求解。用递归写出的程序往往十分简洁易懂,递归策略只需少量程序代码就可描述解题过程所需的多次重复计算,大大减少了程序的代码量。

使用递归策略时,必须有明确的递归结束条件,称递归出口。若无边界条件,递归函数将反复不断调用自身,没有出口,程序进入死循环。递归执行过程包括递归前进段和递归返回段两个阶段:边界条件不满足时,递归前进;边界条件满足时,递归返回。

迭代和递归是一对孪生兄弟,一般情况下二者可相互转化。前面的例 1.4,通过迭代法实现了阶乘的计算,下面用递归法来求解 n!,请比较二者的区别。

【例 1.6】 利用递归法求正整数 n 的阶乘 $n!$。

问题分析:由阶乘的定义

$$n! = \begin{cases} 1 & n=1 \\ n(n-1)! & n>1 \end{cases}$$

用 fac() 表示阶乘函数,则 $n!$ 为 fac(n),$(n-1)!$ 为 fac(n−1),于是上式可描述为:

$$\text{fac}(n) = \begin{cases} 1 & n=1 \\ n \times \text{fac}(n-1) & n>1 \end{cases}$$

$n=1$ 为边界条件,此时 $\text{fac}(n)=\text{fac}(1)=1$,而 $n>1$ 时,$\text{fac}(n)=n\times\text{fac}(n-1)$,于是求 $n!$ 的函数如下(**伪代码表示**):

```
int fac(int n)          //关于函数,详见第 6 章
{
    if(n==1) return 1;
    else return n * fac(n-1);
}
```

下面以求 3! 为例,简单分析递归函数调用过程。求 fac(3) 时,因 3 不是边界值,需计算 3 * fac(2),进而计算 fac(2),2 也不是边界值,需计算 2 * fac(1),进而再算 fac(1),因 1 是边界值,可直接得 fac(1)=1,返回上一步,得 fac(2)=2 * fac(1)=2,再返回上一步,得 fac(3)=3 * fac(2)=3 * 2=6,从而得最终解。

这就是递归函数的最简形式,从中可见递归函数的一个特点:先处理一些特殊情况,这是递归函数的第一个出口;再处理递归关系,形成递归函数的第二个出口。递归函数的执行过程总是先通过递归关系不断缩小问题的规模,直到可以作为特殊情况处理而直接得出结果,再通过递归关系逐层返回到原来的数据规模,最终得出问题的解。

【例 1.7】 用递归法求斐波那契数列的第 n 项。

算法分析:斐波那契数列 1,1,2,3,5,8,…,可递归定义为:

$$\text{fib}(n) = \begin{cases} 1 & n=1 \\ 1 & n=2 \\ \text{fib}(n-1)+\text{fib}(n-2) & n>2 \end{cases}$$

伪代码表示的第 n 个斐波那契数的递归算法如下：

```
int fib (int n)
{
    if (n <=2) return 1;
    else return fib (n-1)+fib (n-2);
}
```

程序代码非常简洁,算法的执行过程分递推和回归两个阶段。递推阶段,把较复杂问题(**规模为 n**)的求解推到比原问题简单些的问题(**规模小于 n**)的求解。本例为求 fib(n),把它推到求 fib($n-1$)和 fib($n-2$)。而求 fib($n-1$)和 fib($n-2$),需求 fib($n-3$)和 fib($n-4$)。依次类推,直至求 fib(2)和 fib(1),分别可立即得到 1 和 1。在递推阶段,递归必须有终止的时刻,本例中,n 为 2 和 1 时,函数 fib 终止递归。

回归阶段是在获得最简情况解后,逐级返回依次得到稍复杂问题的解。本例求得fib(2)和 fib(1)后,返回得到 fib(3)的结果,依次类推,而求得 fib($n-1$)和 fib($n-2$)后,返回得到 fib(n)的结果。为更好理解递归算法执行过程,图 1.4 给出求 5!的递推和回归两个阶段的示意。

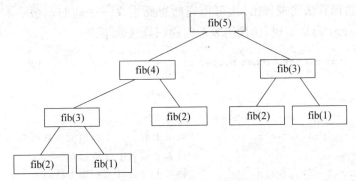

图 1.4　递归算法的执行过程

图 1.4 中可见,递推阶段 fib(5)分解为 fib(4) 和 fib(3)两者之和,fib(4) 和 fib(3)又分别从上到下逐层递归分解,直到达到边界条件 fib(2)和 fib(1)。然后从边界条件从下向上逐层回归。从该执行过程可见,个别函数,例如 fib(3)被重复执行多次,这将耗费更多的时间和空间,下面简单讨论递归算法的优缺点。

因递归引起一系列函数调用,且可能会有一系列重复计算,故递归算法执行效率相对较低。若递归算法能较方便地转换成递推算法,通常按递推算法编程。

递归算法优缺点:

- 优点:程序结构清晰,可读性强,容易用数学归纳法证明算法的正确性,设计算法、调试程序都较方便。

- 缺点:递归算法运行效率较低。无论耗费的计算时间还是占用的存储空间都比非递归算法要多。但对一些特别问题采用递归算法实现要比采用非递归算法实现,更简单更易理解。

【**例 1.8**】 汉诺塔问题(**Hanoi,源于印度一个古老传说**):有 A、B、C 三个塔座,如

图 1.5 所示。塔座 A 上有 n 个圆盘,自下而上由大到小叠在一起,编号从小到大分别为 1、2、…、n。现要求将 A 上圆盘移到 B 上,并仍按同样顺序叠置。移动规则如下:

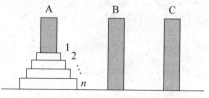

图 1.5　Hanoi 塔问题示意图

- 每次只能移动一个盘;
- 任何时刻都不允许大盘压在小盘之上;
- 满足上述规则前提下,可将盘移至 A、B、C 中任一塔座上。

算法分析:

- 只有一个盘时,将其直接搬至 B。
- 当有两个盘时,将 C 柱当作辅助柱来实现。
- 若盘数 n 超过 2 个,则将第 n 个以下的 $n-1$ 个盘和第 n 个盘按以下三步处理:

A—>C:将前 $n-1$ 个盘从 A 移到 C

A—>B:将第 n 个盘从 A 移到 B

C—>B:将 $n-1$ 个盘从 C 移到 B

注意:其中 $n-1$ 盘的移动也是一个递归过程。

该问题用迭代算法实现较困难,可用递归思路定义一个递归函数 void hanoi(int n, char a, char b, char c)来实现,伪代码表示的递归算法如下。

```
void hanoi(int n,char a,char b,char c)
{
    if (n > 0)
    {
        hanoi(n-1,a,c,b);      //将 A 上前 n-1 个盘借助 B 移到 C
        move(a,b);             //将 A 上第 n 个盘移到 B
        hanoi(n-1,c,b,a);      //将 C 上 n-1 个盘借助 A 移到 B
    }
}
```

除上述介绍的常见算法,还有其他算法策略,有兴趣的读者可查阅相关文献进一步学习。学习相关章节(**比如第 4 章、第 6 章**)后,请再次分析本节例题中的算法。

本 章 小 结

本章介绍了 C 的发展、C 的特点、C 源程序的结构及运行,算法、程序、程序设计等相关概念。介绍了算法的基本特征(**有穷性、确定性、输入、输出和有效性**)以及算法的描述方法(**流程图、N-S 结构化流程图和伪代码等**)。算法的优劣可从时间复杂度和空间复杂度来衡量。程序是用程序设计语言编写的用来实现特定目标、解决特定问题的指令序列,程序由数据结构与算法组成。数据结构是对数据的描述(**故在程序中,需要我们指定数据的类型或组织形式**),算法则是对操作的描述(**即操作的具体步骤**)。数据结构与算法,二者相辅相成。算法是程序设计的灵魂,为方便后继学习,本章介绍了枚举、迭代和递归等几个常见的基本算法。

习　题　1

请为以下问题设计算法。

1. 找出 a、b、c、d、e 五个整数中的最大者并输出。

2. 设有 a、b、c 三个整数,请将它们从小到大排序。

3. 鸡、兔和九头鸟(传说中一种怪鸟,有 9 个头、两只脚)关在同一个笼子里。已知笼中现共有 100 只头,100 只脚。试求:鸡、兔和九头鸟各有多少只?

4. 小斌元旦义卖:共带 50 件商品(钥匙环和小泥人),钥匙环 2 元一个,小泥人 3 元一个,计划卖出 160 元钱,问应如何搭配卖出?

5. 一球从 100 米高度自由落下,每次落地后反跳回原高度的一半再落下,求它在第 10 次落地后的反弹高度是多少?

6. 有 5 个人坐在一起,问第 5 个人多少岁?他说比第 4 个人大 2 岁。问第 4 个人岁数,他说比第 3 个人大 2 岁。问第 3 个人,又说比第 2 人大两岁。问第 2 个人,说比第一个人大两岁。已知第 1 个人 10 岁。请问第 5 个人多大?

7. 数列 $\{a_n\}$ 前几项如下所示,输入 n,求 a_n 的精确分数解,请用递归方法以伪代码实现算法。

$$1,\quad \frac{1}{1+1},\quad \frac{1}{1+\cfrac{1}{1+1}},\quad \frac{1}{1+\cfrac{1}{1+\cfrac{1}{1+1}}}$$

第2章

基本数据类型

学习目标

了解数据类型的一般概念，了解各种类型数据在内存中的存放形式。理解常量与变量的概念，掌握常量表示方法与变量定义。熟练掌握运算符及相关运算规则，熟练掌握混合类型表达式的计算。

重点、难点

重点：各种数据类型的概念及其在内存中的存放形式、变量定义及其所占内存空间大小、运算符的优先级和结合性、混合类型表达式的计算。

难点：数据在内存中的存放形式、混合类型表达式的计算、自增自减运算。

2.1 C 语言的数据类型

C 语言是一种强类型的计算机语言，程序中所有用到的数据，都必须被说明为某种数据类型。数据类型是程序设计中的重要概念，数据类型决定数据在内存中所占空间的大小及存储形式。不同类型数据可以进行的运算也不同。例如，表达式 3.0％2 是错误的，而 3％2 就是正确的。这是因为 3.0 不是整数，而 C 中规定％运算只能对两个整数进行。此外，不同类型数据进行同种运算后所得结果也可以不同，例如，表达式 3.0/2 的结果是1.5，而 3/2 的结果是 1。这是因为对/运算而言，当参加运算的两个对象皆为整数时，结果为整数，否则为实数。

在 C 语言中，数据类型可分为基本类型、构造类型、指针类型和空类型四大类，由这些数据类型可以构造出不同的数据结构。所谓数据结构是指数据的组织形式，例如，C 语言中的数组就是一种数据结构（**数组是若干个类型相同的数据组织在一起构成的集合，比如 10 个整数组成一个整型数组**）。编程时，数据取何种数据类型取决于实际问题的需要。数据的组织形式（**即数据结构**）不同，采用的算法也会不同，设计算法时必须注意数据结构。

数据有常量和变量之分，它们分别属于以上这些类型。例如，整型数据包括整型常量和整型变量，字符型数据包括字符型常量和字符型变量。

1．基本数据类型

基本数据类型由 C 的编译器直接提供，主要分为整型（**短整型**、**整型**、**长整型**）、字符型和浮点型（**单精度和双精度**）三种。基本数据类型的主要特点是其值不可再分解为其他类型。

2．构造数据类型

数据处理中，常需要处理多个数据，且多个数据间存在着某种联系。这时，C 允许构造一个新类型来处理这些数据。构造数据类型由一个或多个基本数据类型或已定义的数据类型按照一定的构造方法定义。即，一个构造类型的值可分解成若干个"成员"或"元素"，每个成员都是一个基本数据类型或又是一个构造类型。C 语言中，构造类型有数组类型、结构类型、共用体类型、枚举类型。

3．指针类型

计算机内存被分为一个个存储单元，每个存储单元也称为一个字节（1B），可存放 8 位（8b）二进制数。每个存储单元都有编号，称为内存单元的地址，用来指示内存单元的位置，所以也称指针（**pointer**）。指针变量就是专门用来存放指针（**地址**）的变量。指针类型是一种特殊的、具有重要作用的数据类型（**详见第 7 章**）。

4．空类型

调用函数时，通常被调用函数会向调用函数返回一个函数值。这个返回的函数值是具有一定数据类型的，应在函数定义及函数说明中加以说明。但也有一类函数，被调用后不需向调用函数返回值，这种函数的返回类型可定义为"空类型"。其类型说明符为 void（**详见第 6 章**），表明该函数没有返回值。

本章介绍基本数据类型中的整型、浮点型和字符型，其余将在以后各章中陆续介绍。

C 语言中的数据类型如图 2.1 和图 2.2 所示。

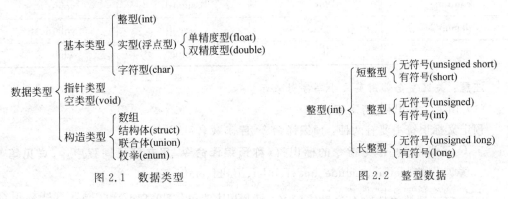

图 2.1　数据类型　　　　　　　　　　图 2.2　整型数据

2.2 常量与变量

通常一个程序中,可能会用到多个变量或常量,不仅如此,还可能用到数组或函数等(**一个或多个**),这都需要用不同的符号来标识,标识符就是用来标识它们的符号。下面首先介绍标识符。

2.2.1 标识符

1. 标识符的定义

在程序中用来标识(**表示**)变量、常量、数组、函数、文件、类型等名称的符号统称为标识符。

2. 标识符的分类

C 语言中的标识符分为关键字、预定义标识符、用户标识符三类。

(1) 关键字(**保留字**)

关键字也称作保留字或保留关键字,它们是 C 语言规定的、被赋予特定含义、有专门用途的标识符,不能用作其他用途。C 语言中一共有如下 32 个关键字,如表 2.1 所示。

表 2.1　C 的关键字

auto	double	int	struct
break	else	long	switch
case	enum	register	typedef
char	extern	return	union
const	float	short	unsigned
continue	for	signed	void
default	goto	sizeof	volatile
do	if	static	while

注意:关键字全部用英文小写字母表示。

(2) 预定义标识符(**特定字**)

预定义标识符主要有两种:预编译命令、库函数名。

- C 定义了一些作为指令的标识符(**称预编译命令**,用在预处理程序中,详见第 **9 章**),例如,define、include、undef、ifdef、ifndef、endif、line。
- C 的编译器还提供了大量库函数,如 printf、scanf、sin、cos、sqrt 等。这些标识符都有特定含义,C 允许将它们重新定义为用户标识符,但应尽量避免这样做,以免引起误解,影响程序的清晰度。例如,若用户在程序中定义一个变量并将其命名为 sin,那么程序中出现的 sin 是代表变量名,还是函数名呢?

(3) 用户标识符

用户标识符即用户定义的标识符,也称自定义标识符,用来给变量、数组、符号常量、自定义函数、类型等命名。其命名规则如下:

- 由字母、数字和下划线组成,但第一个字符必须是字母或下划线。
- 长度随编译系统而定,比如 VC 中规定最多不能超过 32 个字符,TC 中规定最多不能超过 8 个字符。如果用户标识符超长,则多出的字符将被截去。
- 不得使用关键字。可以使用预定义标识符,但应尽量避免。

以下标识符合法:

i j num1 _abc _123 int1 long_2

以下标识符非法:

```
12d          //错误原因:以数字打头
-root        //错误原因:含非法字符-
%100         //错误原因:含非法字符%
long         //错误原因:关键字不可作为用户标识符
a*b          //错误原因:含非法字符*
```

3. 注意

① 定义标识符时,应尽量"见名知义",以增加程序可读性。

例如,可将存放姓名的变量命名为 name 或 xm,可用 root_1、root_2 分别表示一元二次方程的两个实根,用 pi 标识 π 等。

② 标识符的长度,不同系统规定不同。为提高程序通用性,建议不超过 8 个字符。

③ C 语言中,标识符区分大、小写,例如,abc 不同于 Abc。

C 的程序员一般约定:变量名、函数名用小写字母标识,符号常量用大写字母标识。

2.2.2 常量

程序运行过程中其值不能改变的量称常量。C 语言中的常量有直接常量与符号常量。

1. 直接常量

直接常量也称字面常量,主要包括整型常量、实型常量、字符常量和字符串常量。

- 整型常量和实型常量也称数值型常量,有正负之分。整型常量只用数字表示,不能带小数点,如 35、0、−89。
- 实型常量通常用带小数点的数表示,如 8.75、−56.421、0.0。

- 字符型常量通常是用一对单引号(")括起的单个字符,如'g'、'1'、'*'等。
- 字符串常量是用一对双引号("")括起的若干个字符,如"abc","123","a"等。特别地,只有一对双引号("")的字符串叫空串。注意,空串不含任何字符(**包括空格字符**),含有一个或多个空格的字符串不是空串。

2. 符号常量

C语言中,可用一个标识符表示一个常量,称为符号常量。符号常量在使用前必须先定义,定义的一般形式为:

> #define 标识符 常量

其中,♯define是一条预编译命令(**预编译命令以♯开头,详见第9章**),功能是把该标识符定义为其后的常量值。一经定义,之后程序中所有出现该标识符的地方均代之以该常量值。习惯上符号常量的标识符用大写字母,变量标识符用小写字母以示区别。下例中,PI即为符号常量。

【例2.1】 求圆面积s。

```
//代码段c2-1-1.c
#include <stdio.h>
#define PI 3.14159          //定义符号常量PI,以下的PI都表示3.14159
main()
{
    float s,r;
    r=5;
    s=PI*r*r;
    printf("s=%f\n",s);
}
```

2.2.3 变量

程序运行过程中,其值可被改变的量称变量。每一个变量都应有一个名字,所有变量必须在使用前定义,通常变量定义语句放在函数体的开头部分。因为C规定:变量定义语句要在所有执行语句之前(**复合语句中的变量定义除外**)。变量定义的一般形式为:

> 类型名 变量名;

一个变量实质上代表了内存中的某个存储区域,程序中对变量的操作就是对相应存储区域的操作,如给变量赋值实质上就是把数据转变成二进制数并存入该变量所代表的存储空间。定义变量实际上就是申请内存空间并为其取个名字。

变量可分成整型变量、实型变量、字符型变量等。不同类型的变量,系统编译时会为其分配不同大小的存储空间。

2.3 整型数据

整型数据包括整型常量、整型变量。

2.3.1 整型常量

整型常量就是整常数。C 语言中,可以使用八进制、十六进制和十进制三种形式的整常数。

1. 十进制整常数

十进制整常数没有前缀,用一串连续数字表示,数码为 0～9。例如,237、−568、65 535 皆为合法的十进制整常数。而 0123、35C 皆为非法(**前者含前缀 0,后者含非十进制数码 C**)。

2. 八进制整常数

八进制整常数以数字 0 开头(即以 0 为前缀),数码为 0～7。例如,0101(**相应十进制表示形式为 65**)、**0177777**(**相应十进制表示形式为 65 535**)皆为合法八进制整常数。而 256、0678 皆为非法(**前者无前缀 0,后者含非八进制数码 8**)。

3. 十六进制整常数

十六进制整常数的前缀为 0X 或 0x,数码为 0～9,A～F(或 **a～f**)。例如,0X2A、0XA0、0XFFFF(**相应十进制表示形式分别为 42、160、65 535**)皆为合法十六进制整常数。而 5A、0X5J 皆为非法(**前者无前缀 0X,后者含非十六进制数码 J**)。

程序中根据前缀区分不同进制的整常数,书写时不要弄错前缀造成程序结果不正确。

2.3.2 整型数据在内存中的表示

计算机中唯一能够存放的数是二进制数。二进制数具有物理上容易实现、可靠性高、运算简单、通用性强等优点。整数存放到计算机内存中必须转换成二进制数。

内存中每一个二进制位称一个比特(1b),连续 8 个二进制位称一个存储单元,也叫一个字节(1B)。不同类型的数据占用不同大小的连续若干字节。例如,一个短整型数占连续 2 个字节(**即短整型数被表示成一个 16 位的二进制数**),整型数占连续的 4 个字节(**整型数被表示成一个 32 位的二进制数**)。

- 有时整数不必考虑负数,即所有的数都大于等于 0,这样的数称无符号数。
- 若需考虑整数的正负,这样的数称符号数。

1. 无符号数的表示

无符号数都是非负数,不需考虑符号,所有的二进制位都用来表示数值。例如:

0	对应二进制数为	0
7	对应二进制数为	111
255	对应二进制数为	11111111

假设用 1 个字节存放一个整数,则上述三个数在内存中的表示分别为:

0

0	0	0	0	0	0	0	0

7

0	0	0	0	0	1	1	1

255

1	1	1	1	1	1	1	1

但若用 2 个字节存放一个整数,则它们在内存中的表示分别为:

0

0	0	0	0	0	0	0	0	0	0	0	0	0	0	0	0

7

0	0	0	0	0	0	0	0	0	0	0	0	0	1	1	1

255

0	0	0	0	0	0	0	0	1	1	1	1	1	1	1	1

显然,用 1 个字节存放无符号数,可表示数值的范围为 0~255(即 $0 \sim 2^8 - 1$)。请思考:若用 2 个字节存放无符号数,可表示的数值范围是多少?

2. 符号数的表示

(1) 真值与机器数

机器数所代表的实际数值称为真值。而机器数是指数值在计算机存储器中的存放形式,也就是真值在存储器中的二进制代码,常用代码主要有原码、反码和补码三种。

(2) 符号数的表示

符号位+数的绝对值

符号位位于所占存储区域的最高位(**最左边的二进制位**),0 为正,1 为负。设一个符号数用 1 个字节存储,则 +7、-7 在内存中的表示分别为:

+7 存储形式为

0	0	0	0	0	1	1	1

-7 存储形式为

1	0	0	0	0	1	1	1

(3) 原码、反码和补码

- 原码:该数所占存储区域的最高位表示数值的符号,其他各位表示该数的绝对值。

- 反码：正数的反码与原码相同。负数的反码为原码符号位不变，其他各位"按位取反"。
- 补码：正数的补码与原码相同。负数的补码为其反码加 1。

例如，假定整数在内存中占用 1 个字节，则 +7、−7 的原码、反码和补码分别为：

$$+7 \text{ 的原码：} 00000111 \qquad -7 \text{ 的原码：} 10000111$$
$$+7 \text{ 的反码：} 00000111 \qquad -7 \text{ 的反码：} 11111000$$
$$+7 \text{ 的补码：} 00000111 \qquad -7 \text{ 的补码：} 11111001$$

(4) C 中符号数用补码存放

C 将符号数按补码存放的原因主要有：

- 使用补码使得 +0 和 −0 代码相同，即 0 的代码唯一。
- 使用补码可使得符号位一同参与运算，使减法变为加法。例如，9−4 可看成 9+（−4），从而简化处理器的设计。例如，计算 9+（−4）表示如下：

若采用原码：

```
      00001001       //9 的原码
  +   10000100       //-4 的原码
      10001101       //-13 的原码
```

若采用补码：

```
      00001001       //9 的补码
  +   11111100       //-4 的补码
      00000101       //5 的补码
```

由此可见，符号位参与运算时，若采用原码，计算结果错误，而采用补码计算结果正确。

(5) 可表示的数的范围

假设用 1 个字节存放整数，8 个二进制位中，用最左边的 1 个二进制位表示符号，剩下的 7 个二进制位表示数值。7 位二进制数可表示的最大值是 2^7-1，所以可表示数的范围在 $\pm(2^7-1)$ 之间。但因采用补码，原来 −0 的代码（10000000）多出，将其用来表示 $-2^7(-128)$，故 1 字节符号数可表示数的范围为：$-2^7 \sim 2^7-1$（即 **−128～127**）。以此类推，若用 2 个字节存放符号数，则可表示数的范围为：$-2^{15} \sim 2^{15}-1$（即 **−32 768～32 767**）。

2.3.3 整型变量

1. 整型变量的分类

- 短整型变量：每个变量在内存中占连续的 2 个字节，取值为短整常数。
- 整型变量：每个变量在内存中占连续的 4 个字节，取值为基本整常数。
- 长整型变量：每个变量在内存中占连续的 4 个字节，取值为长整常数。

上述三种整型变量中的每一种又都分为有符号、无符号两种。

表 2.2 列出 VC++ 中各类整型量分配的内存字节数及可表示数的范围(**方括号括起部分可不写,各单词先后顺序也无关紧要**)。

表 2.2　ANSI C 标准所定义的整数类型

类型	符号	类型说明符	数 的 范 围	字节数
短整型	无符号	unsigned short [int]	$0 \sim 65\,535$　即 $0 \sim (2^{16}-1)$	2
	符号	[signed] short [int]	$-32\,768 \sim 32\,767$　即 $-2^{15} \sim (2^{15}-1)$	
整型	无符号	unsigned [int]	$0 \sim 4\,294\,967\,295$　即 $0 \sim (2^{32}-1)$	4
	符号	[signed] int	$-2\,147\,483\,648 \sim 2\,147\,483\,647$ 即 $-2^{31} \sim (2^{31}-1)$	
长整型	无符号	unsigned long [int]	$0 \sim 4\,294\,967\,295$　即 $0 \sim (2^{32}-1)$	4
	符号	[signed] long [int]	$-2\,147\,483\,648 \sim 2\,147\,483\,647$　即 $-2^{31} \sim (2^{31}-1)$	

C 语言中,长整型数用后缀 L 或 l 表示。例如,十进制长整常数 325L(**十进制形式为 325**),八进制长整常数 045L(**十进制形式为 37**),十六进制长整常数 0X18L(**十进制形式为 24**)。无符号数也可用后缀表示,整型常数的无符号数的后缀为 U 或 u。例如,453U、0x67Au、872Lu 均为无符号数。前缀和后缀可同时使用以表示各种类型的数。例如,0XB5Lu 表示十六进制无符号长整数 B5(**十进制形式为 181**)。注意,无符号常量不能表示成负数,例如,$-369u$ 是不合法的。

2. 整型变量的定义与初始化

定义整型变量的一般形式:

> int 变量名,变量名,…;

定义变量的实质是系统在内存为变量分配存储空间。程序或函数运行结束,变量所占用的存储空间还给系统(**称释放空间**),以便分配给其他程序中的变量使用,从而使得变量分配到的这块存储空间中会有以前程序遗留在其中的数据,导致变量的值不确定。为正确使用变量,在变量定义后使用前,必须给变量赋以明确的值。也可在定义变量的同时,就给其赋值,称为变量的初始化。

变量初始化的一般形式:

> 类型说明符 变量名=<表达式>,变量名=<表达式>,…;

整型变量初始化的一般形式:

> int 变量名=<表达式>,变量名=<表达式>,…;

【例 2.2】　分析以下程序的运行结果。

```
//代码段 c2-2-1.c
```

```
#include <stdio.h>
main()
{ int a=1,b=2,c;              //定义整形变量 a、b、c,并将 a、b 分别初始化为 1、2
  long x=29,y=2147483600;
  c=a;                        //将变量 a 的值赋给变量 c
  a=10;                       //给变量 a 重新赋值为 10
  printf("\na+b=%d,x+y=%ld,c=%d\n",a+b,x+y,c);
                              //输出为: a+b=12,x+y=2147483629,c=1
}
```

注意:

① 定义变量时,类型说明符与变量名之间至少用一个空格间隔。

② 允许在一个类型说明符后,定义多个相同类型的变量。此时各变量名之间用逗号分隔,最后一个变量名之后必须以分号(;)结尾。

③ 变量定义必须放在变量使用之前,一般放在函数体的开头部分。本例中,若将执行语句"c=a;"放在变量定义语句"long x=29,y=2147483600;"之前,则会产生错误。

【例 2.3】 分析以下程序的运行结果。

```
//代码段 c2-3-1.c
#include <stdio.h>
main()
{
    short d=-1;
    printf("%hd,%hu\n",d,d); //输出为: -1,65535
}
```

变量 d 中存放的是-1 的补码,即 11111111 11111111,用%hd 输出时是将其以符号数输出,结果为-1。用%hu 输出时是将其以无符号数输出,结果为 65 535($2^{16}-1$)。可见,代码是人为规定的,同样一串二进制数代码可以代表不同的数据。

【例 2.4】 分析以下程序的运行结果。

```
//代码段 c2-4-1.c
#include<stdio.h>
main()
{
    int i=65535;
    short j=i;
    printf("i=%d,j=%d\n",i,j);   //输出为: i=65535,j=-1
}
```

i 是整型变量,占 4 个字节。65 535 在内存中的存放形式为 00000000 00000000 11111111 11111111。j 是短整型变量,占 2 个字节。将 i 的值赋给 j 时,只将其低端 2 个字节 11111111 11111111 赋给 j,而 11111111 11111111 是-1 的补码,故输出 i 为 65 535,j 为-1。

2.4 实 型 数 据

实型也称浮点型,实型常量也称实数或浮点数。C 语言中,实数只采用十进制,有小数形式和指数形式两种。

2.4.1 实型常量

1. 小数形式

与数学中的实数形式相同,由数码 0～9 和小数点组成(**必须有小数点**)。例如:0.0,.123,12.3,123.0,－123.0 等均为合法实数。

2. 指数形式

类似数学中的指数形式,由十进制数加阶码标志 e 或 E 以及阶码组成(**阶码只能为整数,可带正负号**)。例如 3.141 59 可表示为 0.314159e1 或 3.14159E0 或 314.159e－2。一般形式为:

aEn(a 为十进制数,n 为十进制整数)   (表示的值为 $a \times 10^n$)

以下均为非法实数:

E3	(错误原因:**E** 前无数字)
36.-E6	(错误原因:负号位置不对)
4.2E	(错误原因:无阶码)
1.23E5.2	(错误原因:**E** 后面的指数部分必须为整数)

2.4.2 实型变量

实型变量分为单精度(**float 型**)、双精度(**double 型**)。实型变量同样也应先定义,后使用。

实型数据在内存中的存放形式是用科学记数法(**即指数形式**)存放(**具体内容请参阅有关资料**),即使与整型数据占用相同的存储空间,实型数据也可存储更大范围的数据,但实型数据有有效位限制(**精度**)。

ANSI C 并未规定每一种实型数据类型的长度、精度和数值范围。一般系统中,一个 float 型数据在内存中占 4 个字节,一个 double 型数据占 8 个字节。单精度实数提供 7～8 位有效数字,双精度实数提供 15～16 位有效数字,数值的范围随机器系统而异。VC 中实型数据如表 2.3 所示。

表 2.3　VC 中的浮点数

类　　型	类型说明符	数的范围(绝对值)	字节数	有 效 位
单精度	float	0 和 $1.2\times10^{-38}\sim3.4\times10^{38}$	4	7～8
双精度	double	0 和 $2.3\times10^{-308}\sim1.7\times10^{308}$	8	15～16

【例 2.5】 分析以下程序的运行结果。

```
//代码段 c2-5-1.c
#include<stdio.h>
main()
{
    float x=101235342.98345678;
    double y=422222222345.11223344556677889900;
    printf("x=%f,y=%lf\n",x,y); //输出为: x=101235344.000000,y=422222222345.112240
}
```

例中,x 为 float 型,只接收 8 位有效数字,第 8 位有效数字后的数字不确定,double 型变量 j,情况类似。

2.5　字符型数据

2.5.1　字符型数据的表示

在内存中存放字符时,实际存放的是该字符的二进制编码(**ASCII 码**),常用字符的 ASCII 码值如表 2.4 所示,其他字符请参阅附录 B。

表 2.4　常用字符的 ASCII 码

字　　符	十进制代码	八 进 制	十 六 进 制	二 进 制
换行	10	12	A	00001010
回车	13	15	D	00001101
空格	32	40	20	00100000
字符 0～9	48～57	60～71	30～39	00110000～00111001
字符 A～Z	65～90	101～132	41～5A	01000001～01011010
字符 a～z	97～122	141～172	61～7A	01100001～01111010

每个字符的 ASCII 码是一个 7 位的二进制编码,在内存中占用 1 个字节(**8 位**),最左边补一个 0。字符存放在内存中是其代码,这个代码也可被看作是整数。例如,字母 A 和整数 65 存放在内存中都是 01000001,当该二进制代码 01000001 被看作字符时,就代表字母 A,被看作整数时就代表 65。到底怎么看,是人为规定的,正因如此,C 语言中 0～127 之间的整数和字符是通用的(**见例 2.7**)。

2.5.2 字符常量

1. 字符常量的表示

字符常量是用单引号括起的一个字符,如'x'、'?'等,有以下特点:

- 只能用单引号括起,不能用双引号或其他定界符括起。
- 单引号内只能是单个字符,不能是字符串,也不能没有字符。
- 单引号内的字符可为字符集中任意字符。

注意:数字被单引号括起后,便不再是整数数值,而是一个数字字符。

例如,'6'和 6 不同,6+2 的结果是 8,但'6'+2 的结果不是 8,而是 56,原因就是单引号内的 6 已不是数值,而是字符 6,当一个字符与一个整数相加时,是将该字符的 ASCII 码值与这个整数相加,字符 6 的 ASCII 码值为 54,故'6'+2 的结果是 56。

2. 转义字符

C 语言还有一种特殊的字符常量,以反斜线\开头,后跟一个或几个字符,称这样的字符序列为转义字符,它是一个特殊的字符常量,具有特定含义,不同于字符原有的意义,故称"转义"字符。例如,前面例题 printf 函数的格式串中用到的\n 就是一个转义字符,其含义是"回车换行"。转义字符只能用小写字母,主要用来表示那些用一般字符不便表示的控制代码。计算字符个数时,转义字符只算一个字符。常用转义字符及其含义见表 2.5。

表 2.5　转义字符及其含义

转义字符	含　义	ASCII 码(十进制形式)
\n	回车换行符,将光标移到下一行开头	10
\r	回车符,将光标移到本行开头	13
\t	制表符,将光标横向跳到下一个制表位置	9
\b	退格符,将光标移到前一列	8
\f	换页符,将光标移到下一页开头	12
\\	反斜杠字符(\)	92
\"	双引号字符(")	34
\'	单引号字符(')	39
\ddd	1～3 位八进制数所代表的字符	
\xhh	1～2 位十六进制数所代表的字符	

C 语言中,双引号"、单引号'、反斜杠\等具有特殊用途,要想打印输出它们,不能直接在字符串中使用这些字符,要利用转义字符\"、\'、\\等,例如语句"printf("\" Happy birthday! \"");"的输出结果是:"Happy birthday!"。

【**例 2.6**】 分析以下程序的运行结果。

```
//代码段 c2-6-1.c
#include <stdio.h>
main()
{ int x=19,y=2012;
  printf("y=%d\rx=%d\n",y,x);
  printf("%c%c%c\b%.1f\n",'C','+','+',6.0);
}
```

程序运行结果为:

```
x=1912
C+6.0
```

输出 y=2012 后遇到\r,于是光标跳到本行开头,输出非格式控制字符 x= 及 x 的值 19,即 x=19,这样,原先已显示在此位置上的 y=20 被覆盖,之后遇到\n,于是跳到下一行行首,输出 C++ 后,遇到\b,于是在本行向左回退一列,输出 6.0,这样,C ++ 中的最后一个 + 便被覆盖。

2.5.3　字符变量

字符变量的取值是字符常量,即单个字符。字符变量的类型说明符是 char。字符变量的定义与整型变量相同,每个字符变量在内存中占用 1 个字节,用来存放字符的 ASCII 码值。

字符是以 ASCII 码的形式存放在变量的内存单元。如前所述,C 语言中字符和 0~127 间的整数可通用。例如,字符'x'的十进制 ASCII 码是 120。若对字符变量 a 赋予'x',则实际上是在对应 a 的这个内存单元存放 120 的二进制代码 01111000,故也可把它看成是整型量。因此,C 允许对整型变量赋字符型值,也允许对字符变量赋整型值。同样,输出时,可把字符变量以整型量形式输出,也可把整型量以字符形式输出。但整型数据存放时占用 2 字节或 4 字节,字符数据只占用 1 字节,故当把整型量按字符型量处理时,只有低八位参与处理。

【**例 2.7**】 分析以下程序的运行结果。

```
//代码段 c2-7-1.c
#include <stdio.h>
main()
{
    char a=66;                    //给字符型变量 a 赋整数 66
    int b='A';                    //将字符常量'A'赋给整型变量 b
    printf("a=%d(%c),b=%d(%c),a+3=%c,b*10=%d\n",a,a,b,b,a+3,b*10);
}
```

例 2.7 中,先分别以十进制整数、字符形式输出 a。再分别以十进制整数、字符形式输出 b。然后将字符变量 a 与 3 相加的结果以字符形式输出，最后将整型变量 b 与 10 相乘的结果以十进制整数形式输出。程序运行结果为：

```
a=66(B),  b=65(A),  a+3=E,  b*10=650
```

【例 2.8】 实现大小写字母转换。

```
//代码段 c2-8-1.c
#include <stdio.h>
main()
{
    char a='x',b='Y';           //a、b 定义为字符变量并被赋予字符值
    a=a-32;                     //将小写字母转换成大写字母
    b=b+32;
    printf("%c,%c\n",a,b);      //输出为：X,y
}
```

a、b 定义为字符变量并赋予字符常量。字符变量参与数值运算时，是用字符变量的 ASCII 码值参与运算。因大、小写字母的 ASCII 码值相差 32，因此运算后把小写字母转换成大写字母输出，而大写字母被转换成小写字母输出。

【例 2.9】 输入整数 5，输出字符 5。

```
//代码段 c2-9-1.c
#include <stdio.h>
main()
{
    char c;
    scanf("%d",&c);             //%d,输入 5 为整数,于是字符 c 所占存储单元为 00000101
    c=c+48;        //00000101 与 00110000(48 的二进制表示)相加后赋给 c,c 变为 00110101
    printf("%d,",c);            //%d 输出 c,即视 00110101 为十进制整数
    printf("%c\n",c);           //%c 输出 c,即视 00110101 为字符
}
```

字符'5'与十进制整数 53 在内存的表示形式相同，同为二进制代码 00110101，将 00110101 视为十进制整数，则是 53，将 00110101 视为字符，则是字符'5'。仔细研究 ASCII 码表可知：若要将 0～9 之间的某个整数转换成对应的数字字符，只需将其 ASCII 码值加 48 即可（**注意输出的字符不带引号**）。本例中，程序运行后的输出（**设运行时输入：5↵，键盘输入部分用下划线表示，下同**）为：

```
53,5
```

2.5.4 字符串常量

- 字符串常量是用双引号括起，由 0 或多个字符组成。
  例如："ad"、"3"、""。

- 字符串长度就是字符串中字符的个数。

  例如，"ad"的长度为2，"3"的长度为1，""的长度为0。长度为0的字符串称为空串。

- 字符串的结束标志：'\0'。

内存中，用1个字节存放一个字符。那么存放含若干个字符的字符串，就要用连续的若干个字节。C语言能够记住字符串中第1个字符的位置，但不知道这个字符串到什么位置结束，必须要有一个特殊的字符来标记，这个字符就是'\0'，即 ASCII 码为0的字符，如下所示（**此处一格表示1个字节，每个字节中存放的都是相应字符的 ASCII 码**）。

'a'	'd'	'\0'

可见：**字符串所占存储空间＝字符串的长度＋1（空串在内存中也占1个字节，用来存放'\0'）**。

【**例2.10**】 请分析以下程序的运行结果。

```
//代码段 c2-10-1.c
#include<stdio.h>
#include<string.h>              //库函数 strlen 的原型在此头文件中
main()
{
    printf("%d,",strlen("abcd")); //strlen 是库函数，用来计算字符串长度
    printf("%d,\n",sizeof("abcd")); //sizeof 是运算符，用来计算字符串所占存储空间的大小
}
```

程序运行后的输出结果为：

4,5,

注意：

- 字符常量与字符串常量的区别，字符常量用单引号括起，表示一个字符，字符串常量用双引号括起，表示0或多个字符。例如：'a'是字符常量，在内存占1个字节。而"a"是字符串常量，在内存中占2个字节。

- 计算字符串长度时，一个转义字符只算1个字符，例如：字符串"a1\n\101\"""，其中\n、\101、\"都只算1个字符，所以该串长度为5。

- C语言中字符串常量没有相应的变量，常用字符型数组来存放字符串（**见第5章**）。

2.6 运算符和表达式

编程时，要在程序中写一些算式，这些算式就是表达式；一个表达式可能包含一个或多个操作，连接这些操作对象的是运算符。例如，$x＋y－z/2$就是一个表达式。特别的，单个常量、单个变量、单个函数也是表达式，它们是表达式的特例。

C 的运算符有算术运算符、关系运算符、逻辑运算符、赋值运算符、位运算符以及特殊运算符,下面具体介绍(**位运算符,见第 10 章**)。

2.6.1 算术运算符及表达式

1. 基本算术运算符

基本算术运算符用于各类数值运算,包括:加(＋)、减(－)、乘(＊)、除(/)、求余(％**或称模运算**)、自增(＋＋)、自减(－－),负号(－)。

(1) 加法运算符＋

双目运算符,左结合(**即从左向右**)。

例如:4＋8＋5,因左结合,先进行第 1 个＋运算,求 4＋8,再进行第 2 个＋运算,加 5。

(2) 减法运算符－

双目运算符,左结合。但－作负值运算符时,为单目运算符,右结合(**如－x,－5 等**)。

(3) 乘法运算符 ＊

双目运算符,左结合。

(4) 除法运算符/

双目运算符,左结合。

说明:

- 若参与运算的量均为整型,则结果为整型(**例如,1/2 的结果是 0,而非 0.5**)。
- 若运算量中有一个是实型,则结果为双精度实型(**例如,14/5.0 的结果为 2.8(双精度数)**)。运算时系统自动将整型转成实型,运算结果为实型。
- 表达式中常含有不同类型的数据,当对不同类型数据运算时,系统会自动进行类型转换,转换时将精度低的数据向着精度高的方向转换,具体转换规律见图 2.3。
- C 中所有实型数运算均以双精度方式进行,结果也是双精度类型,以保证运算精度。

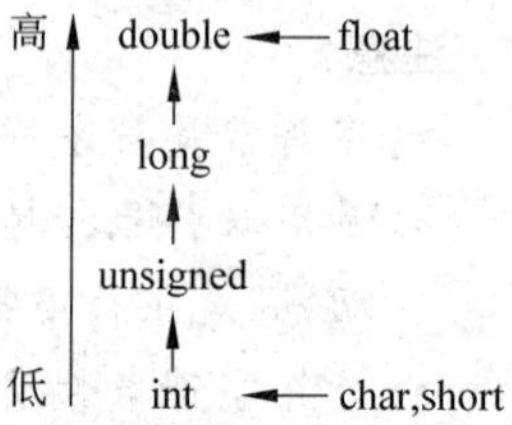

(5) 求余运算符％(模运算符)

双目运算符,左结合。

图 2.3　类型转换规律

说明:

- 参与求余运算的量必须为整型。

- 求余运算的结果等于两数相除后的余数。一般只对正数求余,运算量为负数时,所得结果的符号随机器而不同。VC++ 中,与被除数相同。例如,16％－3 的结果为 1,－32％5 结果为－2。

【例 2.11】 分析以下程序的运行结果。

//代码段 c2-11-1.c

```
#include<stdio.h>
```

```
main()
{
    printf("%d,%f;",15/6,15.0/6);
    printf("%d,%d,%d,%d\n",100%3,-100%3,100%-3,-100%-3);
                                    //输出为：2,2.500000;1,-1,1,-1
}
```

例中 15、6 皆为整数,15/6 的结果亦为整型(**小数全部舍去**)。而对 15.0/6,因 15.0
是实数,故运算结果为实型。

(6) 自增运算符号(＋＋)和自减运算符(－－)

C 语言中的自增(＋＋)、自减(－－)运算符很有用,其他计算机语言中通常没有
它们。

＋＋：操作数加 1。例如,＋＋x;同 x＝x＋1。

－－：操作数减 1。例如,－－x;同 x＝x－1。

＋＋和－－都是单目运算符,可用在操作数之前(**前缀运算符**),也可放在操作数之后
(**后缀运算符**)。例如,"x＝x＋1;"可写成"＋＋x;"也可写成"x＋＋;",但在表达式中这
两种用法是有区别的。

① ＋＋x(**或**－－x),意即：先对 x 执行加 1(**或减 1**)操作,再引用 x 的值。

② x＋＋(**或** x－－),意即：先引用 x 的值,再对 x 执行加 1(**或减 1**)操作。

＋＋(**或**－－)无论位于操作数之前或之后,都会使操作数的值加 1(**或减 1**),但区别
在于进行加 1(**或减 1**)的时刻,这种时刻的控制非常有用。大多数 C 编译程序中,为自增
和自减操作生成的程序代码比等价的赋值语句生成的代码要快得多。

【例 2.12】 自增运算。

//代码段 c2-12-1.c
```
#include <stdio.h>
main()
{
    int x1=10,x2=10,y1,y2;
    printf("\nx1=%d,x2=%d\n",x1,x2);
    y1=++x1;                //x1 先被置为 11,之后再将其值(已被改变为 11)赋给 y1
    y2=x2++;                //先引用 x2 的值(即将 x2 的值 10 赋给 y2),再将 x2 的值置为 11
    printf("y1=%d,x1=%d\n",y1,x1);
    printf("y2=%d,x2=%d\n",y2,x2);
}
```

程序运行结果为：

```
x1-10,x2=10
y1=11,x1=11
y2=10,x2=11
```

【例 2.13】 分析以下程序的运行结果。

```c
//代码段 c2-13-1.c
#include<stdio.h>
main()
{
    int a=10,b=10,c=10;
    int x,y,z;
    x=(a++)+(a++);                  //相当于 x=a+a;a++;a++;
    y=(++b)+(b++);                  //相当于++b;y=b+b;b++;
    z=(++c)+(++c);                  //相当于++c;++c;z=c+c;
    printf("a=%d,b=%d,c=%d\n",a,b,c); //输出为: a=12,b=12,c=12
    printf("x=%d,y=%d,z=%d\n",x,y,z); //输出为: x=20,y=22,z=24
}
```

语句"y=(++b)+(b++);"相当于先执行"++b;",使 b 的值变为 11,然后执行"y=b+b;",y 的值为 22,再执行"b++;",所以 b 的值为 12,程序运行结果及其他分析见代码中注释。

2. 运算符的优先级、结合性和算术表达式

C 语言中,运算符的运算优先级共分 15 级。1 级最高,15 级最低。表达式中,优先级较高的运算先于优先级较低的进行。若一个运算量两侧的运算符优先级相同,则按运算符的结合性所规定的结合方向进行,这种结合方向也称结合性。C 的结合性有两种:左结合性(**即自左至右**)、右结合性(**即自右至左**)。例如,对 x−y+z 而言,因−、+优先级相同,结合性是左结合,故先计算 x−y,再将结果与 z 相加。

C 语言规定:

- 单目运算符(**只有一个运算对象**),都位于优先级的 2 级,结合性为右结合。
- 双目运算符中,除赋值运算符外,其余运算符的结合性全都为左结合。
- 唯一的三目运算符(**条件运算符**),其结合性为右结合。

赋值运算符(**赋值自返运算符**)是双目运算符中唯一的右结合性运算符。例如 x=y=z,由于=的右结合性,这个算式先执行 y=z,再执行 x=(y=z)。

(1)算术运算符和圆括号的运算优先级别与结合性

优先级由高到低依次为:();+、−、++、−−(**单目**); *、/; +、−。

结合性:除单目运算是右结合,其余都是左结合(**参见附录 A**)。

(2)算术表达式

常量、变量、函数和运算符组合起来的式子称表达式。每个表达式有一个值及类型(**算术表达式的值为数值**),表达式求值按运算符的优先级和结合性规定的顺序进行。单个常量、变量、函数为表达式的特例。

(3)运算规则

- 可使用多层括号,运算时先从内层括号开始,由内向外依次计算。
- 对不同优先级运算符,按优先级由高到低进行。对同级运算符,按结合性进行。

3. 强制类型转换表达式

强制类型转换通过类型转换运算来实现。类型转换运算是单目运算,优先级为 2,右结合。一般形式为:

(类型说明符)<表达式>

目的是把表达式运算结果的类型,强制转换成类型说明符所表示的类型。

例如,(float)a 是把 a 的值取来并转换为实型,(int)(x＋y) 是把 x＋y 的结果转换为整型。

注意:

- 类型说明符必须加括号。

例如:int(x＋y) 是错的,应改为(int)(x＋y)。再有(int)(x＋y)不同于(int)x＋y,前者将 x、y 相加后的和转换成 int 型,后者把 x 的值转换成 int 型之后再与 y 相加。

- 对变量进行强制类型转换运算后,变量类型不变。强制类型转换是将变量的值取出,对取出的值的类型做强制类型转换,变量的类型及其值均不变。

例如,执行"int b;float a＝2.6;b＝(int)a;"后,表达式"(int)a"的值为整数 2,而变量 a 的值和类型不变。

【例 2.14】 强制类型转换。

```c
//代码段 c2-14-1.c
#include <stdio.h>
main()
{
    int a=14,b=5;
    float x,y,z;
    x=a/b;
    y=(float)a/b;
    z=(float)(a/b);
    printf("a=%d,b=%d,x=%f,y=%f,z=%f\n ",a,b,x,y,z);
}
```

语句"x＝a/b;",a、b 都是整数,故 a/b 的值为整数 2。但 x 为实型变量,只能存放实数,故系统将整数 2 自动转换为实数 2.0 后赋给 x;语句"y＝(float)a/b;",先计算(float)a,结果为单精度数 14.0,因/左边的运算对象是实数 14.0,故系统将第 2 个运算对象(**取来的 b 的值 5**)转换为双精度数 5.0,再计算 14.0/5.0,结果为双精度数 2.8,但 y 为单精度变量,只能存放单精度数,故系统将双精度数 2.8 自动转换为单精度数 2.8 赋给 y。程序运行过程中,变量 a、b 的值和类型皆没变。语句"z＝(float)(a/b);",将 a/b 的结果整数 2,强制转换为单精度数 2.0 赋给 z,程序运行结果为:

a=14,b=5,x=2.000000,y=2.800000,z=2.000000

2.6.2　关系运算符及表达式

1．关系运算符

关系运算符包括：＞、＞＝、＜、＜＝、＝＝、!＝。

2．关系运算符的优先顺序

关系运算符的优先顺序如下。

$$ >\quad >= \quad < \quad <= \quad == \quad != $$

高————————————→低

关系运算符优先级低于算术运算符,其中＝＝、!＝优先级为 7,其余为 6(**参见附录 A**)。

3．说明

① 关系运算的结果只有真(true)、假(flase),真、假分别用整数 1、0 表示。

例如,关系表达式 12＞＝5 的值为 1,1＋8＝＝9 的值为 1(**先＋再＝＝**),1!＝1＋1 的值为 1,(4＞3)＋1 值为 2,5＞4＞3 的值为 0(**先求 5＞4,结果为 1(真),再求 1＞3,结果为 0(假)**)。

② 要注意关系运算和数学表达式的区别。

例如,数学上表示变量 x 在区间[0,10],可写成 0＜＝x＜＝10。但在 C 语言中,两个＜＝的优先级相同,先计算 0＜＝x,结果是 0 或 1(真或假),再用该结果和 10 做＜＝比较,无论 x 取值如何,0＜＝x＜＝10 的值都是 1(真)。故在 C 语言中,要表示变量 x 在区间[0,10],不能写成 0＜＝x＜＝10,应写成 0＜＝x & & x＜＝10 或 x＞＝0 & & x＜＝10 或 x＜＝10 & & x＞＝0 等(**参见逻辑运算符**)。

2.6.3　逻辑运算符及表达式

1．逻辑运算符

逻辑运算符包括 & &(**逻辑与**)、||(**逻辑或**)和!(**逻辑非**)。

2．逻辑运算符的优先顺序

逻辑运算符的优先顺序如下。

$$! \quad\quad \&\& \quad\quad || $$

高————————→低

其中,!的优先级高于算术运算符,& & 和||的优先级低于关系运算符。

3．说明

① 逻辑运算的结果只有真、假两种,分别用整数 1、0 表示。

② 逻辑运算对象的值,若为非 0 则为真,若为 0 则为假。

③ 以后写分支或循环结构中的条件时,也可用数字表示,且非 0 数值表示真,0 表示假。例如:

```
100 && 200          //表达式值为 1
!(4 * 5)==0         //表达式值为 1
2&&8==1             //等效于 2&&(8==1),故表达式值为 0
0||9==3 * 3         //等效于 0||( 9==(3 * 3) ),故表达式值为 1
```

④ 逻辑表达式短路特性:计算逻辑表达式时,若计算到某步已能确定整个表达式的值,则表达式中后面部分将不再被执行。

例如:对<表达式 1> && <表达式 2>而言,&& 为左结合,先计算<表达式 1>,再计算<表达式 2>,当计算出<表达式 1>的值为 0(假)时,无论<表达式 2>为真还是假,整个表达式的最终结果都是 0(假),故<表达式 2>将不再被计算(**执行**)。同样,对<表达式 1> || <表达式 2>,在计算出<表达式 1>的值为非 0 值(**真**)时,将不再计算<表达式 2>。

⑤ 欲表示变量 x 在区间[0,10],应写成 0<=x&&x<=10。只有当 x 的值在区间[0,10]中,&& 两边表达式的值才为 1(**真**),整个表达式的结果才为 1。

【例 2.15】 分析以下程序的运行结果。

```
//代码段 c2-15-1.c
#include<stdio.h>
main()
{
    int x=6,y=4,v,w;
    v=x||--y;
    w=(y-4)&&(++x+1);
    printf("v=%d,y=%d,x=%d,w=%d\n",v,y,x,w);        //输出为: v=1,y=4,x=6,w=0
}
```

例中,x=6 为真,便知 v 的值为 1,使--y 不再被执行,故 y 的值仍为 4。因 y-4 为 0,知 w 为 0,使++x+1 不再被执行,故 x 的值仍为 6。

2.6.4 赋值运算符和赋值表达式

1. 赋值运算符和简单赋值表达式

赋值运算符就是赋值符号=,赋值表达式就是由赋值运算符组成的表达式。给变量赋值的一般形式为:

变量=表达式

① 赋值表达式求解过程:计算赋值号=右侧表达式的值,并将该值赋给=左侧的

变量。

②赋值运算符优先级与结合性：优先级 14（**仅比逗号运算符高**），右结合。

③赋值表达式的值：既然是一个表达式，也就应该有值，其值就是赋给左边变量的值。

④赋值的含义：将赋值号＝右边表达式的值存放到＝左边变量名标识的存储单元。

注意：

- 赋值运算符＝的左边必须是变量，右边可为常量、变量、函数调用或表达式。
  例如，x＝12，y＝x＋25，y＝func()等都是合法的赋值表达式。
  但是，1＝x，x＋1＝x，sin(x)＝45 等都是非法的赋值表达式。
- C 语言中的＝不同于数学中的等号。C 中的＝是赋值号，没有相等的含义（用来判断是否相等的运算符是＝＝）。在 C 中，x＝x＋1是合法的，其含义是取出变量 x 的值加 1，并将结果再存放到变量 x 中，而数学上 x＝x＋1 无意义。
- 赋值运算时，当赋值运算符两边数据类型不同时，系统将自动进行类型转换。转换原则：先将赋值号右边表达式类型转换为左边变量的类型，然后赋值。
- C 语言的赋值符号＝除了表示赋值操作外，还是一个运算符。即：赋值运算符完成赋值操作后，整个赋值表达式还会产生一个所赋的值，这个值还可再利用。
  例如，对表达式 x＝y＝z＝10＋6，由优先级，原式等效于 x＝y＝z＝(10＋6)，由结合性（**从右向左**），即等效于 x＝(y＝(z＝(10＋6)))，也即等效于 x＝(y＝(z＝10＋6))，于是：

  ① 计算 z＝10＋6。先计算 10＋6，得值 16 赋给 z，z 为 16，同时赋值表达式(z＝10＋6)的值亦为 16。

  ② 计算 y＝(z＝10＋6)。将赋值表达式(z＝10＋6)的值 16 赋给 y，y 值为 16，同时赋值表达式(y＝(z＝10＋6))的值也为 16。

  ③ 计算 x＝(y＝(z＝(10＋6)))。将表达式(y＝(z＝10＋6))的值赋给 x，最后 x，y，z 都等于 16。

- 赋值表达式作为表达式的一种，使赋值操作不仅可出现在赋值语句中，还可以表达式形式出现在其他语句中。

2. 复合赋值表达式

程序中，若出现"变量＝变量 运算符 表达式；"形式的赋值语句，为简化程序，提高编译效率，可将上式缩写为"变量 运算符＝表达式；"。例如，将"x＝x＋y；"写为"x＋＝y；"，将"x＝x＊(y＋z)；"写为"x＊＝y＋z；"。这里的＋＝、＊＝即 C 语言中的复合赋值运算符，又称赋值自返运算符，表示将计算结果再返回给变量。

C 语言中的复合赋值运算符有＋＝（**加赋值**），－＝（**减赋值**），＊＝（**乘赋值**），/＝（**除赋值**），％＝（**求余赋值**），&＝（**按位与赋值**），|＝（**按位或赋值**），^＝（**按位异或赋值**），＜＜＝（**左移位赋值**），＞＞＝（**右移位赋值**）。

注意：

- 复合赋值运算符的优先级、结合性与赋值运算符相同。

- 表达式 a＊＝3＋4 等价于 a＝a＊(3＋4)，而非 a＝a＊3＋4。

【例 2.16】 复合赋值表达式举例。

```
//代码段 c2-16-1.c
#include <stdio.h>
main()
{
    int a=0,b=3,c=1;
    a+=(a=2);
    printf("%d,%d,",a,b+=b-=b*b);
    printf("%d,%d\n",c*=--b+2,c=9);
}
```

printf 函数的输出项不止一个时，VC++6.0 中按从右到左的顺序计算各输出项（详见第 3 章）。对例中第二个输出语句，先求第二个输出项的值，即计算表达式 c＝9（**此前 c 值为 1，此后 c 值为 9**），结果为 9。再求第一个输出项的值，即求表达式 c＊＝－－b＋2 的值，于是 c＝c＊(－－b＋2)＝9＊(－13＋2)＝－99。程序运行后输出为：

```
4,-12,-99,9
```

2.6.5 其他运算符及表达式

1. 条件运算符及条件表达式

C 语言有一个功能强且使用灵活的三目运算符"?:"，称条件运算符，其优先级为 13，右结合（**参阅附录 A**）；用条件运算符构成的表达式称为条件表达式，其一般形式为：

表达式 1?表达式 2：表达式 3

条件表达式的求值过程：先计算表达式 1 的值，若其值为非零，则计算表达式 2 的值，并将该值作为整个条件表达式的值；若表达式 1 的值为零，则计算表达式 3 的值，并将该值作为整个条件表达式的值。例如，表达式"x＝(a＞b)？a：b"的值为 a、b 中的大者。而表达式"y＝(x＞＝0)？x：－x"的值为 x 的绝对值。

【例 2.17】 输入三个整数，输出其中的最大值。

```
//代码段 c2-17-1.c
#include <stdio.h>
main()
{
    int a,b,c,max;
    scanf("%d%d%d",&a,&b,&c);              //设运行时输入：3 4 5 ↵
    max=(a>b) ? ((a>c)?a: c): ((b>c)?b: c);
    printf("max=%d\n",max);               //输出为：max=5
}
```

因 a＝3,b＝4,使 a＞b 为假,故条件表达式"(a＞b)?((a＞c)? a：c)：((b＞c)? b：c)"的值为表达式"((b＞c)? b：c)"的值。而对"((b＞c)? b：c)",因 b＝4,c＝5,使 b＞c 为假,所以"((b＞c)? b：c)"的值为 c 的值 5。本例中所有括号都可省略,加括号仅为增加可读性。

为提高可读性,可将"max＝(a＞b)? ((a＞c)? a：c)：((b＞c)? b：c);"写为:

```
max= (a>b)? a: b;            //max 为 a 和 b 的较大值
max= (max>c)? max: c;        //max 为 max 和 c 的较大值
```

【例 2.18】 分析以下程序的运行结果。

//代码段 c2-18-1.c
```
#include <stdio.h>
main()
{
    int a,b,c,m;
    scanf("%d%d%d",&a,&b,&c);        //设运行时输入: 9  6  12↵
    m=(a>b)?((a>c)?--a:++c): (b>c)?++b: -c);
    printf("m=%d,a=%d,b=%d,c=%d\n",m,a,b,c);        //输出为: m=13,a=9,b=6,c=13
}
```

因 a＝9,b＝6,使 a＞b 为真,故计算表达式"((a＞c)? －－a：＋＋c)",并将结果作为条件表达式"(a＞b)? ((a＞c)? －－a：＋＋c)：((b＞c)? ＋＋b：－c)"的值赋给 m。而对表达式"((a＞c)? －－a：＋＋c)"而言,因 a＝9,c＝12,a＞c 为假,故计算表达式＋＋c,并将＋＋c 的结果 13 作为表达式"((a＞c)? －－a：＋＋c)"的值。

注意:计算表达式"((a＞c)? －－a：＋＋c)"时,仅计算表达式＋＋c,并不计算表达式－－a,故 a 的值没变。而对"(a＞b)? ((a＞c)? －－a：＋＋c)：((b＞c)? ＋＋b：－c)"而言,仅计算"((a＞c)? －－a：＋＋c)",并不计算表达式"((b＞c)? ＋＋b：－c)",更不会计算其中的表达式＋＋b,故 b 的值也没有被改变。

2. 逗号运算符和逗号表达式

逗号运算符为",",逗号表达式是用逗号","将几个表达式连接起来而形成的表达式,一般形式为:

表达式 1,表达式 2,表达式 3,…,表达式 n

逗号运算符的优先级在所有运算符中最低,结合方向是从左到右。

逗号表达式的求值过程:从左至右依次计算各表达式的值,并将表达式 n(**最右边的表达式**)的值作为整个逗号表达式的值。

例如:

```
a=8*2,a*4;            //整个表达式的值为 64(a*4 的结果),a 为 16
(a=8*2,a*4),a*2;      //整个表达式的值为 32(a*2 的结果),a 为 16
a=b=5,5*2;            //整个表达式为逗号表达式,值为 10(5*2 的结果),a 和 b 值都为 5
```

```
a=(b=5,5*2);          //整个表达式为赋值表达式,值为 10(5*2 的结果),a 为 10,b 为 5
```

程序中逗号表达式用得不多,一般给循环变量赋初值时用。不是所有的逗号都是逗号运算符,例如,函数调用时各参数间用逗号隔开,这时逗号就不是逗号运算符。

3. sizeof 运算符

sizeof 运算符一般形式为:

sizeof(操作对象)

sizeof 是单目运算符,与所有单目运算符一样,优先级 2,左结合。其功能是计算操作对象所占内存空间的字节数,操作对象可以是变量名、数组名或类型说明符(**也称类型标识符**)。

【**例 2.19**】 分析以下程序运行结果。

```
//代码段 c2-19-1.c
#include <stdio.h>
main()
{
    char c; short s; int a; long b;
    printf("%d,%d,%d,%d------",sizeof(c),sizeof(s),sizeof(a),sizeof(b));
    printf("%d,%d\n",sizeof(float),sizeof(double));
}
```

程序运行后输出:

```
1,2,4,4------4,8
```

2.6.6 混合类型数据的运算

不同类型数据进行运算时,必须按一定规则将数据转换成相同类型后再计算,这种转换主要有:隐式类型转换(**由系统自动进行**)、显式类型转换(**由用户进行**)。

1. 隐式类型转换

编译时由编译器按一定规则自动完成,分两种情况:

① 赋值运算符两边类型不同:总是将右边表达式的数据类型转换成与左边变量的类型一致。例如,“int a;a=9.9;”将 9.9 舍去小数部分后赋给 a,故 a 值为 9。但将长型数据赋给短型变量,可能会造成数据的丢失,故应尽量避免。

② 其他运算符两边类型不同:转换宗旨是由短型向长型转换,以防数据丢失(**参阅图 2.3**)。

例如,设 a、b 为整型变量,a 值为 12,b 值为 5,则:

```
a/5.0          //表达式值为双精度数 2.4
a/5            //表达式值为整数 2
```

```
a/b                  //表达式值为整数 2
(float)a/b           //表达式值为双精度数 2.4
(float)(a/b)         //表达式值为单精度数 2.0
```

2. 显式类型转换

由程序员在编写程序时指定将一种数据类型转换成另一种数据类型,即本章 2.6.1 中介绍的强制类型转换。

本 章 小 结

1. 知识点

本章知识点如表 2.6 所示,表中,设 x、y 分别为 int 型、float 型变量,初值分别为 1、3.6。

表 2.6 基本数据类型知识点

知识点	实 例	说 明
数据类型	基本类型 构造类型 指针类型 空类型	数据类型是程序设计中的重要概念。程序中所用到的数据,都必须被说明为某种数据类型。编程时,数据取何种数据类型取决于实际问题需要
常量	printf("%d,%f,%c",1,3.1,'C'); printf("%s\n","language");	符号常量使用前,必须先定义,定义形式: #define 标识符 常量
变量	int x=2;char c='Q',str[]="qq"; printf("%d,%c,",x+1,c); printf("%s\n",str);	变量必须先定义后使用,一经定义,在其生存期内,名称、类型、地址都随之而定,唯其值可被多次改变。 对变量的访问或读或写,无论对变量进行多少次读操作都不会改变其值,只有对其进行写操作才能改变其值,其值总是最后一次赋给它的那个值。 不同类型变量,所占内存大小不同、所表示数据的范围不同、能进行的运算不同、输入输出时所用格式控制字符不同
运算符	算术运算符:10%3、x++、1.0/2、-3 关系运算符:x>=0、2==1、x!=0 逻辑运算符:!0、x>0&&x<10、1||2 赋值及复合赋值运算符:x*=2+x 条件运算符:x>0? x:-x 逗号运算符:x=(x=2,++x) sizeof 运算符:sizeof(int)、sizeof(y)	注意: 各种运算符的运算规则 各种运算符的优先级与结合性
表达式	x+1 3>1 x>1&&x<10 x+=1 x>0? x:-x x=(x=2,++x)	对混合表达式的求值,除要注意运算符的优先级与结合性,还要注意数据类型的隐式转换

C 语言程序设计实用教程

2. 常见错误

┌───┐
│ **错误 1　字符常量书写错误。**   │
└───┘

实例：

```
char s1="a",s2=c,s3='101';
```

分析：编译连接均无错，运行结果不对。

① 字符常量要用单引号括引（**双引号表示字符串**）。

② c未加单引号，表示变量（**c若未定义系统将报错**）。

③ 字符常量表示一个字符，单引号内不能是两个字符，但'\101'正确，表示一个转义字符。可改为"char s1＝'a',s2＝'c',s3＝'\101';"。

┌───┐
│ **错误 2　标点符号用错。除字符串中标点外，程序中其他位置的标点一律是半角**   │
│ **（英文）。**   │
└───┘

实例：

```
int a，b；
```

分析：编译报错"unknown character '0xa3'"，因为"；"、"，"都是全角（**中文**）符号，应改为"int a,b;"。

┌───┐
│ **错误 3　分号用错。**   │
└───┘

实例：

```
#include<stdio.h>
main();        //此处多了一个分号,编译报错"missing function header?"
{
    int a,b=5;
    a=10      //此处少";",编译报错"missing ';'"
    printf("%d,%d\n",a,b);
}
```

分析：见例中注释，将 main 后分号去掉，a＝10 后加上分号即可。

┌───┐
│ **错误 4　将赋值运算符＝当成关系运算符＝＝。**   │
└───┘

实例：

```
int x,y=2;
scanf("%d",&x);
if (x=y)       //=是赋值号,应改为比较运算符==
    printf("x,y相等\n");
else
```

```
printf("x,y 不等\n");
```

分析：属逻辑错，编译连接无错。代码段本意为：x 不等于 2 时，输出"x,y 不等"；x 等于 2 时，输出"x,y 相等"。但因＝是赋值不是比较，无论 x 值为何，执行 x＝y 便把 y 的值 2 赋给 x，同时表达式 x＝y 的值也是 2（**为真**），故输出结果始终是："x,y 相等"（**有关 if-else 请见第 4 章**）。请读者自行完善代码段后上机调试。

错误 5　书写表达式时漏掉乘号 ＊。

实例：

```
y=5x+1;
```

分析：编译报错 bad suffix on number、missing ';' before identifier 'a' 等，应将 5x 改为 5＊x。

错误 6　使用＾，作为乘方运算符。

实例：

```
x=a^2+b^2;
```

分析：编译连接无错，结果不对。C 语言中＾为异或运算符（**参见第 10 章**），x＝a^2＋b^2 的正确表示应为：x＝a＊a＋b＊b 或 x＝pow(x,2)＋pow(x,2)，这里 pow(x,y) 表示 x^y 运算。

错误 7　在执行语句后定义变量。

实例：

```
#include<stdio.h>
main()
{
    int x;
    x=2;        //此为执行语句
    int y;      //此为变量定义语句
    y=x+5;
}
```

分析：编译报错 missing ';' before 'type'。C 语言的函数体主要有两部分：前半部进行变量、结构体等的定义或声明；后半部是执行语句，不允许在执行语句之后再定义变量，本例将语句"x=2;"和"int y;"颠倒一下次序即可。

错误 8　强制类型转换漏掉括号。

实例：

```
printf("f=%f\n",double 1/2);        //double 应改为 (double)
```

分析：编译报错 syntax error：'type'。注意，(double) 1/2 与(double)(1/2)不同,前者对 1 先(double)操作得 1.0,再计算 1.0/2,得 0.5。后者先计算(1/2)得 0,再计算(double)0,得 0.0。

习　题　2

一、选择题

1. 以下 4 组用户定义标识符中,全部合法的一组是(　　)。
   A) _main　enclude　sin
   B) If　-max　turbo
   C) txt　REAL　3COM
   D) int　k_2　_001

2. 下列选项中,不能用作标识符的是(　　)。
   A) _1234_　　　　B) _1_2　　　　C) int_2_　　　　D) 2_int_

3. 以下选项中可作为 C 语言中合法整数的是(　　)。
   A) 10101110B　　B) 0386　　　　C) 0Xffa　　　　D) 0x2H

4. 以下选项中合法的实型常数是(　　)。
   A) 5E2.0　　　　B) E-3　　　　C) .2E0　　　　D) 1.3E

5. 下列数据中属于字符串常量的是(　　)。
   A) ABC　　　　　B) "ABC"　　　　C) 'abc'　　　　D) 'a'

6. 字符串"ABCD"在内存占用的字节数是(　　)。
   A) 3　　　　　　B) 4　　　　　　C) 5　　　　　　D) 6

7. 字符串"\"ABCD\xff\""在内存占用的字节数是(　　)。
   A) 5　　　　　　B) 6　　　　　　C) 7　　　　　　D) 8

8. C 语言中运算对象必须是整数的运算符是(　　)。
   A) %=　　　　　B) /　　　　　　C) =　　　　　　D) <=

9. 在以下一组运算符中,优先级最高的运算符是(　　)。
   A) <=　　　　　B) =　　　　　　C) %　　　　　　D) &&

10. 设有定义:"int m=7,n=12;",则值为 3 的表达式是(　　)。
    A) n%=(m%=5)
    B) n%=(m-m%5)
    C) n%=m-m%5
    D) (n%=m)-(m%=5)

11. 以下选项中非法的表达式是(　　)。
    A) 0<=x<90　　B) i=j==0　　　C) (char)(42+3)　　D) x+1=x+1

12. 设整型变量 x,y,a,b,c,d 均为 0,执行(x=a=b==0)||(y=c==d)后,x,y 的值是(　　)。
    A) 0,0　　　　　B) 0,1　　　　　C) 1,0　　　　　D) 1,1

13. 若有"int m=2,n=1,q;",执行语句"q=n/m+2.5;"后,q 的值为(　　)。
    A) 2.5　　　　　B) 3　　　　　　C) 3.0　　　　　D) 2

14. 表达式"0?(10?1:2):(1?3:4)"的值是(　　)。

A) 1   B) 2   C) 3   D) 4

15. 若以下选项中的变量已正确定义,则正确的赋值语句是(　　)。

    A) x1=26.8%3;   B) x2=j>0;   C) x3=01A;   D) x4=1+2=3;

16. 设 a 为整型变量,不能正确表达数学关系:1<a<5 的 C 语言表达式是(　　)。

    A) a>1&&a<5   B) !(a<=1||a>=5)

    C) 1<a<5   D) a==2||a==3||a==4

17. 若有关变量已正确定义,以下合法的赋值表达式是(　　)。

    A) a=1/b=2   B)++(a+b)   C) a=a/(b=5)   D) y=int(a)+b

18. int a=5; if(a=1) a+=5; 结果的值是(　　)。

    A) 0   B) 1   C) 10   D) 出错

二、填空题

1. 内存中存储"A"要用_____个字节,存储'A'要用_____个字节。

2. 关系或逻辑表达式结果中的逻辑值"真"用_____表示,逻辑值"假"用_____表示。逻辑表达式的操作对象为"真"是用_____表示的,为"假"是用_____表示的。

3. 符号常量的定义方法是_____。

4. 设有:"float t=2,x=3.5;",则表达式((int)x+0.5)/t 的值是_____。

5. 若有语句:"char x='A';",则赋值表达式 x+=x%=x−5 的值是_____。

6. 若已知 a=1,b=2,则表达式!a<b 的值为_____。

7. 设 x,y,z,k 都是 int 型变量,则执行 x=(y=4,z=16,k=32)后,x 的值为_____。

8. 能表达 20<x<30 或 x<−100 的 C 语言表达式是_____。

9. 数学式 $\sin 45° + \dfrac{e^3 + \ln 10}{\sqrt{x} + |y|}$ 的 C 语言表达式是_____。**(有关库函数请参阅附录 D)**

10. 设有"int m=3,n=4,x;",则执行"x=−m++;x=x+8/++n;"后,x 的值为_____。

11. 如下程序的运行结果是_____。

```
#include<stdio.h>
main()
{
    int y=3,x=3,z=1;
    printf("%d,%d\n",(++x,++y),z+2);
}
```

12. 如下程序的运行结果是_____。

```
#include<stdio.h>
main()
{
    int a=-23,b=4;
```

```
float c=5,d=5;
printf("a/b=%d\n",a/b);
printf("a%b=%d\n",a%b);
c=c+(c=1);
d+=10;
printf("d/=c: %f\n",d/=c);
printf("a=%d,b=%d,c=%f,d=%f\n",a,b,c,d);
}
```

13. 如下程序的运行结果是_____。

```
#include<stdio.h>
main()
{
    int x=3,y=5,z=8;
    y=x+3*x+y;
    z%=x+y+3;
    x=y>z;
    printf("%d,%d,%d\n",x,y,z);
    z=(x+=x*=++y-z--);
    printf("%d,%d,%d\n",x,y,z);
}
```

14. 如下程序的运行结果是_____。

```
#include<stdio.h>
main()
{
    int x,y,z;
    x=y=z=1;
    y++;++z;
    printf("y=%d,z=%d\n",y,z);
    x=(-y++)+(++z);
    printf("x=%d,y=%d,z=%d\n",x,y,z);
    x=y=1;
    z=++x||y++;
    printf("x=%d,y=%d,z=%d\n",x,y,z);
}
```

三、编程题

1. 利用关系表达式和三目运算，编程求 a、b、c、d 中的最大数。

2. 已知三角形三边长为 a,b 和 c，其面积计算公式为：area$=\sqrt{s(s-a)(s-b)(s-c)}$，其中 $s=\dfrac{1}{2}(a+b+c)$。要求，键盘输入 a,b,c 的值，计算并输出面积 area。（提示：①调用平方根函数 sqrt(x)，需在源文件中包含头文件 math.h；②输入 a,b 和 c 的值后，应考虑可否构成三角形。）

第3章

数据的输入输出

学习目标

了解预处理命令 ♯ include ＜文件名＞，理解语句及标准库函数的概念。掌握 getchar、putchar、gets、puts 函数的使用，熟练掌握 printf、scanf 函数的使用。

重点、难点

重点：printf、scanf 函数。

难点：printf、scanf 及 getchar 函数。

3.1 概　　述

3.1.1　C 语言的语句

在第 1 章我们了解到程序由算法和数据结构组成。数据结构是对程序所需数据的描述，指明数据的类型和组织形式，第 2 章已经学习了基本数据类型及运算；算法是对具体操作步骤的描述，是程序的执行部分。程序的执行部分由执行语句构成，语句能完成特定操作，语句的有机组合能实现所需的计算处理功能。C 语言提供了多种执行语句，以下简要介绍。

C 语言中的语句分为 5 类：表达式语句、函数调用语句、控制语句、复合语句、空语句。

1. 表达式语句

由表达式加上分号(;)组成，一般形式为：

表达式；

说明：执行表达式语句就是计算表达式的值。

例如：

```
x=y+z;        //赋值语句
y+z;          //加法运算语句,但计算结果不能保留,无实际意义
i++;          //自增语句,i 值增 1
```

2. 函数调用语句

由函数名、实际参数加上分号(;)组成。一般形式为:

函数名(实际参数表);

说明:执行函数语句就是调用函数体(**把实际参数赋予被调函数的形式参数,然后执行被调函数体中的语句,最后返回主调函数调用处,详见第6章**)。

例如:

```
printf("C Program");          //调用库函数,输出字符串
```

3. 控制语句

控制语句用于控制程序的流程,以实现程序的各种结构方式。它们由特定的语句定义符组成。C语言有9种控制语句(**详见第4章**),可分成以下三类:

① 条件判断语句:if语句、switch语句。

② 循环执行语句:do while语句、while语句、for语句。

③ 转向语句:break语句、continue语句、return语句、goto语句。

4. 复合语句

把多个语句用括号({})括起来组成的一个语句称复合语句。

说明:

① 程序中应把复合语句看成是单条语句,而不是多条语句。

② 复合语句内的各条语句都必须以分号(;)结尾,在括号(})外不能加分号。

例如,以下就是一条复合语句。

```
{ x=y+z;
  a=b+c;
  printf("%d%d",x,a);
}
```

5. 空语句

只有分号(;)组成的语句。空语句什么也不执行,程序中可用来做空循环体,起延时作用。

例如:

```
while(getchar()!='\n')        //语句功能:只要从键盘输入的字符不是回车则重新输入
;                             //此空语句作为while循环的循环体(详见第4章)
```

任何一个C的源程序,都是由上述一条条C的语句组成。结构化程序设计理念里,无论问题简单还是复杂,针对其所写的程序一般都有这样几个部分:数据输入、问题处理、结果输出。实际中,这三个部分并非一定按此顺序进行。程序执行过程中,常需要用户输入一些确定的数据,程序依据这些数据进行计算处理,并将程序运算处理的结果返回

给用户,以实现人与计算机的交互功能。因此程序中,输入输出是必不可少的一类语句,下面介绍 C 语言中如何实现输入输出。

3.1.2　C语言中数据输入输出的实现

C 语言中没有提供专门的输入输出语句,所有输入输出操作都是通过调用 C 的标准库函数中的输入输出函数实现。在 C 语言函数库中有许多以标准输入输出设备(**一般为终端设备**)为输入输出对象的"标准输入输出函数",最基本的输入输出函数包括:scanf/printf(**格式输入/格式输出**)、getchar/putchar(**字符输入/字符输出**)、gets/puts(**字符串输入/字符串输出**)等。输入输出函数通常具有如下特征。

① 所谓输入输出是以计算机为主体而言。实际中,程序所需原始数据可以来自用户的键盘输入,也可来自文件。程序的运行结果可以输出到显示屏幕,也可输出到存储介质长久保存。本章仅介绍向标准输出设备显示器输出数据和从标准输入设备键盘输入数据的语句(**即数据的键盘输入与屏幕输出**),其他内容在第 11 章介绍。

② C 语言中,所有数据输入输出都由库函数完成,因此都是函数语句。

③ 使用 C 的库函数时,要用预编译命令 #include 将有关头文件包括到源文件中。VC++ 6.0 开发平台中,使用标准输入输出库函数时要用到 stdio.h 文件,因此源文件开头应有预编译命令: #include ＜stdio.h＞ 或 #include "stdio.h"(stdio 是 standard input & outupt 的意思)。否则,程序编译调试中,将给出警告信息(warnning),但不阻止程序继续运行。

3.2　数据的格式化输入与输出

3.2.1　数据的格式化输出

C 的格式化输入输出的规定较繁,用得不好就得不到预期的结果,而输入输出又是最基本的操作,在结构化程序设计中,几乎每一个程序都包含输入和输出,掌握正确的输入输出语句格式是程序调试的基础,下面从具体问题入手讨论。

程序编写完毕,上机运行后却无任何结果输出,检查若干遍源程序并没发现错误,这种现象对初学者,并不罕见。

【例 3.1】 求某寝室四位同学高考语文成绩总和。

```c
//代码段 c3-1-1.c
main()
{
    int sum;                        //定义变量
    int ma=100,li=100,xu=100,du=102; //定义变量并初始化
    sum=ma+li+xu+du;                //对 sum 赋值
}
```

启动 VC++ 6.0,将代码输入并以 c3-1-1.c 为名保存在 d：\n 目录下,编译、连接都没错,运行后却没有结果输出,反复检查源程序没发现错误,为什么? 很多初学者对此非常不解!

源程序中每一个语句都正确,并不表示一定能实现预期目的。c3-1-1.c 中,首先定义变量 sum,接着定义变量 ma、li、xu、du 并初始化,而后将成绩相加后的和值赋给 sum,之后程序结束,代码中并没有让计算机进行输出的语句。计算机运行程序,是按语句在程序中书写的次序,顺序执行程序中的每条语句。程序代码中并没有输出语句,当然就没有结果输出,将 c3-1-1.c 改为:

```
//代码段 c3-1-2.c
#include <stdio.h>              //此为文件包含命令(预处理命令),详见第 9 章
main()
{
    int ma=100,li=100,xu=100,du=102;
    int sum;
    sum=ma+li+xu+du;
    printf("%d",sum);           //此句新增,用来输出 sum 的值!
}
```

存盘后,编译、连接均无错,运行后输出结果如图 3.1 所示。

虽有结果输出,但输出结果 402 不够突出,将 c3-1-2.c 中"printf("%d",sum);"改为"printf("%d**\n**",sum);",运行结果如图 3.2 所示。

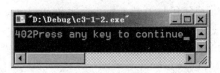

图 3.1　运行结果 1

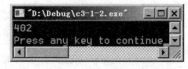

图 3.2　运行结果 2

图 3.2 中可见,402 之后的系统提示信息 Press any key to continue 显示在下一行,这是"printf("%d\n",sum);"中转义字符\n 的作用,\n 在这里的作用,是使光标移至下一行行首。

虽然 402 显示突出,但其含义不清,现将"printf("%d\n",sum);"改为"printf("本室高考语文总和=%d\n",sum);",运行结果如图 3.3 所示,输出结果及意义一目了然。

程序执行后,语句"printf("本室高考语文总和=%d\n",sum);"中双引号内的"本室高考语文总和="被原样显示在输出结果的相应位置。若将"printf("本室高考语文总和=%d\n",sum);"改为"printf("本室高考语文总和=%d\n**\n**",sum);",则运行结果如图 3.4 所示,由于又加了一个转义字符\n,使光标再下移一行(下移后光标仍位于行首),这样输出结果更加清晰。读者可以试着在"printf("本室高考语文总和=%d\n\n",sum);"双引号内的不同位置加入转义字符\n,并且重新运行程序观察相应输出结果,以掌握在 printf 函数中转义字符\n 的使用。修改后的代段码如下。

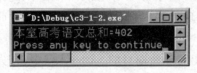 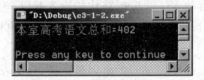

图 3.3　运行结果 3　　　　　　　　　图 3.4　运行结果 4

```c
//代码段 c3-1-3.c
#include <stdio.h>
main ()
{
    int ma=100,li=100,xu=100,du=102;
    int sum;
    sum=ma+li+xu+du;
    printf("本室高考语文总和=%d\n\n",sum);
}
```

上例中输出结果是整数,实际中输出结果有时需要带有小数,如下例所示。

【例 3.2】　求某寝室 4 位同学高考语文的总分、平均分。

```c
//代码段 c3-2-1.c
#include <stdio.h>
main ()
{
    int ma=100,li=100,xu=100,du=102,total;
    float average;                    //平均分有小数,故 average 定义为 float 型
    total =ma+li+xu+du;
    average=total /4.0;               //不能将 4.0 写为 4
    printf("本室高考语文总分=%d,平均=%d\n",total,average);
    printf("Hei,right? \n\n");
}
```

运行结果如图 3.5 所示,显然不对! 将上述代码段中第一个 printf 中的第二个**%d**改为**%f**,修改后的代码段为 c3-2-2.c,再次运行结果正确,如图 3.6 所示。

图 3.5　运行结果错误　　　　　　　　　图 3.6　运行结果

```c
//代码段 c3-2-2.c
#include <stdio.h>
main ()
{
```

```
    int ma=100,li=100,xu=100,du=102,total;
    float average;
    total=ma+li+xu+du;
    average=total /4.0;              //不能将 4.0 写为 4
    printf("本室高考语文总分=%d,平均=%f\n",total,average);
    printf("Now,right!\n\n");        //后一个双引号之后不能有","
}
```

原来,printf 是 C 语言中进行屏幕格式化输出的标准库函数,功能是将程序运行结果按指定格式输出到屏幕上。%d、%f 都是格式字符,用于指定其后相应的输出项(**输出的对象**)以何种形式输出。%d 用以指定输出项以十进制整数形式输出,%f 用以指定输出项以实数形式输出。c3-1-3. c 中,printf 函数的输出项 sum 为整型,应使用格式字符%d。c3-2-2. c 中,printf 函数有两个输出项,第一个输出项 total 是整型,第二个输出项 average 是 float 型,应分别使用格式字符%d 和 %f。下面具体介绍函数 printf。

函数格式:

```
printf("格式控制字符串",输出项表)
```

函数功能:依序计算各输出项的值,将输出项表中各输出项的值按格式控制字符串指定格式输出到标准输出设备(**通常为显示器**)。

其中:

① 格式控制字符串,用英文(**半角**)双引号括起。双引号内或为格式字符,或为非格式字符,或为二者的结合。但无论如何,格式控制字符串必须要有。

② 格式字符用于指定输出项表中输出项的输出形式。格式字符以%开头,后跟特定英文字母 d、f、c、s 等,所跟字母称格式字母。

③ 非格式字符是指格式控制字符串内除去格式字符之外的所有字符。非格式字符可为任意字符(**包括普通字符、中英文标点符号、转义字符等**)。程序运行后,非格式字符将被原样输出。使用非格式字符是为了对输出结果进行更加清楚的解释。例如,c3-1-3. c 中的"本室高考语文成绩总和="便为非格式字符,程序执行后,被原样输出,使得输出结果的含义更加清楚。

④ 格式控制字符串与输出项表中第一个输出项间的逗号(,)称为逗号分隔符,它的作用是将格式控制字符串与之后的输出项分隔开。

⑤ 格式字符与输出项表中的输出项二者应个数相同、类型匹配。第 1 个格式字符用于指定输出项表中第 1 个输出项的格式,第 2 个格式字符用于指定输出项表中第 2 个输出项的格式,依次类推(**见例 3.2 的 c3-2-2. c**)。若无输出项表,格式控制字符串内就不能有格式字符,同时用于分隔它们的逗号分隔符也不能再有(**见例 3.2 的 c3-2-2. c 中的第二个 printf**)。

⑥ 除格式控制字符串内(即双引号内),其他所有的双引号、逗号、括号等均只能是英文(**半角**)的,否则编译时出错(请自行设计小程序上机验证)。

⑦ 格式控制字符串内,根据需要既可使用英文标点,也可使用中文标点,或二者的混合,或任何你想使用的字符,包括转义字符(**c3-1-3. c 中,"\n"就是转义字符,转义字符详**

见第 2 章的 2.5.2 节）。格式控制字符串内的非格式字符,将来只是被原样输出(**转义字符按转变后意义输出**)。

⑧ 若输出项表中有多个输出项,不同编译系统规定各输出项值的计算顺序不同。有的系统规定从左向右,即从第 1 个输出项开始,依次计算,至到第 n 个输出项,有的系统规定则相反。比如,VC 按从右向左顺序计算。按两种不同顺序计算,多数情况下结果相同,但有时结果不同(**见例 3.3**)。

⑨ printf 格式控制字符串中的格式字符及作用见表 3.1。

表 3.1　printf 的格式字符

格式字符	作　　　用
%d 或 %i	输出带符号的十进制整数(正数前无+)
%c	以字符形式输出单个字符
%s	输出字符串(对应输出项的值应为以\0结尾的字符串)
%f	以小数形式输出单、双精度实数,默认输出 6 位小数
%o	输出无符号的八进制整数(无前缀 0)
%u	输出无符号的十进制整数
%x	输出无符号十六进制整数(无前缀 0x,字母数码小写)
%X	输出无符号十六进制整数(无前缀 0x,字母数码大写)
%e	以规范化指数形式输出单、双精度实数(指数以 e 表示)
%E	以规范化指数形式输出单、双精度实数(指数以 E 表示)
%p	输出变量或数组的地址
%g	选用%f 或%e 格式中输出宽度较短的一种,不输出无意义的 0(若以指数形式输出,指数以 e 表示)
%G	选用%f 或%e 格式中输出宽度较短的一种,不输出无意义的 0(若以指数形式输出,指数以 E 表示)

⑩ 为对输出格式进行更为细致的设计,可在%与格式字母间插入表 3.2 所列的修饰符,用于指定输出结果的精度、输出域宽、输出结果的对齐等(**见例 3.4**)。

表 3.2　printf 的修饰符

修　饰　符	作　　　用
英文字母 l 或 L	用于字母 d、x、u、o 前,输出 long 型数据 用于字母 f、e、g 前,输出 long double 型数据
英文字母 h	用于字母 d、x、o 前,输出 short 型数据
非零整数 n	域宽修饰符,用来指定输出项在标准输出设备上输出时所占的列数。 输出数据宽度大于 n 时,按输出数据的实际宽度输出; 输出数据宽度小于 n 时,若 n>0,输出数据在域内右对齐,n<0,则左对齐,多余位以空格补齐;n>0 时,若其前有 0,则左边多余位以 0 补齐

修 饰 符	作 用
.m (m≥0 且为整数)	精度修饰符(由小数点及紧随其后的整数组成),位于域宽修饰符后。 输出项为浮点数时,指定输出 m 位小数; 输出项为字符串时,指定从字符串左侧开始截取 m 个字符
＋	用在字母 d、f、lf、ld、i、e、E、g、G 前,输出结果非负时,在输出结果前带＋号
＃	用于字母 o 前,输出的八进制数前加前缀 0; 用于字母 x 前,输出的十六进制数前加前缀 0x; 用于字母 X 前,输出的十六进制数前加前缀 0X

关于 c3-2-2. c,再做以下几点讨论。

① 若将 c3-2-2. c 的"printf("本室高考语文总分＝%d,平均＝%f\n",total, average);"改为"printf("本室高考语文总分＝%f,平均＝%d\n",total,average);",则程序运行结果如图 3.7 所示,显然结果不对。错误的原因是 printf 格式控制字符串中格式字符的类型与其相对应位置的输出项的类型不一致,输出项表中第一个输出项 total 为整型,第一个格式字符应是%d 而不能是%f;输出项表中第二个输出项 average 为 float 型,第二个格式字符应是%f 而不能是%d。这就是格式字符与其相对应位置上的输出项,二者类型要一致的含义。

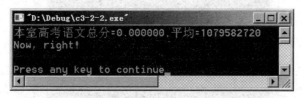

图 3.7　错误运行结果

同理,若将上述"printf("本室高考语文总分＝%d,平均＝%f\n",**total,average**);"改为"printf("本室高考语文总分＝%d,平均＝%d\n",total,average);",或改为"printf("本室高考语文总分＝%f,平均＝%f\n",total,average);",或改为"printf("本室高考语文总分＝%d,平均＝%f\n",**average,total**);",运行结果都将是错误的(**注意最后一种改法中两个输出项的位置**),请读者自行上机验证。

注意:

• 格式字符并非用户可随意使用,而是取决于其所对应位置上输出项的类型。

• 格式字符的类型必须与其所对应位置的输出项的类型相符。

② c3-2-2. c 中,不能将"printf("Now,right! \n\n");"改为"printf("Now,right! \n\n",);",否则编译报错。因为语句"printf("Now,right! \n\n");"中没有输出项,故用于分隔格式控制字符串与输出项的分隔符,自然也就不能再有。

③ c3-2-2. c 中,不能将"average＝total/**4. 0**;"写为"average＝total/**4**;",否则 average 的小数部分就一定都为 0,因为 total 是整型,total/4 的结果是整数(**C 中两个整数进行/运算,结果为整数**),因 average 为 float 型,系统自动将该整数转换为实数赋给

average，故 average 的小数部分为 0。而 total /4.0 的结果为实数。计算 total /4.0 时，系统会自动将读来的 total 的值转化为与 4.0 同精度的实数，而后相除，结果当然为实数。很多时候，这个问题会导致程序运行结果不对，而用户却浑然不知其原因！

【例 3.3】 输出项值的计算顺序。

```
//代码段 c3-3-1.c
#include <stdio.h>
main ()
{
    int i=8,j=10;
    printf("%d\n%d\n",i=i-2,i=i-3);   /*按从右至左顺序计算，两输出项值分别为：3、5
                                         若按从左至右顺序计算，则为：6、3 */
    printf("i=%d,j=%d\n",i,j=j-1);   //无论从左至右或从右至左，皆为：3、9
}
```

【例 3.4】 修饰符的应用（运行结果如图 3.8 所示）。

图 3.8 修饰符应用的结果

```
//代码段 c3-4-1.c
#include <stdio.h>
main ()
{
    int i=333;
    long j=2147483647;
    float k=3.1465926;
    long double l=-3.1415926535;
    char str[]="hello!";
    printf("---result of c3-4-1.c---\n\n"); //无输出项
    printf("i(%%d)=%d,j(%%ld)=%ld\n",i,j);    //格式控制字符串内%%输出一个%
    printf("k(%%f)=%f,l(%%lf)=%lf\n",k,l);
    printf("\ni(%%2d)=%2d,\ni(%%8d)=%8d,i(%%-8d)=%-8d,\n",i,i,i);
```

```
    printf("k(%%-8.2f)=%-8.2f,k(%%8.2f)=%8.2f\n",k,k);
    printf("\n k[%%08.2f]=%08.2f,\n",k);          //域宽8,2位小数,左边多余空位补0
    printf(" k(%%.2f)=\n%.2f,",k);                //注意转义字符\n
    printf("\n k(%%3.5f)=%3.5f,\n str(%%.3s)=%.3s,\n",k,str);
    printf("\nstr<%%06.3s>=%06.3s,\n",str);
                        //截取串的最左3位,域宽6,右对齐,左边多余位补0
    printf("str(%%6.3s)=%6.3s,\n",str);           //格式控制字符串中用了中文(,)
    printf("str(%%-6.3s)=%-6.3s,\n\n",str);
                        //截取串的最左3位,域宽6,左对齐,右边多余位补空格
}
```

【例3.5】 格式字符的应用(运行结果如图3.9所示)。

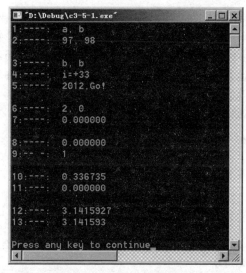

图3.9 格式字符的应用

```
//代码段 c3-5-1.c
#include <stdio.h>
main()
{
    int i=33, j=66; char k='a';
    printf("1:----: %c, %c\n",k,k+1);
    printf("2:----: %d, %d\n\n",k,k+1);
                        //将字符型变量以%d输出,输出的是其ASCII码值
    printf("3:----: %c, %c\n",j,j=j+32);
                        //将整型量以%c输出,则输出ASCII码值为该整数的字符
    printf("4:----: i=%+i\n",i); //第1、2、3个i,分别是非格式字符、格式字母、变量名
    printf("5:----: %s\n\n","2012,Go!");
    printf("6:----: %d, %d\n",j/i,i/j);
    printf("7:----: %f\n\n",6);   //输出结果并非6.000000,注意不可用%f输出整型量
    printf("8:----: %f\n",4/3);    //4、3皆为整数,4/3的结果仍为整型
    printf("9:---: %d\n\n",4/3);
```

```
    printf("10: ---: %f\n",1.0 * i/j);
                           //先求 1.0 * i,再除以 j,不同类型量计算,向精度高方向转换
    printf("11: ---: %f\n\n",i/j * 1.0);    //先求 i/j,结果为 0,再求 0 * 1.0
    printf("12: ---: %.7f\n",3.14159269);   //%.7f 指定输出 7 位小数
    printf("13: ---: %f\n",3.1415926);      //%f 默认输出 6 位小数
    printf("\n");
}
```

以上程序都很简单,并无实际意义,只为说明问题而已,请注意程序中的注释语句。

3.2.2 数据的格式化输入

c3-2-2.c 中,若对语句"int ma=120,li=130,xu=126,du=125;"进行修改,将 4 位同学的数学成绩分别赋给 ma、li、xu、du,那么求出的 average 便是他们的数学平均分。若要计算英语平均分,同样还需修改"int ma=120,li=130,xu=126,du=125;",这很麻烦,若能让变量的值在程序运行时才被赋予,便不需修改代码段,只在程序每次运行时给变量赋不同的值,便可求出不同课程的平均分。为此,将 c3-2-2.c 改为 c3-6-1.c。

【例 3.6】 重新改写例 3.2 的 c3-2-2.c。

```
//代码段 c3-6-1.c
#include <stdio.h>
main ()
{
    int ma,li,xu,du,total;                  //具体成绩暂未定
    float average;
    scanf("%d%d%d%d",&ma,&li,&xu,&du); //程序运行至此,将会停下等待用户从键盘输入!
    total=ma+li+xu+du;
    average=total /4.0;
    printf("本室高考语文总分=%d,平均=%f\n", total,average);
    printf("Now,right!\n\n");
}
```

运行 c3-6-1.c,弹出图 3.10 所示数据输入输出窗口,光标在其中闪烁,等待用户输入数据。此时用户将 4 个英语成绩如图 3.11 所示从键盘输入(**输入时每两个数据间以 Tab 键,或空格键,或回车键分隔**),最后一个数 125 输入后,光标仍在其后闪烁,等待继续输入,单击回车键,弹出如图 3.12 所示窗口,但输出结果中的"本室高考语文总分=501,平均=125.250000"应为"本室高考英语总分=501,平均=125.250000",现将 c3-6-1.c 改为 c3-6-2.c。

图 3.10　数据输入输出窗口

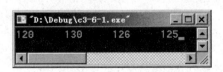

图 3.11　输入 4 个英语成绩

图 3.12　c3-6-1.c 运行结果

```
//代码段 c3-6-2.c
#include <stdio.h>
main ()
{
    int ma,li,xu,du,total;
    char str[6];                        //定义字符型数组 str
    scanf("%d%d%d%d",&ma,&li,&xu,&du);  //&ma 为变量 ma 的地址,以此类推
    scanf("%s",str);                    //str 为数组名,是数组的首地址
    total=ma+li+xu+du;
    printf("\n\n 运行结果为: \n");
    printf ("本室高考%s 总分=%d,平均=%f\n\n", str, total, total/4.0);
}
```

运行 c3-6-2.c,如图 3.11 所示,输入 4 个英语成绩后回车,弹出图 3.13 所示窗口,光标在下一行行首闪烁,等待用户的键盘输入。将"英语"从键盘输入,如图 3.14 所示,光标依旧闪烁等待输入,单击回车键,弹出图 3.15 所示窗口。

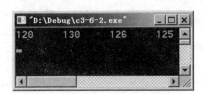

图 3.13　输入 4 个英语成绩

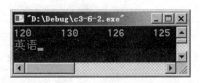

图 3.14　输入"英语"

再次运行 c3-6-2.c,输入图 3.16 中第 1、第 2 行所示数据,便可求得理综的总分和平均分。可见,每次运行程序,输入不同数据,便可求得所输入数据的平均值,这是格式化键盘输入函数 scanf 的功劳,以下具体介绍函数 scanf。

图 3.15　c3-6-2.c 运行结果

图 3.16　求理综的总分和平均分

函数格式：scanf("格式控制字符串",输入项地址表)

函数功能：将用户从标准输入设备(通常为键盘)输入的数据,放入输入项地址表中各变量地址相应的内存单元。

其中：

① 格式控制字符串用英文双引号括起,由格式字符与非格式字符组成。

② 格式字符以％开头,后跟英文字母 d、i、c、s、f、e、o、x 之一。用于指定程序运行时用户从键盘输入数据的格式。

③ 非格式字符是格式控制字符串中除格式字符以外的字符。非格式字符可有可无,程序运行后,不会被自动显示,用户必须按其原样从键盘输入,否则程序无法正确运行(见**c3-7-1.c**),建议初学者在格式控制字符串中尽量不使用非格式字符。

④ 除格式控制字符串内,其余地方出现的标点或符号都只能是英文(**半角**)字符。

⑤ 格式控制字符串中不可没有格式字符,而且格式字符与其后输入项地址表中的地址项,二者必须个数相同、类型匹配。例如,若地址1(**输入项地址表中的第一个地址**)是整型变量的地址,则第1个格式字符必须为％d,地址2(**输入项地址表中的第二个地址**)若是 float 型变量的地址,则第2个控制字符必须为％f,以此类推(**见表3.3**)。

表3.3   scanf 的格式字符

格式字符	作　　用
％d 或％i	输入十进制整数
％c	输入一个字符(空白字符为有效字符)
％s	输入一个字符串,不含空白字符(一旦输入空白字符即认为串结束)
％f 或％e	以小数或指数形式输入实数
％o	输入八进制整数
％x	输入十六进制整数

注：称空格、回车、制表符为空白字符。

⑥ 输入项地址表中的每一项都应是地址(**变量的地址可通过取地址运算符 & 求得,如变量 i 的地址为 &i**)。若用 scanf 函数给整型变量 i 赋值,应为"scanf("％d",&i);",这样键盘输入的数据将存放在 i 所在的内存单元。若将"scanf("％d",**&i**);"写为"scanf("％d",i);",则键盘输入的数据将存放在以 i 值为地址的那个内存单元。运行结果当然不对,并且不报错。同理若将"scanf("％d％d％d％d",&ma,&li,&xu,&du);"写为"scanf("％d％d％d％d",ma,li,xu,du);"或"scanf("％d％d％d％d",&ma,li,xu,du);"都是错误的,尽管不报错,也可以运行,并且也给出结果(**当然结果不对**)！

对数组而言(**数组是一组具有相同类型的变量的集合,这些变量称为数组元素,同一数组内所有元素在内存中按顺序处于一片连续的区域内,详见第 5 章**),C 语言中规定数组名代表数组的首地址,例如 c3-6-2.c 中语句"char str[6];"定义了一个字符型数组 str,该数组有 str[0]、str[1]、str[2]、str[3]、str[4]、str[5]6 个元素,每个元素内可存放一个字符,这 6 个元素按 str[0]、str[1]、str[2]、str[3]、str[4]、str[5] 在内存中顺序存放。语句"scanf("%s",str);"中,str 为数组的名字,代表 str 数组的首地址(即 **str[0]的地址**,即 **&str[0]**),这样键盘输入的字符串将存放到从 str[0] 相对应单元开始的那些单元,即"scanf("%s",str);"等效于"scanf("%s",&str[0]);"。

⑦ scanf 格式控制字符串中的格式字符及其作用见表 3.3。

⑧ scanf 格式字符的%与英文字母之间,还可插入表 3.4 所列的修饰符(见例 3.8)。

表 3.4 scanf 的修饰符

修 饰 符	作 用
英文字母 l	用在字母 d、x、u、o 前,以输入 long 型数据 用在字母 f、e 前,以输入 double 型数据
英文字母 h	用在字母 d、x、o 前,以输入 short 型数据
正整数 n	指定系统从输入数据中截取数据的宽度,系统自动按此宽度截取
*	使对应的输入项在读入后被跳过,而不赋给相应变量

【例 3.7】 scanf 中的非格式字符(**c3-7-1** 的运行情况如图 **3.17** 所示,运行时用户输入如图中所示)。

图 3.17 c3-7-1.c 的运行情况

```
//代码段 c3-7-1.c
#include <stdio.h>
main ()
{
    int x1,x2,x3;
    float y1,y2,y3;
    printf("以下为用户输入:\n");
    scanf("x1=%dy1=%f",&x1,&y1);      /* 键盘输入时,不能再用其他分隔符!必须如图 3.17
                                         所示输入非格式字符 x1=、y1= */
```

```
        scanf("%d,%f",&x2,&y2);              /*双引号内中文(,)为非格式字符,应原样输入*/
        printf("\n\n 以下为输出结果:\n\n");
        printf("x1=%d,y1=%f\n",x1,y1);
        printf("x2=%d,y2=%f\n\n\n",x2,y2);
    }
```

运行含有 scanf 的程序,从键盘输入数据时,应按 scanf 格式控制字符串指定格式输入,否则即便程序正确,也不能保证运行结果正确(**请自行设计输入数据运行 c3-7-1.c,并分析结果**)。

再看 c3-6-2.c,程序执行到"scanf("%d%d%d%d",&ma,&li,&xu,&du);"时,弹出数据输入输出窗口,等待用户从键盘输入数据。如图 3.14 所示,输入数据并回车,系统将把 120、130、126、125 分别存放到变量 ma、li、xu 和 du 所在内存单元,即 120、130、126、125 分别被赋给变量 ma、li、xu 和 du,同样执行到语句"scanf("%s",str);",用户从键盘输入的"英语"赋给了字符型数组 str。为验证此,将 c3-6-2.c 改为 c3-6-3.c。

```
//代码段 c3-6-3.c
#include <stdio.h>
main()
{
    int ma,li,xu,du;
    float average;
    char str[6];
    printf("以下为用户输入:\n");              //此句新增
    scanf("%d%d%d%d",&ma,&li,&xu,&du);
    printf("\n 各变量被赋值为:");              //此句新增
    printf("\nma=%d,  li=%d,  xu=%d,  du=%d \n",ma,li,xu,du);
    printf("\n 用户接着输入如下:\n");          //此句新增
    scanf("%s",str);
    printf("\n 数组 str 被赋值为:");           //此句新增
    printf("\nstr=%s",str);
    average=ma+li+xu+du;
    average=average/4;
    printf("\n\n 运行结果为:\n 本室成员高考%s 平均分=%f\n\n",str,average);
}
```

图 3.18 是 c3-6-3.c 的一次运行情况,请分析程序的执行过程,搞清哪些是用户从键盘输入的数据,哪些是程序执行后的输出结果,并自行设计输入数据运行程序,观察分析运行情况,以加深对 scanf 的掌握。

【例 3.8】 scanf 中的修饰符。

```
//代码段 c3-8-1.c
#include <stdio.h>
main()
{
```

```
    int i,j=10.6,k=2;
    double x;
    long double y;
    float r=2;
    printf("Now: \ni=%d,j=%d,k=%d", i,j,k);//①i、j、k 的值为何如图 3.19 中所示？
    printf("\nx=%lf\ny=%lf\nr=%f", x,y,r); //②x、y、r 的值为何如图 3.19 中所示？
    puts("\n\n 请输入 i、j、k: ");
    scanf("%2d%d% * d",&i,&j,&k);                //③注意键盘输入的数据如何赋给变量 i,j,k？
    printf("\nNow: \ni=%d,j=%d,k=%d", i,j,k);
    puts("\n\n 请输入 x、y、r: ");
    scanf("%lf",&x);             //此处只能用%lf,不可将%lf 改为%f 或%d,请上机验证！
    scanf("%lf",&y);             //此处只能用%lf,不可将%lf 改为%f 或%d,请上机验证！
    scanf("%f",&r);              //此处只能用%f,不可将%f 改为%lf 或%d,请上机验证！
    printf("\nNow: \nx=%lf,y=%lf,r=%f", x,y,r);
                                //%lf,%lf,%f 可为%lf,%lf,%lf 或%f,%f,%f,请验证！
    printf("\nj%%k=%d",j%k);     //printf 格式控制字符串内两个连续的%,将输出一个%
    printf("\n 表达式 j+2 的值：%d,j 的值：%d", j+2,j); //④j 的值会否改变？
    printf("\n 表达式 i=i+3 的值：%d,",i=i+3);          //⑤i 的值会否改变？
    printf("执行\"i=i+3\"后 i 的值：%d\n", i);
    i=3/4+j/y+2.5/2;            //⑥注意：混合表达式中不同数据类型的隐式转换
    printf("执行 i=3/4+j/y+2.5/2 后 i 的值：%d\n\n",i);
}
```

图 3.18　c3-6-3.c 运行情况

　　图 3.19 是 c3-8-1.c 的一次运行情况。请就各种不同情况反复运行本程序（**包括代码段相同、输入数据不同，或针对不同代码段，输入相同数据等情况**）。深入细致分析程序的运行，搞清变量的赋值情况，注意注释所提问题。下面讨论部分注释语句所提问题。

　　注释①：C 规定，函数体内定义的自动类变量（**详见第 6 章 6.5 节，目前为止所用变量均为此类**）未初始化前，其所对应的存储空间都有一个随机的二进制位序列，此位序列

图 3.19 c3-8-1.c 的运行结果

即为该变量值的二进制形式。i、j、k 均为 main 函数体内定义的自动类整型变量,故 i、k 虽没有被初始化,但二者均有一个随机值。j 被初值化,用户希望将 10.6 赋给 j,但 j 为整型变量,故系统自动将 10.6 的整数部分 10 赋给 j。

注释②:x、y、r 均是 main 函数体内定义的自动类变量,x、y 没有被初始化,但各自有一个随机值。r 被初始化,虽然用户将 2 赋给 r,但 r 定义为 float 型,系统自动将 2 转换为 2.0 后赋给 r(**而不是将 r 的类型改变为整型**)。切记:C 语言中,变量一旦定义,在变量的生存期内(详见第 6 章 6.5 节),变量的类型、变量的名称、变量的地址都不会再改变,唯有变量的值可以随时由用户根据需要而改变,并且改变变量值的唯一方法是对变量重新赋值。

注释③:图 3.19 中,用户从键盘输入的数据为:8809 2014 ↵。当用户单击回车键后,因语句"scanf("%2d%d% * d",&i,&j,&k);"中,第一个格式字符为%2d,故先从输入缓冲区 8809 2014 ↵ 中读取**两位**即 88,赋给变量 i。第二个格式字符是%d,接着从输入缓冲区 8809 2014 ↵ 的第三位开始读取,直到遇空白字符 | tab | 停止读取(**遇空白字符系统认为数值数据结束**),于是将 09 赋给变量 j(**j 为整型变量,赋值后 j 值为 9**)。第三个格式字符是% * d,接着从输入缓冲区中空白字符后开始读取,同样遇到字符 ↵,系统认为数值数据结束,本应将读来的 2014 赋给变量 k,但因格式字符是% * d,使得读来的 2014 这个数值被跳过,而没能赋给变量 k,故 k 的值没被改变。

请将"scanf("%2d%d% * d",&i,&j,&k);",改为"scanf("%2d%d**%d**",&i,&j,&k);",或改为"scanf("**%3d**%d% * d",&i,&j,&k);"后,分别重新运行程序(**运行时,用户从键盘输入数据同图 3.19**,以便分析对比)。

注释④:语句"printf("\n 表达式 j+2 的值:%d,计算 j+2 后 j 的值:%d",j+2,

j);”中,输出项为:j+2、j,无论按从左向右还是从右向左的顺序计算这两个输出项,均不会对 j 重新赋值,故此语句执行后,j 的值不会改变。

注释⑤:语句“printf("\n 表达式 i=i+3 的值:%d,",i=i+3);”中,仅有一个输出项 i=i+3,这是一个赋值表达式。计算该表达式时,先计算赋值号=右端的表达式 i+3 的值(**为此先读取 i 的值 88,加 3 后得 91**),将表达式 i+3 的结果 91 赋给 i(**显然 i 被重新赋值**)。请注意:赋值表达式 i=i+3 的值,也是赋值号=右端表达式 i+3 的值,即该语句输出项的值也为 91。

注释⑥:“i=3/4+j/y+2.5/2;”是一个赋值语句,其功能是将=右端表达式 3/4+j/y+2.5/2 的值求出后赋给 i。计算 3/4+j/y+2.5/2 时,3/4 结果为 0 而非 0.75(**C 中两整数相除,结果为整数**),j/y 结果为 4.5(**计算 j/y 时,系统先读取 j、y 的值,y 中读来的是 2.0,j 中读来的是 9,计算 9/2.0 时,系统自动将 9 转换为与 2.0 同精度的 9.0,再相除,结果为 4.5**),类似的道理,2.5/2 的结果为 1.25。计算 0+4.5+1.25 时,系统先将 0 转换为与 4.5 同精度的 0.0,再相加,得结果 4.5,将得到的 4.5 与 1.25 相加,得结果 5.75。因=左端的变量 i 是整型,故系统自动取 5.75 的整数部分 5 赋给 i。

有初学者错以为 i 被重新赋值为 6,其原因就是误以为 3/4 结果为 0.75。请读者将语句“i=3/4+j/y+2.5/2;”改为“i=3.0/4+j/y+2.5/2;”,或改为“i=3/4.0+j/y+2.5/2;”,分别重新运行程序(运行时用户从键盘输入数据同前,以便对比)。

关于 printf、scanf 格式字符使用,应注意:

- 对 float 型变量,scanf 中格式字符只能用%f,而 printf 中格式字符可用%f 或%lf,建议用%f。
- 对 double 型变量,scanf 中格式字符只能用%lf,而 printf 中格式字符可用%lf 或%f,建议用%lf。
- 对 long double 型变量,scanf 中格式字符只能用%lf,而 printf 中格式字符可用%lf 或%f,建议用%lf。
- 对 int 型变量,scanf 中格式字符只用%d,printf 中格式字符可用%d 或%c,多数情况下用%d。
- 对 char 型变量,scanf 中格式字符只用%c,printf 中格式字符可用%c 或%d,多数情况下用%c。

【例 3.9】 分析以下程序的运行结果。

```c
//代码段 c3-9-1.c
#include <stdio.h>
main ()
{
    char s1[30], s2[30];              //定义字符型数组 s1、s2
    printf("请输入串 s1:");
    scanf("%s",s1);                   //输入串的长度应小于 30
    printf("请输入串 s2: ");
    scanf("%s",s2);                   //输入串的长度应小于 30
    printf("\n 运行结果:\n");
```

```
        printf("s1=%s\n",s1);
        printf("s2=%s\n",s2);
    }
```

对照 c3-9-1.c,由图 3.20 第 2 行知,用户为 s2 输入的字符串是 Good moning!,由图中第 6 行可知,系统只将输入字符串中空格前的 Good 赋给了 s2。原因是 c3-9-1.c 中倒数第 5 行是语句 "scanf("%s",s2);"。对于 scanf,系统规定,键盘输入字符串时,一旦遇空白字符(空格、回车↙、制表符 Tab)则认为串结束。故用 scanf 无法输入含有空白字符的串,若要从键盘输入含有空白字符的串,需用下面将要介绍的专用于字符串输入的 gets 函数。与 gets 相对

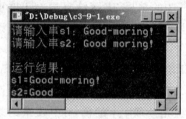

图 3.20 c3-9-1.c 的运行情况

应,puts 函数专用于字符串输出。此外,C 语言中还有一对专用于处理单个字符的 getchar 和 putchar 函数,前者用于从键盘输入单个字符,后者用于向屏幕输出单个字符,下面具体介绍。

3.3 字符型数据的输入与输出

3.3.1 字符串的输入与输出

C 语言中,函数 gets 与 puts 以及函数 getchar、putchar、printf、scanf 都是标准库函数(也称库函数,标准库函数由系统提供,供用户需要时调用),它们的原型都在 stdio.h 头文件中。函数的原型,就是对函数的声明。C 语言中调用函数前,须对被调函数进行声明(见第 6 章)。若用户编程时使用了上述函数,则应在程序的开头使用预处理命令中的文件包含命令♯include <stdio.h>,将头文件 stdio.h 包含在用户自己的代码段,以对所调用的库函数进行声明,之后便可直接调用上述标准库函数。

预处理命令以♯开头,因在编译前预先就处理,故称预处理命令(详见第 9 章)。不同类型库函数的原型分别放在不同头文件中,例如库函数 sqrt 的原型在头文件 math.h 中,c3-12-1.c 中调用了该库函数,故在该文件的开头,便有♯include<math.h>。下面先看函数 gets 与 puts。

1. gets()函数

函数格式:gets(字符数组名)
函数功能:从标准输入流读入一个字符串(可含空白字符),函数返回值为该字符数组的首地址。
相关说明:
① 函数的参数,可为字符数组名,或字符型指针变量名(详见第 7 章)。

② 输入时,空白字符被视为串的有效字符,遇回车符,系统认为输入结束。

2. puts()函数

函数格式:puts(字符型数组名)

函数功能:将指定字符串输出到标准输出设备(**通常为屏幕**),之后光标换行至下一行行首。

相关说明:函数参数为取值为字符串的表达式,例如字符型数组名、字符串常量、字符型指针变量名等。

【例 3.10】 gets 与 puts 函数的应用(**程序运行时的输入和结果如图 3.21 所示**)。

```
//代码段 c3-10-1.c
#include<stdio.h>
main()
{
    char s1[30], s2[30];
    printf ("请输入串 s1: ");
    gets(s1);
    printf ("请输入串 s2: ");
    gets(s2);
    printf("\n 运行结果为: \ns1=%s\n s2=",s1);
    puts(s2);
}
```

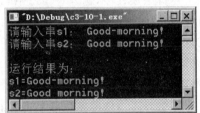

图 3.21 输入和运行结果

可见,键盘输入字符串时,若输入的串不含空白字符,用 gets 或 scanf 皆可,否则只能选择使用 gets 函数。

3.3.2 单个字符的输入与输出

实际中对单个字符的处理,有时利用库函数 scanf、printf,有时则利用库函数 getchar、putchar。只有深入理解上述函数,才能有所体会它们的异同,以掌握其使用。

1. getchar()函数

函数格式:getchar()

函数功能:从标准输入流读入一个字符,函数返回值即为该字符。

相关说明:

① 该函数为无参函数(**函数名后括号内为空**),但括号不可少。

② 该函数可扮演"清道夫"角色(见 c3-11-2.c、c3-12-1.c、c3-13-1.c)。

【例 3.11】 分析以下程序运行结果。

```
//代码段 c3-11-1.c
#include <stdio.h>
main ()
{
    int i,j;
    char c;
    scanf("%d%d",&i,&j);
    scanf("%c",&c);
    printf("\ni=%d,j=%d\nc=%c\n",i,j,c);
}
```

运行上述程序,输入 1␣␣2␣ 后,没等用户继续给变量 c 赋值,便弹出图 3.22 所示窗口,似乎变量 c 没被赋值! 其实不然,当用户对 scanf 函数或对 getchar 函数回答时,键盘输入的数据(如本例 1␣␣2)先存于输入缓冲区中,键入 ␣ 后,系统才依次读取输入缓冲区中的数据(称输入缓冲流)分配给相应变量,否则系统将一直等待用户输入。最后键入的 ␣ (回车键)也是一个字符,同样被存于输入缓冲区。键入 ␣ 后,系统先将输入缓冲区中的 1 读取赋给 i,之后读取紧接其后的空白字符(**输入 1 之后键入的 Tab 键**),因"scanf("%d%d",&i,&j);"中格式控制字符串是 %d%d,故该空白字符被视为两个数值间分隔符,而不被赋给任何变量,接下来读取其后的 2 赋给 j,再接下来将被读取的是 ␣,而程序中接下来的语句是"scanf("%c",&c);",表明需要从输入缓冲区(**又称标准输入流**)中读取一个字符,故字符 ␣ 被读取并赋给 c,可见 c 已被赋值为字符 ␣。

为证实上述分析,在上述代码段"printf("\ni=%d,j=%d\nc=%c\n",i,j,c);"语句后增加语句"printf("c 的 ASCII 码值:%d \n",c);",运行后(**输入数据同前**)弹出数据输入输出窗口如图 3.23 所示,查 ASCII 码表知,字符 ␣ 的 ASCII 码值正是十进制数 10。

图 3.22　运行结果

图 3.23　输出 c 的 ASCII 码值

本例中,问题出在标准输入流最后的 ␣。当从输入流中读取数据时,应设法将输入缓冲区中最后这个用于结束数据输入的 ␣ 清除掉,当该 ␣ 字符被清除后,输入缓冲区已被读空。仅当输入缓冲区中无数据可读时,程序执行遇到 getchar、gets 或 scanf 等函数,才会停下等待用户的键盘输入,否则系统便会直接从输入缓冲区中读取数据给相应变量,于是将 c3-11-1.c 修改为 c3-11-2.c。

```
//代码段 c3-11-2.c
#include <stdio.h>
main()
```

```
{
    int i,j;
    char c;
    scanf("%d%d",&i,&j);
    getchar();                          //像清道夫一样,吞掉此时已无用的字符↵
    scanf("%c",&c);
    printf("\ni=%d,j=%d\nc=%c\n",i,j,c);
    printf("c 的 ASCII 码值: %d\n",c);
}
```

运行程序(**输入数据同前**),输入"1 2 ↵"后,弹出图 3.24 所示窗口,输入 a ↵,运行结果如图 3.25 所示,多余的↵已被能干的"清道夫"清除!

图 3.24　等待输入字符　　　　图 3.25　输出 c 的 ASCII 码值

运行代码段 c3-12-1.c,观察分析运行结果。分别去掉 3 个具有"清道夫"作用的语句中的一个后,再运行程序,仔细观察分析运行结果有何不同,以加深对 scanf 和 getchar 的理解。

【例 3.12】 getchar()的清道夫角色。

```
//代码段 c3-12-1.c
# include <stdio.h>
# include <math.h>                      //该预处理命令不能省略
main()                                  //本例涉及第 4 章内容,建议掌握第 4 章内容后再看此例!
{
    int i,j;
    char c;
    scanf("%d%d",&i,&j);
    getchar();                          //清道夫
    while(1)                            //有关 while 详见第 4 章
    {
        if(i * j>0)
        {
            printf("1: 继续向下,执行程序\n2:中断执行,退出程序\n");
            c=getchar();
            if(c=='1')
                break;
            else if(c=='2')
                {
```

```c
                    printf("\n 您已选择中断结束程序,再见!\n");
                    exit();
                }
            else
                {
                    getchar();                  //清道夫
                    continue;
                }
        }
    else
        {
            printf("\n 请重输 i,j\n");
            scanf("%d%d",&i,&j);
            getchar();                          //清道夫
        }
    }
    printf("\n 运行结果如下: \ni=%d,j=%d\ni * j=%d\n",i,j,i * j);
    printf("i * j 的平方根=%f\n",sqrt(i * j));     //函数 sqrt(x)的原型在头文件 math.h 中
    printf("\n 处理完毕,谢谢使用,再见! \n");
}
```

2. putchar( )函数

函数格式: putchar(字符型或整型量)

函数功能: 将指定字符输出到标准输出设备(**通常为屏幕**)。

相关说明:

① 函数参数可为表达式(**表达式的值为 ASCII 字符或 0~127 之间的整数**)。例如,可为字符常量、整型常量、变量、值为整型的表达式、字符型变量等(见 c3-13-1.c)。

② 指定字符被输出在标准输出设备的当前光标所在处,输出后光标不换行。

【**例 3.13**】 getchar 与 putchar 应用。

```c
//代码段 c3-13-1.c
#include <stdio.h>
main()
{
    char s;
    printf("请输入一个英文字母: \n");
    s=getchar();
    puts("\n 运行结果为: ");
    putchar(s);
    putchar(s+1);
    putchar('s'-32);
    putchar(65);                    //C 中字符型和整型兼容(详见第 2 章的 2.5 节)
    putchar('\n');                  //\n 可否用一对双引号""括起? 为什么?
```

```
    putchar(65+32);
    putchar('\x41');
    printf ("%c%c", '\101' , '\x41'+1 );
    puts("\n");                              //\n可否用一对单引号' '括起? 为什么?
}
```

图 3.26 是 c3-13-1.c 的运行情况,请分析程序的运行过程,并思考以下问题:

① 若运行时键盘输入的不是 G 而是 Z,结果如何? 为什么?

② 若不用 getchar、putchar、gets、puts,如何编写代码实现上述代码段的功能?

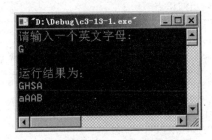

图 3.26 c3-13-1.c 运行情况

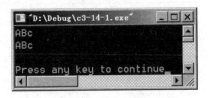

图 3.27 c3-14-1.c 运行结果

【例 3.14】 分析以下程序的运行。

```
//代码段 c3-14-1.c
#include <stdio.h>
main ()
{
    char c;
    while( (c=getchar())!='\n' )
        printf("%c",c);
    printf("\n\n");
}
```

图 3.27 是 c3-14-1.c 的一次运行情况(**while 循环请见第 4 章**)。图中第 1 行为输入,第 2 行为输出。执行 while((c＝getchar())!＝'\n')时,先求表达式(c＝getchar())!＝'\n'的值,若为真,则执行"printf("%c",c);"后转至 while((c＝getchar())!＝'\n'),再次执行之;若表达式(c＝getchar())!＝'\n'的值为假,则结束循环,向下执行"printf("\n\n");",之后程序结束。

计算(c＝getchar())!＝'\n'时,先要计算表达式 c＝getchar()的值,于是停下等待用户从键盘输入,按图中第 1 行所示输入数据(**输入的数据被保存在输入缓冲区中**),输入结束必须单击回车键,之后系统从输入缓冲区中读取数据赋给相关变量。首先读取字符'A'赋给 c,于是 c 的值为'A',赋值表达式 c＝getchar()的值也为'A',因'A'不等于'\n',故表达式(c＝getchar())!＝'\n'的值为真,于是执行"printf("%c",c);"输出字符'A',然后转到 while((c＝getchar())!＝'\n'),再求(c＝getchar())!＝'\n'的值。现在读取字符'B'赋给 c,于是(c＝getchar())!＝'\n'值为真,执行"printf("%c",c);"输出字符'B',同理输出字符'c'。最后'␣'被读取赋给 c,使表达式 c＝getchar()的值为'␣',从而使表达式(c＝

getchar())!＝'\n'的值为假,结束循环,之后执行"printf("\n\n");",光标换行后再输出一个空行,程序运行结束。

本 章 小 结

1. 知识点(表 3.5 中,设 a 为 int 型变量,b 为 float 型变量,c 为 char 型变量)。

表 3.5　数据的输入输出知识点

知识点	实　　例	说　　明
键盘格式化 输入 scanf	scanf("%d",&a); scanf("%d%f",&a,&b);	① 具体用％d、％c 还是％f 等,取决于要输入数据的类型,即变量的类型。 ② 输入项地址表中的每一项都应是地址。 ③ 格式控制字符串内的格式字符与输入项地址表的地址项,一定要个数相同、类型匹配。 ④ 双引号内最好不用非格式控制字符串。 ⑤ 从键盘输入数据时,要注意格式控制字符串的形式
屏幕格式化 输出 printf	printf("\nhello!\n"); printf("a＝%d\n",a);	① 具体用％d、％c 还是％f 等,取决于输出项的数据类型。 ② 格式控制字符串内的格式字符与其后部的输出项,一定要个数相同、类型匹配
字符键盘输 入 getchar	c＝getchar( );	仅当输入缓冲区无数据可读,才会停下等待用户键盘输入
字符屏幕输 出 putchar	putchar(c); putchar('\n');	① 向屏幕输出字符后不换行。 ② 函数实参(详见第 6 章)可为字符型常量、变量、表达式,或整型常量、变量、表达式
字符串输入 gets	gets(str);	从键盘输入一个字符串(可含空白字符,以回车结束)
字符串输出 puts	puts("\n")	向屏幕输出一个字符串(之后换行)

2. 常见错误

以下实例中,设 a、b 分别为 int 型、float 型变量,初值分别为 1、2.1。

> **错误 1　scanf( )中格式控制串与输入项地址表之间的分隔符出错。**

实例 1.

scanf("%d,"&a);

分析:编译报错"'&'：illegal,left operand has type 'char [4]'"、"{too few actual parameters"。逗号位置错,导致无分隔符,将""%d,""改为""%d","。

注意:勿将""％d,""改为""％d,",",这是因为双引号内逗号是非格式控制字符,运行时输入数据后必须照原样输入该逗号,这只会增加用户麻烦,无任何意义。强烈建议:scanf( )格式控制串中不使用非格式控制字符。

实例 2.

```
scanf("%d",&a);
```

分析：编译报错"unknown character '0xa3'"、"'&' : illegal, left operand has type 'char [3]'"、"too few actual parameters"等。逗号"，"为全角（中文），将其改为英文（半角）的","。C 语言中，"，"与","不同，前者不可作为分隔符。

错误 2　scanf()中输入项地址表出错。

实例 1.

```
scanf("%d",a);
```

分析：编译连接无错，运行时出错。将 a 改为 &a。

注意：a 出现在输入项地址表，但 a 是变量不是地址，&a 才是变量 a 的地址。虽编译连接无错，但运行时可能中途出错不能结束，或虽可运行结束，但结果错误。

实例 2.

```
scanf("%f%d ",&b,a);
```

分析：编译连接无错，运行时出错。将输入项地址表中的 a 改为 &a。

注意：scanf()输入项地址表中的每一项都应为变量的地址，&b 为 b 的地址，而 a 为变量 a 的值 1（前已假设），&a 才是变量 a 的地址，假设运行时系统为变量 a、b 分配的地址分别为十进制的 100、十进制的 104。

若从键盘输入 3.14　6，因输入项地址表中第一个地址项是 &b，系统将把 3.14 放入 &b 所表示的内存单元，&b 为 b 的地址（十进制的 104），于是 3.14 被存放在 b 的内存单元，即 3.14 被赋给变量 b。但输入项地址表中第二个地址项是 a，系统将把 6 放入 a 所表示的内存单元，a 为 1，于是 6 被存放在编号为 1（十进制的）的内存单元中，而变量 a 的地址是十进制的 100，故 6 并没有赋给变量 a。

实例 3.

```
scanf("%d,&a");
```

分析：编译连接无错，运行出错。双引号位置错，使原本用作分隔符的逗号"，"以及原本用作地址项的 &a 都变成为格式控制字符串内的非格式字符，从而导致缺少输入项地址表。应将"%d,&a"改为"%d",&a。

错误 3　scanf()输入数据的格式与格式控制串中格式字符不匹配。

实例 1.

```
scanf("%d%d",&a,&b);
运行时输入：1,2↵
```

分析：编译连接无错，运行出错。格式控制字符串为"%d%d"，输入时相邻两数据

应以空格或 Tab 相隔,输入应为:

<u>1 2</u>↵   或   <u>1   2</u>↵   或   <u>1↵2</u>↵

实例 2.

```
scanf("%d,%d",&a,&b);
```
运行时输入:<u>1   2</u>↵

分析:格式控制串为"%d,%d ",输入时相邻两数只能以逗号(,)相隔,输入应为1,2↵。

注意:格式控制串"%d,%d "中逗号(,)为非格式控制字符,键盘输入时,必须按其原样输入,若输入<u>1,2</u>↵也不对,注意 C 语言中半角字符(,)与全角字符(,)不同。

实例 3.

```
scanf("%d\n",&a);
```
运行时输入:<u>3</u>↵

分析:格式控制串为"%d\n",输入应为3\n ↵,否则程序总是停在那儿等待用户输入。

注意:格式控制串%d\n 中转义字符(\n)是非格式控制字符,输入时应原样输入。本例输入3↵后无反应,任凭击碎键盘也无反应,必须键入\n后回车,程序才会继续执行。

> **错误 4** scanf()格式控制串中格式控制字符与要输入的数据类型不匹配。

实例 1.

```
scanf("%f%d",&a,&b);
```

分析:编译连接无错,运行出错。根据假设 a、b 分别为 int、float 型变量,应将"%f%d"改为"%d%f "。

> **错误 5**   printf()格式控制串中格式控制字符与输出项数据类型不符。

实例 1.

```
printf("b=%f\na+1=%f\n",4/3,a+1);
```

分析:编译连接无错,运行出错。表达式 4/3 的结果为整数 1,故将"b=%f\na+1=%f\n"改为"b=%d\na+1=%d\n"。

注意:第一个格式控制字符控制第一个输出项的输出格式,第二个格式控制字符对应第二个输出项,依次类推。又 C 中两整数相除(/),结果为整数,4/3 的结果不是1.333333,而是 1。

> **错误 6**   printf()输出项与格式控制串中格式控制字符矛盾。

实例 1.

```
printf("a=%d\n,a");
```

分析:编译连接无错,结果不对。无输出项与%d 相对应,将"a=%d\n,a"改为

"a＝%d\n ",a。

注意：printf( )的格式控制串中，所有字符或为格式控制字符、或为非格式控制字符。"a＝%d\n,a"中除%d为格式控制字符，剩下全为非格式控制字符，导致无输出项。

实例 2.

```
printf("a=%d\n");
```

分析：编译连接无错，结果不对。无输出项与%d对应，可将"a＝%d\n"改为"a＝%d\n",a(设用户要输出的是 a 的值)。

实例 3.

```
printf("a=%d,%d\n",a);
```

分析：编译连接无错，结果不对。一个输出项，只需一个控制字符。将"a＝%d,%d\n"改为"a＝%d\n"。

实例 4.

```
printf("a=",a);
```

分析：编译连接无错，结果不对。有一个输出项，但格式控制串中无相应格式控制字符，将"a＝"改为"a＝%d"。

注意：格式控制串中非格式控制字符只能被原样输出，没有指定输出项格式的功能。

错误 7　printf( )格式控制字符串和输出项之间的分隔符出错。

实例 1.

```
printf("a=%d\n,"a);
```

分析：编译报错 missing ')' before identifier 'a'等。将""a＝%d\n,""改为""a＝%d\n","。

注意：将""a＝%d\n,""改为""a＝%d\n",""，亦可，此时双引号内逗号为格式控制串中非格式控制字符，运行后该逗号会在输出结果中原样输出。

实例 2.

```
printf("a=%d\n"，a);
```

分析：编译报错 unknown character '0xa3'等，将""a＝%d\n"，"改为""a＝%d\n",",格式控制字符串和输出项之间的分隔符是英文半角字符(,)而非全角字符(，)。

错误 8　标准库函数名写错。

实例 1.

```
print("%d",a);
```

分析：连接报错"error LNK2001：unresolved external symbol _print"、"fatal error LNK1120：1 unresolved externals"等。标准库函数名 printf( )误写为 print( )，将 print( )

改为 printf()。

注意：编译程序只在目标程序中为库函数的调用留出空间。而检查函数名正确与否、寻找库函数并将其插入到目标程序中都由连接程序负责，故编译时 printf() 的拼写错误不会被发现，连接时才会被发现。

实例 2.

```
Printf("%d",a);
```

分析：连接报错，错误信息类似错误 8 之实例 1。printf() 误写为 Printf()，应将 Printf() 改为 printf()。

注意：C 语言中，字母区分大小写。有名为 printf() 的库函数，没有名为 Printf() 的库函数。

实例 3.

```
Main()
{printf("Hello!");}
```

分析：连接报错"error LNK2001：unresolved external symbol _main"、"fatal error LNK1120：1 unresolved externals"等。将 main() 误写为 Main()，应将 Main() 改为 main()。

注意：编译无错，因为 C 语言的最小编译单位是函数。无论函数名叫什么，只要函数名合法，函数中没有语法错误，该函数皆可通过编译。但连接时报错"error LNK2001：unresolved external symbol _main"，表明连接时没能找到 main 函数（连接就是产生相应可执行的.exe 文件，故连接时要求，必须找到而且只能找到一个 main 函数），原因是 C 中字母区分大小写，main() 和 Main() 分别代表两个函数名。

习 题 3

一、填空题

1. 库函数 getchar 的功能是 _____，它以 _____ 结束输入，其返回值是 _____，它的原型在 _____ 中。

2. 库函数 putchar 的功能是 _____，输出后光标 _____，其参数为 _____，它的原型在 _____ 中。

3. 使用 _____ 函数可以实现从键盘输入一个含有空格的字符串，而若要输入的字符串不含空白字符，用 _____ 或 _____ 都可实现。

4. 使用 _____ 函数可以输出一个字符串，使用 _____ 函数也可输出一个字符串，使用前者输出后光标 _____，而使用后者输出后光标 _____。

5. 使用 printf 函数输出一个字符串时，应使用格式字符 _____，而若输出一个字符时，应使用格式字符 _____。

6. 若已有定义："int i1,j1=1;float i2,j2=-1;"，现用 scanf 函数为变量 i1 和 i2 赋值，则 scanf 中应有两个格式字符、第一个是 _____，第二个是 _____。

7. 若已有定义："int i1,j1；float i2,j2；"，现用"scanf（"i1=％dj1=％d"，&i1，&j1）；"为变量 i1 和 j1 赋值（**设将分别赋值为 1 和 2**），则运行时键盘输入_____。

8. 设有定义"int i1,i2；"，现用"scanf（"%d%d"，&i1，&i2）；"为变量 i1 和 j1 赋值（**设分别赋值为 10 和 20**），则键盘输入时，10 和 20 之间可用_____、_____以及_____分隔。

二、分析以下程序运行结果

1.

```c
#include "stdio.h"
main ()
{
    char c[]="W!\nGood-Bye!",st[15];
    printf("请输入：");
    gets(st);
    printf("%s,",st);
    puts(c);
}
```

2.

```c
#include "stdio.h"
main ()
{
    char c[]="W!\0Good-Bye!",st[15]="He,";
    printf("请输入：");
    printf("%s",st);
    puts(c);
}
```

3.

```c
#include "stdio.h"
main ()
{
    char c;
    printf("请输入：\n");
    while( (c=getchar())!='\n' )
    printf("输出为：%c",c);
}
```

4.

```c
#include "stdio.h"
main ()
{
    int c=65,b=1;
```

```
        char a = 'B';
        putchar('\102');
        putchar(102);
        putchar(a+b);
        putchar('\n');
        printf("c=%c,c=%d\n",c,c);
        printf("c=%c,c=%d",'c', 'c');
        printf("\n%c,%s\n",a+b, "a+b");
}
```

5.

```
#include "stdio.h"
main ()
{
    int a=1,b=2;
    char c='a';
    float d=3.1416,e=-26.123;
    long f=1357985;
    unsigned k=655353;
    printf("----------------------------------------------------\n");
    printf("1---%d, %d\n",a,b);
    printf("2---%3d, %3d\n",a,b);
    printf("3---%+3d, %+3d\n",a,b);
    printf("4---%f,%f,%8.2f, %8.2f \n",d,e,d,e);
    printf("5---%3f, %3f,%6f, %18f \n",d,e,d,e);
    printf("6---%c,%d,%o,%x\n",c,c,c,c);
    printf("7---%u,%d,%o,%x\n",k,k,k,k);
    printf("8---%s,%8.7s\n","Motherland","I love you!");
}
```

三、编程实现题

1. 求两个整数的和、差、积、商。要求：①和、差以十进制整数输出。②积以十六进制整数输出。③商保留两位小数，以十进制小数形式输出。

2. 键盘输入一个十六进制整数，程序运行后输出其相应的十进制整数。要求：运行时界面友好。

四、思考题

1. 以下代码段运行时，只能从键盘为变量 c1 赋值，而无法为变量 c2 赋值，请分析原因并改正，使得运行时，让用户能正常从键盘给变量 c2 赋值。

```
#include <stdio.h>
main ()
{
    char c1,c2;
    c1=getchar();
```

```
    c2=getchar();
    printf("\nc1=");
    putchar(c1);
    putchar('\n');
    printf("\nc2=");
    putchar(c2);
    printf("\n");
}
```

2. 预处理命令♯include ＜stdio.h＞与♯include "stdio.h"有何区别?

3. 思考本章所学的内容,用自己的话进行总结,并给出学习本章内容的感想与体会。

第4章

程序的控制结构

学习目标

熟悉顺序、分支与循环三种程序流程控制结构。掌握 if 与 switch 语句、while、do-while 与 for 语句、break 与 continue 语句,能用它们编写程序。了解三种循环结构的关系,掌握循环结构中控制程序流程转移的方法,学会循环嵌套、分支嵌套以及循环与分支相互嵌套的使用。

重点、难点

重点:分支结构,循环结构,循环中控制转移。

难点:分支结构的嵌套,循环语句的执行过程,多重循环,分支与循环的相互嵌套。

4.1 程序的三种基本结构

C 语言是结构化程序设计语言。结构化程序设计要求设计者按照结构化流程控制的三种基本结构编写程序,这三种基本结构是顺序结构、分支(**亦称选择**)结构、循环结构,如图 4.1 所示。

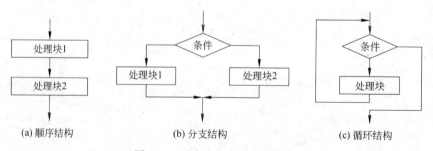

图 4.1 三种基本流程控制结构

① 顺序结构:由一组按照书写的先后次序顺序执行的处理块组成,每个处理块包含一条或一组语句,完成一项任务。

② 分支结构:根据对某一条件判断的结果,选择程序的走向,作出不同的处理。分为两路分支和多路分支,相当于"二者择一"和"多者择一"。

③ 循环结构：是对某一个处理块反复执行的控制结构，这里的处理块称为循环体，而循环体执行多少次由某个循环控制条件所决定。

三种基本控制结构与人们的思维方式和处理事件的过程是一致的。日常生活中，无论做什么事，都是按照一定的顺序，一件一件地做，这就是"顺序结构"；当同时出现两件事或多件事时，需要根据具体情况作出选择，分别处理，这就是"分支(**亦称选择**)结构"；而在一段时间内，因某种需要，反复做某件事，这就是"循环结构"。由这三种基本结构可组成各种复杂程序，解决各种复杂问题。C 语言提供了多种语句用来实现这些程序结构。

本章主要围绕程序流程控制的三种基本结构展开讨论，重点介绍 C 语言中用于控制程序流程的三类控制语句，即复合语句、分支语句(**if 语句**、**switch 语句**)、循环语句(**while 语句**、**do-while 语句**、**for 语句**)以及辅助控制的转向语句(**break 语句**、**continue 语句**)。

4.2　顺序结构

顺序结构是最简单和常见的一种程序结构。顺序结构的程序由一组顺序执行的语句组成，从第一句开始，到最后一句结束，程序中的每个语句都会被逐句执行。图 4.2 是含三个语句的顺序结构流程图，其结构流程是自上而下顺序执行语句 1、语句 2 和语句 3。

C 语言中，顺序结构是通过复合语句实现的。复合语句(**又称语句块**)，是用花括号{}括起来的顺序执行的多个语句组成的语句序列，这些语句描述了某项特定的操作，在逻辑上视为一个整体，在语法上等同一条单语句。例如，要把交换变量 x 和 y 的值作为一个不可分割的整体考虑，可以构成以下复合语句：

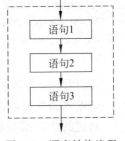

图 4.2　顺序结构流程

```
{   temp=x;          /* 把 x 的值保存到变量 temp 中 */
    x=y;             /* 用 y 的值置换 x 的值 */
    y=temp;          /* 用 temp 的值置换 y 的值 */
}
```

其中 temp 是在复合语句外部已定义的变量。若使 temp 只限于复合语句内部使用，以上复合语句可改为：

```
{   int temp;
    temp=x;
    x=y;
    y=temp;
}
```

由此可见，复合语句独立性很强，还能为自己定义局部变量，但花括号}后面不能加分号。

复合语句中的语句，不仅可以是单个语句(**包括复合语句**)，也可为分支、循环等控制语句,或这些语句的排列、嵌套。按语句的组成成分,可将顺序结构程序分为简单、复杂两类。简单的顺序结构程序,由一组赋值语句和输入输出函数调用组成,相当于一条复合语句,程序按书写顺序一步步执行,没有任何转向操作。而复杂的顺序结构程序,是由一组顺序执行的语句块(**复合语句**)组成。

顺序结构尽管简单,但它是算法的基本主体结构,任何一个算法都离不开它。下面介绍几个简单的顺序结构程序设计实例。

【例 4.1】 输入一个摄氏温度,要求将其转换成华氏温度后输出。摄氏温度 C 与华氏温度 F 的转换关系是:F= C×9/5+32。

分析:已给出温度转换公式,直接利用公式计算即可。程序按照三个步骤顺序处理,即先输入摄氏温度,再利用公式转换,最后输出对应的华氏温度。

```c
//代码段 c4-1-1.c
#include <stdio.h>
main()
{
    float C,F;
    printf("请输入摄氏温度: ");
    scanf("%f",&C);
    F=C * 9/5+32;                /* 摄氏温度转换为华氏温度 */
    printf("对应的华氏温度是: % 6.2f\n",F);
}
```

运行程序,从键盘输入 37 加回车(**加下画线部分为用户键盘输入,下同**),结果为:
请输入摄氏温度: 37 ↵
对应的华氏温度是: 98.60

请思考:若把程序中 F=C * 9/5+32;改为 F=9/5 * C+32;后重新执行,会有什么结果,为什么?

【例 4.2】 设圆半径 r=1.5,圆柱高 h=3,编程求圆周长、圆面积、圆柱体积。要求从键盘输入数据,并输出计算结果,输出结果带有文字说明,保留两位小数。

分析:已知圆周长、圆面积、圆柱体积的公式分别为:$L=2\pi r$,$S=\pi r^2$,$V=\pi r^2 h$。问题的求解直接利用公式逐个计算。因三个公式都涉及圆周率 π,可通过宏定义 #define,定义一个符号常量 PI,用标识符 PI 替代程序中出现的圆周率 3.1415926。

注意:

① π 是希腊字母,不是 C 语言的基本符号,不能直接出现在程序中。

② 上述公式中,乘号被省略,但转为表达式后,乘号 * 绝对不能少,否则会造成程序的错误。

```c
//代码段 c4-2-1.c
#include <stdio.h>
#define PI 3.1415926        //定义符号常量 PI
main()
{
```

```
    double r,h,l,s,v;
    printf("请输入圆半径 r=") ;
    scanf("%lf",&r);              //输入圆半径
    printf("请输入圆柱高 h=");
    scanf("%lf",&h);              //输入圆柱高
    l=2 * PI * r;
    s=PI * r * r;
    v=PI * r * r * h;
    printf("圆周长 l=%6.2lf\n",l);
    printf("圆面积 s=%6.2lf\n",s);
    printf("圆柱体积 v=%6.2lf\n",v);
}
```

程序运行结果为：

```
请输入圆半径 r=1.5↵
请输入圆柱高 h=3↵
圆周长 l=9.42
圆面积 s=7.07
圆柱体积 v=21.21
```

【例 4.3】 求一元二次方程 $2x^2+x-3=0$ 的根。

分析：对于一元二次方程 $ax^2+bx+c=0$，若 $b^2-4ac\geqslant0$，则方程有两个实根：

$$x_1=\frac{-b+\sqrt{b^2-4ac}}{2a} \quad x_2=\frac{-b-\sqrt{b^2-4ac}}{2a}$$

本题所求方程，$a=2$，$b=1$，$c=-3$，$b^2-4ac=25>0$，故方程有两个实根。程序的处理流程是：先输入方程系数 a、b、c，然后计算 $\sqrt{b^2-4ac}$ 并存放到中间变量 m 中，再用求根公式计算两个实根并输出。因程序在计算中要用到求平方根的 sqrt 函数，它是数学函数库中的函数，放在 math.h 文件中，因此程序的预处理命令应包含 math.h 头文件。

//代码段 c4-3-1.c
```
#include <stdio.h>
#include <math.h>
main()
{
    float a,b,c,x1,x2,m;
    printf("请输入方程系数 a,b,c: ");
    scanf("%f,%f,%f",&a,&b,&c);
    m=sqrt(b * b-4 * a * c);      //乘号 * 绝对不能少！
    x1=(-b+m)/(2 * a);            //可否将 x1=(-b+m)/(2 * a); 改为 x1=(-b+m)/2 * a;?
    x2=(-b-m)/(2 * a);
    printf("x1=%f,x2=%f\n ",x1,x2);
}
```

程序运行结果为：

请输入方程系数 a,b,c: 2,1,- 3↵
x1-1.000000,x2=-1.500000

4.3 分支结构

简单的顺序结构是一种理想的结构,适用于解决简单问题。但实际问题中,常需要根据不同条件,选择不同处理。例如,4.2 节例 4.3 求解一元二次方程 $ax^2+bx+c=0$ 时,只考虑 $b^2-4ac\geqslant0$ 方程有两个实根的情况,而对 $b^2-4ac<0$ 方程产生两个复根的情况没有处理。完整解法应该是根据 $b^2-4ac\geqslant0$ 是否成立,分别采用不同的计算,这样的控制要求,就需要用分支结构(**又称选择结构**)来实现。

C 语言中,分支结构可用 if 语句和 switch 语句描述,用以实现二路分支、多路分支以及分支结构的嵌套,下面分别介绍。

4.3.1 if 语句

1. if 语句的两种形式

C 语言中的 if 语句有两种形式:单分支 if 语句和双分支 if-else 语句。

(1) if 语句

if 语句的一般形式:

```
if(表达式)
    语句;
```

执行过程:先计算表达式的值,若为真(**表达式值为非 0**),则执行其后的语句;否则(**表达式为假,值为 0**),不做任何操作,直接执行 if 语句之后的程序语句。

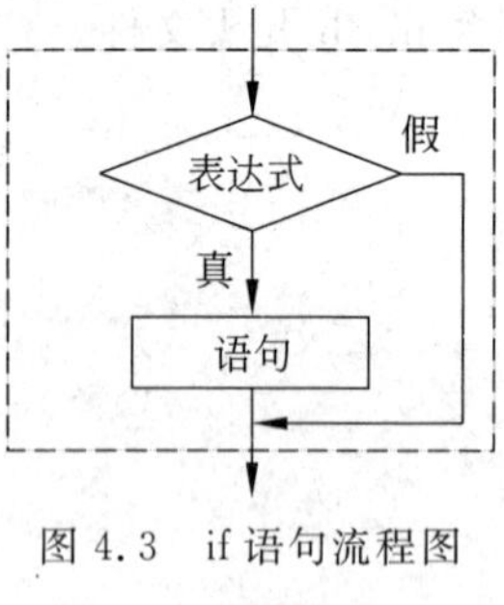

说明:if 语句适合解决单分支选择问题,其流程如图 4.3 所示。注意,这里的语句是一条单语句,若此处需要执行多条语句,则用花括号将这多条语句括起构成一个复合语句,在语法上仍然是一条语句。复合语句可替代单语句出现在相应的语法位置上,这点以后不再重述。但要特别注意,复合语句的花括号后面不能带有分号。

图 4.3　if 语句流程图

【**例 4.4**】　输入一个整数 x,输出它的绝对值。

分析:求 x 绝对值的算法很简单,判断输入的整数 x,若 $x<0$,则 $-x$ 为 x 的绝对值;否则,x 即为所求。这类问题使用单分支 if 语句解决。

```
//代码段 c4-4-1.c
#include <stdio.h>
main()
```

```c
{
    int x;
    printf("请输入一个整数 x: ");
    scanf("%d",&x);
    if(x<0)
    x=-x;
    printf("|x|=%d\n",x);
}
```

程序运行结果为:

请输入一个整数 x: -416↵
|x|=416

【例 4.5】 输入三个整数,分别存放到变量 x、y、z 中,要求对三个变量的值按从大到小的顺序排序存放,然后输出。

分析:采用两两比较的方法,先比较 x 和 y,数值大的交换到 x 中;然后,x 与 z 比较,数值大的再交换到 x 中,此时,三个整数中最大值已在 x 中;最后,比较 y 和 z,数值大的交换到 y 中,完成排序。其中,t 是交换过程中需要使用的中间变量。

```c
//代码段 c4-5-1.c
#include <stdio.h>
main()
{
    int x,y,z,t;
    printf("输入三个整数: ");
    scanf("%d%d%d",&x,&y,&z);
    if(x<y)
        {t=x;x=y;y=t;}    //交换 x,y 的值(这里花括号将三个语句括起构成一个复合语句)
    if(x<z)
        {t=z;z=x;x=t;}       //交换 x,z 的值(这里花括号括起部分也是一个复合语句)
    if(y<z)
        {t=y;y=z;z=t;}       //交换 z,y 的值(这里花括号括起部分也是一个复合语句)
    printf("从大到小排序为: %d %d %d\n",x,y,z);
}
```

程序运行结果为:

输入三个整数: 45 78 23↵
从大到小排序为: 78 45 23

(2) if-else 语句

if-else 语句的一般形式:

```c
if(表达式)
  语句 1;
else
```

语句 2;

执行过程：计算表达式的值，若为真（**表达式值为非 0**），则执行语句 1；否则（**为假，表达式值为 0**），执行语句 2。

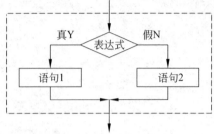

图 4.4 if-else 语句流程图

说明：if-else 语句是典型的二路分支结构，用以解决"二者择一"问题，其流程如图 4.4 所示。注意，无论表达式为何值，语句 1 与语句 2 只能有一个被执行。再次强调，这里语句 1、语句 2 都是一条单语句，若此处需要执行多条语句，必须用复合语句替代。

【例 4.6】 从键盘输入一个字符，判断是否为英文字母。

分析：英文字母区分大、小写，设定判断条件时不要遗漏。

```
//代码段 c4-6-1.c
#include <stdio.h>
main()
{
    char ch;
    printf("Input a character: ");
    ch=getchar();
    if(ch>='a' && ch <='z' || ch>='A' && ch<='Z')
        printf("It is a letter.\n");
    else
        printf("No,it is not a letter.\n");
}
```

程序两次运行结果为：

```
Input a character: A↵
It is a letter.
Input a character: 8↵
No, it is not a letter.
```

2. if 语句的嵌套

以上介绍的两种 if 语句中，内嵌的"语句"、"语句 1"、"语句 2"都可以是任何一个合法的 C 语言的语句，当然也可以是 if 语句，若是 if 语句，就构成 if 语句的嵌套。

（1）else-if 结构

else-if 结构的 if 语句是最常用的实现多分支选择的方法，它通过 if-else 结构中语句 2 使用另一个 if 语句构成，是一种特定的 if 语句嵌套。

else-if 结构的一般形式为：

if(表达式 1)

```
    语句 1;
else if(表达式 2)
    语句 2;
…
else if(表达式 n-1)
    语句 n-1;
Else
    语句 n;
```

执行过程：先计算表达式 1，如果表达式 1 为真(**值为非 0**)，则执行语句 1，并结束整个 if 语句的执行；否则，计算表达式 2，如果表达式 2 为真(**值为非 0**)，则执行语句 2，并结束整个 if 语句的执行，否则，……，最后，所有条件都不满足，执行语句 n。

说明：else-if 结构用以解决"多者择一"问题，其流程如图 4.5 所示。注意，else-if 结构只是一种特定的 if 语句嵌套，并不是固定的语法结构，因此，其中最后一个"else 语句 n;"可省，执行功能相当于所有条件都不满足，就不执行任何操作。

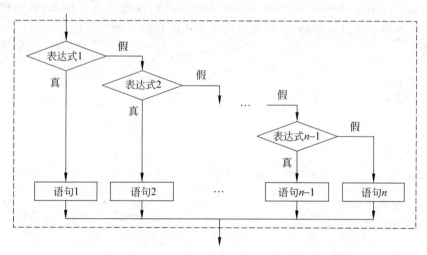

图 4.5   else-if 结构流程图

【例 4.7】   利用多分支结构编写程序，输入百分制成绩，输出优秀、通过或不通过成绩。优秀线定为 85 分，通过线定为 60 分，超出百分范围提示出错。

分析：设变量 score 记录成绩，根据题意确定判断条件分三种情况：①优秀，$85 \leqslant score \leqslant 100$；②通过，$60 \leqslant score < 85$；③没通过，$0 \leqslant score < 60$。用三层 else-if 语句实现，注意表达式的书写。

```
//代码段 c4-7-1.c
#include <stdio.h>
main()
{
    float score;
    printf("Input score: ");
    scanf("%f",&score);
```

```
        if (score>=85 && score<=100) printf("Excellent.\n");
        else if(score>=60&& score<85) printf("Pass.\n");
            else if(score>=0 && score<60) printf("No pass.\n");
                else printf("Error score.\n");
    }
```

程序的两次运行结果分别为：

```
Input score: 90 ↵
Excellent.
Input score: 75 ↵
Pass.
```

请思考：c4-7-1.c 中的后两个判断条件,可否简化为 score>=60 和 score>=0,为什么？

(2) 嵌套的 if 语句结构

在前面介绍的几种 if 语句中,如果内嵌的分支语句也是一条 if 语句,就出现在一个分支中又包含另一个分支的情况,从而可形成各种嵌套的 if 语句结构。例如：

形式 1：

```
if(表达式 1)
    if(表达式 2) 语句 1;
    else 语句 2;
else
    语句 3;
```

形式 2：

```
if(表达式 1)
    {if(表达式 2) 语句 1;}
else
    语句 2;
```

形式 3：

```
if(表达式 1)
    语句 1;
else if(表达式 2)
    语句 2;
else
    语句 3;
```

形式 4：

```
if(表达式 1)
    if(表达式 2) 语句 1;
    else 语句 2;
else if(表达式 3)
```

```
    语句 3;
else
    语句 4;
```

利用这些结构,可实现各种复杂逻辑的判断。但要特别注意,在 if 语句的多重嵌套中,由于存在 if 和 if-else 两种基本语句的混合使用,有些情况下可能会出现二义性。例如:

```
if(x>0)  if(x>100)  y=1;  else y=0;
```

语句中的 else 究竟与哪个 if 配对,可有两种理解:

① 单分支 if 语句下嵌套一个 if-else 语句,即 else 与第二个 if 配对。

```
if(x>0) if(x>100) y=1; else y=0;
```

② 双分支 if-else 语句的语句 1 是一个单分支 if 语句,即 else 与第一个 if 配对。

```
if(x>0)   if(x>100) y=1; else y=0;
```

不同的理解得出的结果不同。为避免二义性,C 语法规定:else 总是与前面离它最近的未配对的 if 配对。按这一规定,程序实际运行按第一种理解处理。若要实现第二种理解,必须对内嵌的单分支 if 语句加花括号,变为复合语句。即:

```
if(x>0)
    {if(x>100) y=1;}
else y=0;
```

因为,复合语句作为一个整体,是一个独立的语句结构,else 不会破坏语句结构,与复合语句中 if 配对。这也正是上述所列"各种嵌套的 if 语句结构"的形式 2 中加花括号的原因。

为增加程序的可读性,有利于凸显程序的结构,保持良好的程序设计风格,带有多重嵌套结构的程序,提倡按照层次缩格书写。但要注意,书写格式不会改变程序的结构。

【例 4.8】 求一元二次方程 $ax^2+bx+c=0$ 的解。

分析:例 4.3 中,对一元二次方程 $ax^2+bx+c=0$,当 $b^2-4ac\geq0$ 时,方程的两个实根进行了分析,但不完全,方程的完整解应有以下几种可能:

若 $a=0$ 且 $b\neq0$,退化为一元一次方程,只有一个根 $x=-c/b$;

若 $b^2-4ac=0$,有两个相等的实根:$x=-b/2a$;

若 $b^2-4ac>0$,有两个不相等的实根:

$$x_1=\frac{-b+\sqrt{b^2-4ac}}{2a} \qquad x_2=\frac{-b-\sqrt{b^2-4ac}}{2a}$$

若 $b^2-4ac<0$,有两个共轭复根:$x_1=p+qi,x_2=p-qi$,其中

$$实部:p=-\frac{b}{2a} \qquad 虚部:q=\frac{\sqrt{-(b^2-4ac)}}{2a}$$

按以上分析,采用多重 if 语句嵌套处理,还应排除 $a=b=c=0$ 以及 $a=b=0$ 但 $c\neq0$ 这两种情况,算法大致结构如下:

```
if(a==0 && b==0 && c==0) 输出方程根为任意值;
```

```
else if(a==0&&b==0&&c!=0) 输出无根；
else if(a==0 && b!=0) 输出一个根；
else {   计算 b²-4ac 赋给变量 m；
        if(m>=0)
            计算并输出两个实根；．    //包括相同或不相同的实根
        else
        {   计算实部 p；
            计算虚部 q；
            输出两个共扼复根；
        }
    }
```

程序代码如下：

//代码段 c4-8-1.c

```c
#include < stdio.h>
#include < math.h>
main()
{
    float a,b,c,x1,x2,p,q,m;
    printf("Enter a,b,c: ");
    scanf("%f,%f,%f",&a,&b,&c);
    if(a==0 && b==0 && c==0)
        printf("any value\n");
    else if(a==0&&b==0&&c!=0)
        printf("no value\n");
    else if(a==0 && b!=0)
        printf("x =%f\n",-c/b);
    else
    {
        m=b*b-4.0*a*c;
        if(m> =0)
        {
            x1=(-b+sqrt(m))/(2.0*a);
            x2=(-b-sqrt(m))/(2.0*a);
            printf("x1=%f,",x1);
            printf("x2=%f\n",x2);
        }
        else
        {
            p=-b/(2.0*a);
            q=sqrt(-m)/(2.0*a);
            printf("x1=%f+%fi,",p,q);
            printf("x2=%f-%fi\n",p,q);
        }
```

C 语言程序设计实用教程

```
        }
    }
```

程序的两次运行结果分别为：

```
Enter a,b,c: 2,1,-1↵
x1=0.500000, x2=-1.000000
Enter a,b,c: 2,1,1↵
x1=-0.250000+0.661438i, x2=-0.250000-0.661438i
```

4.3.2 switch 语句

4.3.1 节我们介绍了如何用 else-if 结构的 if 语句实现多分支选择，例如，输入一个 1～7 以内代表星期的数字，要求输出该数字对应的星期名称，用 else-if 结构实现的程序段如下。

```
int day;
scanf("%d",&day);
if(day==1) printf("星期一\n");
else if(day==2) printf("星期二\n");
else if(day==3) printf("星期三\n");
else if(day==4) printf("星期四\n");
else if(day==5) printf("星期五\n");
else if(day==6) printf("星期六\n");
else if(day==7) printf("星期日\n");
else printf("输入错误!/n");
```

但实际使用中，若分支越多，嵌套的 if 语句层次就越多，程序就过长且降低程序的可读性。对于以上这类多重 if 嵌套实现的多分支选择，C 提供的 switch 语句可直接处理。

switch 语句的常用形式为：

```
switch(表达式)
{   case 常量表达式 1: 语句组 1; break;
    case 常量表达式 2: 语句组 2; break;
      ⋮
    case 常量表达式 n: 语句组 n; break;
    default: 语句组 n+1;
}
```

执行过程：先计算 switch 后括号内的表达式的值，依次与一组常量表达式的值比较，若表达式的值与某个常量表达式的值相等，则执行该常量表达式对应的语句组；若表达式的值与任何一个常量表达式的值都不相等，则执行 default 对应的语句组。若在执行某个分支的语句组后，遇到 break 语句，则退出 switch-case 结构，转去执行下一条语句（**即该结构花括号之后的语句**）。

说明：switch 语句是典型的多路分支结构，用以解决"多者择一"问题，即根据表达式的值，选择分支路径，其流程如图 4.6 所示。

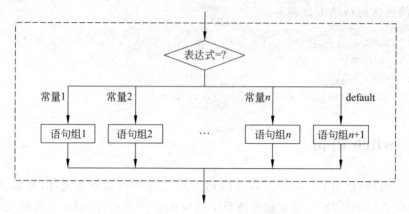

图 4.6　带 break 的 switch 语句流程图

前面的引例（即输入一个 **1～7 以内的数字，输出该数字对应的星期名称**），用 switch 语句实现结构更为清晰，具体程序段如下。

```
int day;
scanf("%d",&day);
switch(day)
{   case 1: printf("星期一\n"); break;
    case 2: printf("星期二\n"); break;
    case 3: printf("星期三\n"); break;
    case 4: printf("星期四\n"); break;
    case 5: printf("星期五\n"); break;
    case 6: printf("星期六\n"); break;
    case 7: printf("星期日\n"); break;
    default: printf("输入错误!\n");
}
```

注意：

switch 后面的表达式类型只能是整型、字符型或枚举型。

case 子句对应的常量表达式中不允许出现变量，且它们的值必须各不相同。

case 子句中对应的语句组，可以是一条或多条语句，多条语句时不需用花括号{}括起。

default 子句一般出现在 case 分支之后，也可出现在 case 分支之前或两个 case 分支之间。default 子句也可省略，不带 default 子句时，若没有 case 常量值可匹配，则不执行任何操作。

switch 语句可嵌套，因语句组中的语句可以是任意合法的 C 语句，当然也可以是另一个 switch 语句。例如：

```
switch(x)
```

```
{
    case 1: switch(y)
        {
            case 0: a++;break;
            case 1: b++;break;
        }break;
    case 2: a++;break;
}
```

允许多个 case 共用一组语句。例如：

```
switch(x)
    {   case 1:
        case 2:
        case 3: a++;b++; break;
        case 4: c++;break;
    }
```

还需说明：一般情况下，switch 语句中要用到 break 语句，但从语法的角度讲，break 语句并不是其中的必需成分。若被执行的语句组后面没有带 break 语句，则在该分支执行后，后面的分支将依次被执行，直到遇到 break 或执行完所有分支为止。

不带 break 的 switch 语句如下，其流程如图 4.7 所示。

```
switch (表达式)
{
    case 常量表达式 1: 语句组 1;
    case 常量表达式 2: 语句组 2;
      ⋮
    case 常量表达式 n: 语句组 n;
    default: 语句组 n+1;
}
```

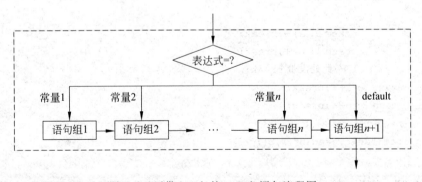

图 4.7 不带 break 的 switch 语句流程图

从图 4.7 中可见，设表达式的值为常量 2，则程序依次执行语句组 2、…、语句组 n、语句组 n+1 后结束 switch 语句。例如，若 i=1，执行下列两个 switch 语句将得到不同的结果。

```
//switch 语句(1)
switch(i)
{
    case 0: printf("%d",i);break;
    case 1: printf("%d",i);break;
    case 2: printf("%d",i);break;
    default: printf("%d",i);
}    //输出结果: 1

//switch 语句(2)
switch(i)
{
    case 0: printf("%d",i);
    case 1: printf("%d",i);
    case 2: printf("%d",i);
    default: printf("%d",i);
}    //输出结果: 111
```

再看下例。因 case 1 对应的 switch(y)语句的后面没带 break,程序执行 case 0 后的"a++;break;"语句后,退出 switch(y)后,接着执行后继语句,即 case 2 后面的"a++;break;"语句,然后退出 switch(x),执行后继的 printf 语句,输出结果:a=2,b=0。

```
#include <stdio.h>
main()
{
    int x=1,y=0,a=0,b=0;
    switch(x)
    {
        case 1: switch(y)
          {
              case 0: a++;break;
              case 1: b++;break;
          }    //此处没带 break;
        case 2: a++;break;
        case 3: b++;break;
    }
    printf("a=%d,b=%d\n",a,b);
}
```

【例 4.9】 编程:输入一百分制成绩,要求输出成绩等级 A、B、C、D、E。90 分以上为 A,80~89 分为 B,70~79 分为 C,60~69 为 D,60 分以下为 E。若输入超出范围,则输出错误信息。

分析:本题是多路分支问题,按题目要求需要 6 个分支,设成绩变量为 score,若直接

用 else-if 实现,可仿照例 4.7 写出如下程序段:

```
if(score>=90 && score<=100) printf("A\n");
else if(score>=80&& score<90) printf("B\n");
else if(score>=70&& score<80) printf("C\n");
else if(score>=60&& score<70) printf("D\n");
else if(score>=0&& score<60) printf("E\n");
else printf("error!\n");
```

现用 switch 语句实现。怎样确定 switch 的表达式与各分支 case 常量的关系是问题的关键。因成绩变量 score 变化范围在 0 到 100 之间共 101 个值,我们既不可能逐一列出所有 101 个值作为 case 常量(**写 101 个 case 太麻烦,尽管理论上可行**),也不能直接用关系表达式分段(**case 的常量表达式里不允许带变量**),必须寻找每个分数段的共同特征作为 caes 的入口常量。观察发现,除 100 分外,可将每 10 分化为一个分数段,如 90 分数段、80 分数段、70 分数段等,每个分数段的共同特征,是个位数不同,十位数相同,如 90 分段,十位数都是 9,80 分段,十位数都是 8 等,故用 score/10 作为 switch 表达式,对应各分支的 case 常量是 0~9,而对 100 分增加一项常量 10 即可。

```c
//代码段 c4-9-1.c
#include <stdio.h>
main()
{
    int score;
    printf("Please enter score: ");
    scanf("%d",&score);
    switch (score/10)
    {
        case 10:
        case 9: printf("%d--A\n",score);break;
        case 8: printf("%d--B\n",score);break;
        case 7: printf("%d--C\n",score);break;
        case 6: printf("%d--D\n",score);break;
        case 5:
        case 4:
        case 3:
        case 2:
        case 1:
        case 0: printf("%d--E\n",score);break;
        default: printf("Input error!\n");
    }
}
```

程序三次运行结果分别为:

Please enter score: 85 ↵

```
85--B
Please enter score: 101↵
101--A
Please enter score: 110↵
Input error!
```

细心的读者可能会从运行结果中发现,以上程序并不完善,在某种特定的输入条件下会出现问题。例如,输入 101,输出 A。实际上,c4-9-1.c 的确存在漏洞,若输入的分数在 101~109 之间,表达式 score/10 的值为 10,对应进入 case 10,输出成绩等级为 A。修正后的程序是增加一个 if 语句,将分数限定在 100 分以内,程序结构是 if-else 语句中嵌套一个 switch 语句(见 c4-9-2.c)。

```c
//代码段 c4-9-2.c
#include <stdio.h>
main()
{
    int score;
    printf("Please enter score: ");
    scanf("%d",&score);
    if(score<0||score>100)
        printf("Input error!\n");
    else
        switch (score/10)
        {
            case 10:
            case 9: printf("%d--A\n",score);break;
            case 8: printf("%d--B\n",score);break;
            case 7: printf("%d--C\n",score);break;
            case 6: printf("%d--D\n",score);break;
            case 5:
            case 4:
            case 3:
            case 2:
            case 1:
            case 0: printf("%d--E\n",score);break;
        }
}
```

4.4 循环结构

循环结构主要由控制循环的条件和一个重复执行的循环体组成。与顺序结构、分支结构一样,也是结构化程序设计的基本控制结构之一。循环结构应用相当广泛,实际问题中,几乎所有的实用程序都包含循环结构。循环程序设计充分发挥计算机运算速度快的优势,是计算机解题的一个重要特征。为便于描述各种形式的循环控制,C 提供了 while、do-while、for 三种循环语句,用于处理循环结构的算法,且可实现多重循环。循环语句还可通过 break、continue 语句提前结束整个循环或本次循环。本节将详细介绍这些语句的语法特点和应用实例。

4.4.1 while 语句

while 语句实现的循环称为"当型"循环。当型循环是最基本的循环,反映的是人们这样一种思维:当某个条件成立时,反复做某件事情。while 语句的一般形式为:

> while(表达式) 循环体;

执行过程:先计算表达式的值,若为真(**值为非 0**),则执行循环体,执行完毕,返回重新计算表达式的值,若仍为真,则重复执行循环体,直到表达式为假(**值为 0**),结束 while 语句,继续执行 while 语句后面的语句,其流程如图 4.8 所示。

说明:while 语句的特点是先判断表达式,后执行循环体。这里的表达式称为循环控制表达式,若表达式一开始就为假,则循环体一次也不执行。

特别强调:

- 表达式作为控制循环的条件,可以是任何类型。
- 循环体在语法上是一条语句,若循环体中含有多条语句,必须用花括号{}括起变成一条复合语句。否则,只把其中的第一条语句当作循环体执行。

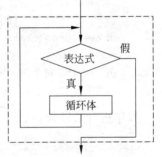

图 4.8 while 语句流程图

- 不能出现"死循环"(即循环永远不会结束)。为此,循环体内应有能改变表达式值的语句或中断循环的语句,以保证循环终止。

【例 4.10】 输入 $n(n > 0)$,计算 $s=1+2+3+\cdots+n$ 之和,要求用 while 语句实现。

分析:这是一个累加问题,最适合用循环解决。算法思路是:设变量 s 为累加器,初值为 0,每循环一次,s 累加一个整数,共执行 n 次,从而计算出 n 个数的和。

```
//代码段 c4-10-1.c
#include <stdio.h>
main()
{
    int i,n,s;
    printf("Please enter n: ");        //屏幕显示: Please enter n:
    scanf("%d",&n);                    //输入要累加的项数 n,n 也是循环次数(设键盘输入为: 50↵)
    s=0; i=1;                          //设置初值
    while(i<=n)                        //条件满足,执行循环体
    {
```

```
        s=s+i;                          //累加一个整数 i
        i++;                            //准备下一个数
    }
    printf("1+2+3+…+%d=%d\n",n,s);      //输出：1+2+3+…+50=1275
}
```

【例 4.11】 从键盘输入一行字符，以回车结束，统计字符的个数并输出结果。

分析：统计字符个数，需要用计数器。算法思路是：设变量 num 为计数器，初值为 0，每输入一个字符，只要判断不是回车符，计数器 num 加 1 后继续输入；若是回车符，终止输入，退出循环，输出字符个数 num。

```
//代码段 c4-11-1.c
#include <stdio.h>
main()
{
    char c;
    int num=0;                          //计数器 num 置初值 0
    printf("请输入一行字符：");
    while((c=getchar())!='\n')          //输入一个字符，判断不是回车，则执行循环体
    num++;                              //计数器加 1，即单语句循环体
    printf("字符个数=%d\n",num);
}
```

程序运行结果为：

请输入一行字符：hi,ABC↵
字符个数=6

4.4.2 do-while 语句

do-while 语句设计的循环称为"直到型"循环。反映人们的另一种思维：反复做某件事情，直到某个条件不成立。do-while 语句的一般形式为：

> do 循环体 while(表达式);

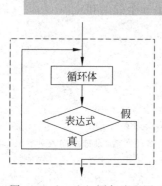

图 4.9 do-while 语句流程图

执行过程：首先执行一次循环体，然后计算表达式的值，若为真（**值为非 0**），重复执行循环体，直到表达式为假才终止循环，其流程如图 4.9 所示。

说明：do-while 语句的特点是先执行循环体，后判断表达式。这里的表达式称为循环控制表达式，与 while 循环正好相反，无论表达式为真或为假，do-while 语句的循环体至少执行一次。

特别强调：

- 表达式(**类型可任意**)是控制循环的条件,其值为真时重复执行循环体,直到其值为假才终止循环,这点与其他语言中的类似语句有所区别,提醒读者注意。
- 循环体在语法上是一条语句,若循环体含有多条语句,必须用花括号{}将这多条语句括起变成复合语句,否则,程序编译错误。
- 循环体内应有能改变表达式值的语句或能中断循环的语句(**这点与 while 相同**),避免死循环。

【**例 4.12**】 输入 $n(n>0)$,计算 $s = 1+2+3+\cdots+n$ 之和,要求用 do-while 语句实现。

```
//代码段 c4-12-1.c
#include <stdio.h>
main()
{
    int i,n,s;
    printf("Please enter n: ");        //屏幕显示: Please enter n:
    scanf("%d",&n);                    //设键盘输入: 50↵
    s=0; i=1;                          //设置初值
    do
    {
        s=s+i;                         //累加一个整数 i
        i++;                           //准备下一个数
    } while(i<=n);                     //条件满足,执行循环体
    printf("1+2+3+···+%d=%d\n",n,s);   //输出为: 1+2+3+···+50=1275
}
```

从以上运行结果可见,对同一个问题,使用 while 语句或使用 do-while 语句效果相同,**两种语句可相互转换(注意,这是针对一般情况而言)**。因两个语句在"判断"与"执行循环体"的次序安排上不同,若一开始"条件"就为假,则两个语句会得出不同的结果(**见以下两个程序段**):

(1) 用 while 语句

```
int i,s;
s=0; i=5;
while (i<5)
    { s=s+i; i++; }
printf("s=%d",s);   //输出为: s=0
```

(2) 用 do-while 语句

```
int i,s;
s=0; i=5;
do
    { s=s+i; i++;
    } while (i<5);
printf("s=%d",s);   //输出为: s=5
```

两个程序段输出结果不同的原因:第一个用 while 实现,先判断 i<5 为假,没有进入循环体;第二个用 do-while 实现,先执行一次循环体,然后判断 i<5 为假,才退出循环。

4.4.3　for 语句

for 语句是 C 语言中最灵活、最紧凑、使用最多的循环语句。常用于循环次数已知的

程序设计,也可使用表达式控制循环。for 语句可替代 while 语句,比 while 循环功能更强。for 语句的一般形式为:

> for(表达式 1;表达式 2;表达式 3) 循环体;

执行过程:先计算表达式 1,然后检测表达式 2 的值,若为真(**值为非 0**),则执行一遍循环体,再计算表达式 3,然后返回重新检测表达式 2 的值,以确定循环是继续还是终止,流程如图 4.10 所示。

说明:for 语句中,表达式 1 称为初始化表达式,通常用于为循环控制变量赋初值,在整个循环中只执行一次;表达式 2 称为循环控制表达式,也就是循环控制条件,通常是一个关系表达式;表达式 3 称为增值表达式,用于改变循环变量的值,为下一次循环做准备。

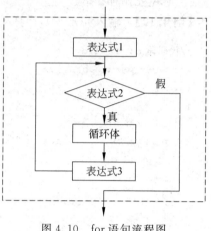

图 4.10 for 语句流程图

注意:

- for 语句的三个表达式之间必须用分号分隔;任何一个表达式都可省略,但其中的分号一定要保留。例如:

```
for(;i<10;i++) sum+=i;      //i 在执行该语句之前必须赋初值
for(;;) sum+=i;             //死循环,语法上允许(即编译不报错),但程序中绝不可出现死循环
```

- for 语句中的初始化表达式和增值表达式常用逗号表达式。例如:

```
for(i=0,j=0;i<100;i++,j++) b[i]=a[j];
                           //b[i]、a[i]分别为数组 b、a 的元素(详见第 5 章)
```

- 循环体在语法上是一条语句,若循环体含有多条语句,必须用花括号{}括起变成一条复合语句,否则,只把其中的第一条语句当作循环体执行。

【例 4.13】 输入 $n(n>0)$,计算 $s=1+2+3+\cdots+n$ 之和,要求用 for 语句实现。

```
//代码段 c4-13-1.c
#include <stdio.h>
main()
{
    int i,n,s;
    printf("Please enter n: ");        //屏幕显示: Please enter n:
    scanf("%d",&n);                    //设键盘输入: 50↵
    for(i=1,s=0;i<=n;i++)
        s=s+i;
    printf("1+2+3+…+%d=%d\n",n,s);   //输出为: 1+2+3+…+50=1275
}
```

【例 4.14】 输入 $n(n>0)$,计算 $n!$。

分析：这是一个连乘问题，与累加和算法类似，适合用循环解决。算法思路可归纳为：设变量 s，存放连乘积，s 初值为 1，每循环一次，$s = s * i (i = 1, 2, \cdots n)$，共执行 n 次，从而计算出 $n!$。

```
//代码段 c4-14-1.c
#include <stdio.h>
main()
{
    int i,n,s;
    printf("Please enter n: ");              //屏幕显示：Please enter n:
    scanf("%d",&n);                          //设键盘输入：5↵
    for(i=1,s=1;i<=n;i++)
        s=s*i;
    printf("%d!=1*2*…*%d=%d\n",n,n,s);     //输出为：5!=1*2*…*5=120
}
```

求累加和与求连乘积的算法非常相似。请仔细观察上面两个例子，找出其中**仅有的一点区别**，也是**至关重要**的区别。

4.4.4 三种循环语句的比较

C 提供的 while、do-while、for 三种循环语句，各有各的特点，不仅要掌握它们的格式与执行过程，还应了解它们的异同，掌握它们的使用场合。以下对三者进行简单的比较。

- 三种循环语句可用来处理同一个问题，一般情况下，它们可相互替代。
- for 循环与 while 循环先判断循环控制条件，后执行循环体；而 do-while 循环正相反。for 循环与 while 循环可能一次也不执行循环体，而 do-while 循环至少执行一次循环体。
- while 循环和 do-while 循环多用于循环次数不定的情况，而对于循环次数已确定，一般使用 for 循环更方便。
- do-while 循环适用于第一次循环肯定执行的场合。
- for 循环将所有循环控制因素都放在循环头部，循环结构清晰，功能更强、更灵活。

4.4.5 循环结构的嵌套

循环体内的语句可以是任何合法的 C 语句，当然也可以是循环语句。若一个循环结构的循环体内，又包含另一个循环语句，就构成循环的嵌套。内嵌循环中还可再嵌套循环，这就是多重循环。

C 提供的三种循环语句，可相互嵌套。一般来说，内循环的控制条件中往往要引用外循环的某些值，多重循环可用于处理更复杂的问题。要特别提醒的是，不允许结构层次之间出现交叉。几个嵌套的循环体之间，只能是并列关系或者内外层的关系，绝不能相互交叉,这也是结构化程序设计的要求。

注意:

- 嵌套循环的内、外层循环控制变量,应选用不同的名字,以免造成混乱;
- 嵌套循环的各层循环体,一般用复合语句,以保证逻辑的正确性;
- 执行多重嵌套循环时,先由外层循环,进入内层循环,当且仅当,内层循环终止后,才能接着执行外层循环,然后再从外层循环进入内层循环,直到外层循环完全终止,整个循环才结束。

下面看几个嵌套循环的实例。

【例4.15】 编程计算 $1!+2!+3!+\cdots+n!$,n 的值由键盘输入。

分析:本题从总的要求上看是计算累加和,在具体要求上,第 i 次累加的是 i 的阶乘。所以可采用双重循环处理,设置两个循环控制变量 i、j,外循环 i 做 n 项累加,内循环 j 计算 i 阶乘。注意,内循环的次数 i,就是外循环的循环控制变量 i 的值。

```c
//代码段 c4-15-1.c
#include <stdio.h>
main()
{
    int i,j,n,t,sum=0;
    printf("please input n: ");        //屏幕显示: please input n:
    scanf("%d",&n);                    //设键盘输入: 8↵
    for(i=1;i<=n;i++)                  //共累加 n 项,外循环
    {
        t=1;
        for(j=1;j<=i;j++) t=t*j;       //计算 i 阶乘,是内循环
        sum+=t;                        //累加一项 i 阶乘
    }
    printf("sum=%d",sum);              //输出为: sum=46233
}
```

实际上,本题只需单循环就可处理。因计算 i 阶乘可利用 $i-1$ 阶乘得到,即:$i! = (i-1)! * i$,故内循环可省去,具体程序代码如 c4-15-2.c。

```c
//代码段 c4-15-2.c
#include <stdio.h>
main()
{
    int i,n,t,sum=0;
    printf("please input n: ");
    scanf("%d",&n);
    t=1;
    for(i=1;i<=n;i++)
    {
        t=t*i;
```

```
        sum+=t;
    }
    printf("sum=%d\n",sum);
}
```

【例4.16】 编写程序,按照下列格式输出九九乘法表。

$1\times1=1$　$1\times2=2$　$1\times3=3$　$\cdots$　$1\times8=8$　$1\times9=9$

$2\times2=4$　$2\times3=6$　$2\times4=8$　$\cdots$　$2\times9=18$

$\vdots$

$9\times9=81$

分析:上面的乘法表共9行,每行输出项数从9递减到1项。程序采用双重循环处理,循环次数已知,外循环i,控制输出的行数1~9,内循环j控制每行输出的项数i~9,依赖于外循环i。

```
//代码段 c4-16-1.c
#include <stdio.h>
main()
{
    int i,j,k;
    for(i=1;i<=9;i++)                    //外循环,输出9行
    {
        for(j=i;j<=9;j++)                //内循环,每行输出的项数9-i+1
        {
            k=i*j;
            printf("%d×%d=%2d ",i,j,k);
        }
        printf("\n");                    //输出换行
    }
}
```

若将c4-16-1.c的内循环"j=i;j<=9;"改为"j=1;j<=9;"和"j=1;j<=i;",再分别运行,观察并分析其运行结果。

4.4.6　辅助控制语句

实际应用中,有时需要依据某些情况改变程序执行的流程,提前结束循环并从循环中退出,C语言提供了两种改变循环正常控制流程的语句,它们分别是break和continue。

另外,C语言还提供了支持无条件转移的goto语句。因使用goto语句带来的是程序流程的混乱,因此,goto语句在结构化程序设计中不提倡使用,在此不作详述。

1. break 语句

break语句一般形式为:break;

break 语句通常用于循环语句和 switch 语句,其功能是提前结束它所在的循环或 switch,转去执行循环或 switch 后面的语句。

注意:break 只是退出所在的循环,如果外面还套有循环,则继续执行外面的循环。

【**例 4.17**】 从键盘输入 10 个正整数进行求和,若错误地输入了负数,则求和结束。

分析:本题用 for 循环实现。按题意设计两个出口:若没有输入负数,循环 10 次,i>10 时正常结束循环;若输入了负数,用 break 语句跳出循环体,结束循环。

```c
//代码段 c4-17-1.c
#include <stdio.h>
main()
{
    int sum=0,x,i;
    printf("输入 10 个正整数:\n");        //屏幕显示:输入 10 个正整数:
    for(i=1;i<=10;i++)                    //i>10,正常结束循环
    {
        scanf("%d",&x);                   //设输入为: 5 4 3 8 12 61 0 -1↵
        if(x<0)
            break;                        //若 x<0,则跳转结束循环
        sum=sum+x;                        //正数累加求和
    }
    printf("sum=%d\n",sum);               //输出为: sum=93
}
```

2. continue 语句

continue 语句一般形式为:continue;

continue 语句只用于循环语句,其功能是终止本次循环,即跳过 continue 后面尚未执行的语句,开始下一轮循环。对于 while 和 do-while 循环,意味着立即转去执行作为循环控制条件的表达式;对于 for 循环,意味着控制转向执行计算增值的表达式 3。

continue 与 break 的区别:前者只结束本次循环(**不是结束整个循环**),而后者是结束整个循环。

【**例 4.18**】 从键盘输入一行密文,以回车结束,请滤掉其中的大写字母后输出。

分析:本题通过 while 循环逐一检查每个输入的字符,若是大写字母,则使用 continue 语句跳过后面的字符输出语句(**即滤掉大写字母**),提前结束本次循环,转去执行下一个字符的检查。

```c
//代码段 c4-18-1.c
#include <stdio.h>
main()
{
```

```
    char c;
    printf("请输入一行密文: ");
    while((c=getchar())!='\n')
    {
        if(c>='A' && c<='Z')
            continue;
        putchar(c);
    }
    printf("\n");
}
```

程序运行结果为：

请输入一行密文：<u>heAKllBowC12</u>↵
hellow12

请思考：c4-18-1.c 中，将"continue;"换成"break;"，重新运行，结果如何？分析原因，理解两种控制转移语句的不同。

4.5　应 用 举 例

【例 4.19】　编程输出数字塔，形如：

```
                1
              1 2 1
            1 2 3 2 1
          1 2 3 4 3 2 1
        1 2 3 4 5 4 3 2 1
      1 2 3 4 5 6 5 4 3 2 1
    1 2 3 4 5 6 7 6 5 4 3 2 1
  1 2 3 4 5 6 7 8 7 6 5 4 3 2 1
1 2 3 4 5 6 7 8 9 8 7 6 5 4 3 2 1
```

分析：观察可知，数字塔中只有 1～9 九种数字，共 9 行，每行中最大数就是所在的行号 $i(1 \leqslant i \leqslant 9)$，前半行从 1 递增到行号 i，后半行从 i 递减到 1。因此，可采用双重循环处理，外循环用行号 i 控制，内循环输出一行数据，用递增、递减两个 for 语句处理。

```
//代码段 c4-19-1.c
#include <stdio.h>
main()
{
    int i,j;
    for(i=1;i<=9;i++)
```

```
    {
        for(j=1;j<i;j++)
            printf("%3d",j);
        for(j=i;j>0;j--)
            printf("%3d",j);
        printf("\n");
    }
}
```

程序运行结果（为突出显示效果加了灰底）为：

```
1
1  2  1
1  2  3  2  1
1  2  3  4  3  2  1
1  2  3  4  5  4  3  2  1
1  2  3  4  5  6  5  4  3  2  1
1  2  3  4  5  6  7  6  5  4  3  2  1
1  2  3  4  5  6  7  8  7  6  5  4  3  2  1
1  2  3  4  5  6  7  8  9  8  7  6  5  4  3  2  1
```

观察结果，并不是题目要求的数字塔。题目要求的是每行以最大数字为中心点两边对称，这样，应在每行第一个数字的前面适当增加空格，且逐行减少空格数。程序调整为c4-19-2.c，注意其中 blank 变量的作用。

//代码段 c4-19-2.c

```
#include <stdio.h>
main()
{
    int i,j,blank=30;
    for(i =1; i <=9; i++,blank-=3)
    {
        for( j=1; j<blank; j++)
            printf(" ");
        for( j=1; j<i; j++)
            printf("%3d",j);
        for( j=i; j>0; j--)
            printf("%3d",j);
        printf("\n");
    }
}
```

程序运行结果（为突出显示效果而加了灰底）为：

```
                          1
                       1  2  1
                    1  2  3  2  1
                 1  2  3  4  3  2  1
              1  2  3  4  5  4  3  2  1
           1  2  3  4  5  6  5  4  3  2  1
        1  2  3  4  5  6  7  6  5  4  3  2  1
     1  2  3  4  5  6  7  8  7  6  5  4  3  2  1
  1  2  3  4  5  6  7  8  9  8  7  6  5  4  3  2  1
```

【例 4.20】 计算 2008 年 8 月 8 日北京奥运会开幕是星期几。

分析：要计算 2008 年 8 月 8 日是星期几,先要知道 2008 年第一天是星期二,然后算出北京奥运会开幕那天与 2008 年第一天之间相差的天数,并与第一天的星期二进行修正,再求出它与 7 的余数(因七天为一个星期),就得出结果了。

算法的关键是计算 8 月 8 日是 2008 年的第几天,程序中先通过 for 循环逐月累加前 7 个月的天数,然后加上本月的 8 天获得;循环体中用 switch 语句计算某个月的天数。注意闰年的计算(**闰年是能被 4 整除但不能被 100 整除的年份,或是可被 400 整除的年份**)。

```c
//代码段 c4-20-1.c
#include <stdio.h>
main()
{
    int year=2008,month=8,day=8;
    int weekday=2;                          //2008-1-1是星期二
    int i,num,yeardays=0;
    //计算 2008-8-8 是 2008 年的第几天
    for(i=1;i<month;i++)
    {   //计算对应的月份的天数
        switch(i)
        {
            case 1:
            case 3:
            case 5:
            case 7:
            case 8:
            case 10:
            case 12: num=31;break;          //大月 31 天
            case 4:
            case 6:
            case 9:
            case 11: num=30;break;          //小月 30 天
            case 2: if ((year%4==0&&year%100!=0)||year%400==0) num=29;
                                            //闰年二月 29 天
                    else num=28;            //一般二月 28 天
```

```
                break;
            default: num=0;
        }
        yeardays+=num;
    }
    yeardays=yeardays+day;
    //求出 2008-8-8 是星期几
    weekday=(yeardays-1+weekday)%7;
    if(weekday==0)
        printf("%d年%d月%d日星期%s\n",year,month,day,"日");
    else
        printf("%d年%d月%d日星期%d\n",year,month,day,weekday);
                                        //输出 2008 年 8 月 8 日星期 5
}
```

以上程序可扩充：只要知道某年第一天是星期几，就能算出该年任意一天为星期几，代码如下。

```
//代码段 c4-20-2.c
#include <stdio.h>
main()
{
    int year,month,day,weekday;
    int i,num,yeardays=0;
    //输入所求日期,输入格式如: 2008-8-8
    printf("请输入所求日期: ");
    scanf("%d-%d-%d",&year,&month,&day);
    //输入所在年份 1 月 1 日是星期几
    printf("输入%d年 1 月 1 日是星期: ",year);
    scanf("%d",&weekday);
    //计算所求日期是所在年份的第几天
    for(i=1;i<month;i++)
    {
        switch(i)
        {
            case 1:
            case 3:
            case 5:
            case 7:
            case 8:
            case 10:
            case 12: num=31;break;
            case 4:
            case 6:
            case 9:
            case 11: num=30;break;
```

```
case 2: if((year%4==0&&year%100!=0) || year%400==0)
                num=29;
            else
                num=28;
            break;
    default: num=0;
        }
    yeardays+=num;
}
yeardays=yeardays+day;
//所求日期与所在年份第 1 天之间相差的天数
yeardays=(yeardays-1);
//求出是星期几
weekday=(yeardays+weekday)%7;
if(weekday==0)
    printf("%d年%d月%d日是星期%s\n",year,month,day,"日");
else
    printf("%d年%d月%d日是星期%d\n",year,month,day,weekday);
}
```

程序运行结果为:

请输入所求日期:<u>2008-5-1</u>↵
输入 2008 年 1 月 1 日是星期:<u>2</u>↵
2008 年 5 月 1 日是星期 4

【例 4.21】 找出 100 以内的全部素数,并按照每行 10 个素数输出。

分析:素数是只能被 1 和它自身整除的自然数,但 1 不是素数。

先讨论如何测试素数。测试一个自然数 k 是否为素数的算法是:测试 k 能否被 $2,3,4,\cdots,k-1$ 整除,只要能被其中一个整除,k 就不是素数,否则是素数。数学上已经证明,对自然数 k,只需从 $2,3,\cdots,$ 测试到 $\sqrt{k}$ 即可。这个测试过程可用 for 语句实现。测试前先设置一个标志变量 flag,初值为 1,循环控制变量 j 从 2 到 $\sqrt{k}$,逐一检查,只要 k 能被 j 整除,就将 flag 置 0,中断 for 循环,结束测试。只有循环正常结束,flag 为 1,才能得出 k 为素数。程序段如下。

```
flag=1;
for(i=2;i<=sqrt(k);i++)
    if(k%i==0) {flag=0;break;}
if(flag==1) printf("%d",k);
```

根据题意,要找出 100 以内的全部素数,这就需要对 100 以内的每个数逐一进行素数测试,考虑增加一个外循环,循环控制变量 k 从 2 到 100,整个程序的结构用双重 for 循环嵌套实现。

```
for(k=2;k<=100;k++)
{ 测试 k 是否为素数;若是素数,输出 k; }
```

另外,题目还要求按照每行 10 个素数输出,故还要增加一个计数器 num,找到一个素数后,计数器加 1,同时判断满 10 个素数,输出一个回车符,为下一行输出做准备。

```c
//代码段 c4-21-1.c
#include <stdio.h>
#include <math.h>
main()
{
    int k,j,num=0,flag;
    for(k=2;k<=100;k++)
    {
        flag=1;
        for(j=2;j<=sqrt(k);j++)
            if(k%j==0) {flag=0; break; }
        if(flag==1)
        {
            printf("%3d",k);
            num++;
            if(num%10==0) printf("\n");
        }
    }
    printf("\n 100 以内共有%d 个素数.\n",num);
}
```

程序运行结果为:

```
 2   3   5   7  11  13  17  19  23  29
31  37  41  43  47  53  59  61  67  71
73  79  83  89  97
100 以内共有 25 个素数.
```

【例 4.22】 利用泰勒级数计算 e 的近似值,$e = 1 + \dfrac{1}{1!} + \dfrac{1}{2!} + \dfrac{1}{3!} + \cdots + \dfrac{1}{n!}$,当最后一项的绝对值小于 10^{-5} 时认为达到精度要求,要求统计总共累加了多少项。

分析:采用累加法:e = e + term,先寻找累加项 term 的构成规律,找出通项公式。观察前项与后项,由 $\dfrac{1}{2!} = \dfrac{1}{1!} \div 2$,$\dfrac{1}{3!} = \dfrac{1}{2!} \div 3$,$\cdots$,可以发现,前后项之间的关系是:$term_n = term_{n-1} \div n$,写成 C 语句是:"term=term/n;",term 初值为 1,n 初值也为 1,n 按 n = n+1 变化。因事先累加项的项数不能确定,可用 while 或 do-while 循环实现,循环结束时 term<10^{-5}。统计累加项数只要设置一个计数器变量即可(**变量取名为 count,初值为 0**),在循环体中每累加一项计数器就加 1。当然,也可省略 count,通过 n 值获得累加项数。注意,累加项应不包括级数中的第一个 1。分别用两种循环实现的程序代码如下。

```c
//代码段 c4-22-1.c(用 while 循环实现)
#include <stdio.h>
main()
```

```
{
    int n=1,count=0;
    double term=1,e;
    e=1;                                        //将首项 1 置入 e
    while(term>=1e-5)
    {
        term=term/n;                            //计算一个累加项
        n++;                                    //准备下一项计算
        e=e+term;                               //累加一项到 e
        count++;                                //计数器加 1
    }
    printf("e=%lf,累加项数=%d\n",e,count);
}
//代码段 c4-22-2.c(用 do-while 循环实现)
#include <stdio.h>
main()
{
    int n=1,count=0;
    double term=1,e=0;
    do
    {
        e=e+term;                               //累加一项到 e
        term=term/n;                            //计算下一个累加项
        n++;
        count++;                                //计数器加 1
    } while(term>=1e-5);                        //这儿的分号不能少,否则编译出错!
    e=e+term;                                   //累加最后一项
    printf("e=%lf,累加项数=%d\n",e,count);      //输出为：e=2.718282,累加项数=9
}
```

以上两个程序运行结果相同,但实现细节上不同,请读者注意观察。

【例 4.23】 求斐波那契(Fibonacci)数列前 12 个数。斐波那契数列的特点是:第一、第二个数都是 1,从第三个数开始,每个数是它前两个数之和。

斐波那契数列描述的是一个有趣的古典数学问题:有一对新生的兔子,从出生后第 3 个月起每月都生一对小兔子,小兔子长到第 3 个月后每月又生一对小兔子。假设所有兔子都不死,每个月兔子的数量构成的数列就是斐波那契数列。

分析:解决此类问题用递推法。递推就是利用已知的数据,按照一定的规律推出未知数据。本例的递推关系是:

$$f_1 = 1, \quad f_2 = 1, \quad f_i = f_{i-1} + f_{i-2} \quad (i \geqslant 3)$$

已知第一个月和第二个月只有一对兔子,推出第三个月有 1+1=2 对兔子,第四个月 1+2=3 对兔子,第五个月 2+3=5 对兔子,以此类推,可计算出一年即第 12 个月有 144 对兔子。递推算法的关键在于建立递推关系,解决这类问题通常采用循环结构。本题明确要求求出数列的前 12 个数,故采用 for 循环更适宜。

```
//代码段 c4-23-1.c
#include <stdio.h>
int main()
{
    int f1,f2,f,i;
    f1=1; f2=1;                            //第 1、第 2 个数
    printf("%10d%10d",f1,f2);
    for(i=3;i<=12;i++)
    {
        f=f1+f2;                           //递推一个数
        printf("%10d",f);                  //注意输出结果的格式
        if(i%4==0) printf("\n");           //控制每行输出 4 个数
        f1=f2;                             //准备下一次递推
        f2=f;
    }
    printf("\n");
}
```

程序运行结果为：

```
 1   1   2    3
 5   8  13   21
34  55  89  144
```

为提高算法效率,c4-23-1.c 可以改进。因执行"f=f1+f2;",递推出一个数后,f1 对下一次递推已无作用,可直接用来存放这次递推的结果,从而省略变量 f;而下一次递推出的数为 f2+f1,此时 f1 是上一次递推的结果,本次递推后 f2 已无作用,可用 f2 存放本次递推的结果。即：

$$f1 = f1 + f2;$$
$$f2 = f2 + f1;$$

这样,一次产生两个数,算法的循环次数减少一半。改进后程序如 c4-23-2.c。

```
//代码段 c4-23-2.c
#include <stdio.h>
int main()
{
    int f1,f2,i;
    f1=f2=1;                               //第 1、第 2 个数
    printf("%10d%10d",f1,f2);
    for(i=2;i<=6;i++)
    {
        f1=f1+f2;                          //递推一个数
        f2=f2+f1;                          //递推下一个数
        printf("%10d%10d",f1,f2);
        if(i%2==0) printf("\n");           //控制每行输出 4 个数
    }
    printf("\n");
```

C 语言程序设计实用教程

```
}
```

【例4.24】 百元买百鸡,即100元钱买100只鸡,公鸡每只5元,母鸡每只3元,小鸡1元3只,问可买公鸡、母鸡、小鸡各几只,有多少种买法。

这是我国古代《张丘建算经》中的一道著名的百鸡问题:鸡翁一,值钱五;鸡母一,值钱三;鸡雏三,值钱一。百钱买百鸡,问鸡翁、母、雏各几何?

分析:解决此类问题一般采用枚举法(**也称穷举法**)。枚举就是对各种可能的情形逐一测试,从中找出符合要求的一个或一组解。枚举法是计算机中常用的算法之一,采用枚举解决问题,对人来说是一种单调的重复劳动,当重复量太大时,理论上可行,实际上很难做到;而对计算机来说,这类问题非常适合用循环语句解决,正好能发挥其高速运算的优势,第1章1.2.3节对枚举法已有详细介绍。

分析百鸡问题,设 x、y、z 分别代表所买的公鸡、母鸡、小鸡数,限定条件是:

① 买百只鸡:$x+y+z=100$(只)

② 用百元钱:$5x+3y+(1/3)z=100$(元) 化为整式即:$15x+9y+z=300$

按限定条件,考虑 x、y、z 可能的取值范围,因100元买公鸡最多买20只,买母鸡最多买33只,小鸡尽管便宜,但条件限定只能买100只。所以,$0\leqslant x\leqslant20,0\leqslant y\leqslant33,0\leqslant z\leqslant100$。程序采用三重嵌套循环,用 x、y、z 控制循环,对每一组 x、y、z 值逐一测试,找出满足条件的解。程序代码如下(**注意:程序中出现的限定条件里,乘号 * 不可缺少**)。

```c
//代码段 c4-24-1.c
#include <stdio.h>
int main()
{
    int x,y,z;
    for(x=0;x<=20;x++)
        for(y=0;y<=33;y++)
            for(z=0;z<=100;z++)
                if(x+y+z==100 && 15*x+9*y+z==300)
                    printf("x = %d,y = %d,z = %d\n",x,y,z);
}
```

程序运行结果为:

```
x=0,    y=25,    z=75
x=4,    y=18,    z=78
x=8,    y=11,    z=81
x=12,   y=4,     z=84
```

找出以上4种百元买百鸡的方案,程序总共执行了 $21\times34\times101=72\,114$ 次循环。仔细考虑不难发现,程序可进一步改进。因一旦公鸡个数 x 和母鸡个数 y 被确定,小鸡个数 z 只能是 $100-x-y$。因此,第三重循环完全可压缩,只需采用 x、y 两重循环就能解决问题。修改后的程序如 c4-24-2.c,总循环次数降低到 714 次,从而提高了程序的效率。

```c
//代码段 c4-24-2.c
#include <stdio.h>
```

```
int main()
{
    int x,y,z;
    for(x=0;x<=20;x++)
        for(y=0;y<=33;y++)
        {
            z=100-x-y;
            if(15*x+9*y+z==300)
                printf("x =%d,y =%d,z =%d\n",x,y,z);
        }
}
```

本 章 小 结

1. 知识点

程序控制结构的主要知识点如表 4.1 所示。

表 4.1　程序的控制结构知识点

知 识 点	一 般 形 式	说　　明
程序的三种基本结构		① 顺序结构、分支结构、循环结构 ② 分支结构又称为选择结构
复合语句	实例： {temp＝x;x＝y;y＝temp;}	用花括号{}括起来的一组语句,逻辑上被视为一个整体,语法上等同一条单语句,常作为构成其他控制语句的成分
if 语句	if(表达式) 语句	① 用于单分支选择 ② 表达式后面是一条单语句

if-else 语句	if(表达式)
	　　语句 1
	else
	　　语句 2
		① 用于二路分支选择
		② 表达式和 else 后面的语句都是一条单语句
		③ if 语句嵌套时,else 总是与前面离它最近的未配对的 if 配对

switch 语句	switch(表达式) { case 常量 1：语句组 1； case 常量 2：语句组 2； 　　⋮ case 常量 n：语句组 n； default：语句组 n＋1;}	① 用于多路分支选择 ② 表达式的类型只能是整型、字符型、枚举型 ③ case 后面不允许出现变量,且各常量的值必须各不相同 ④ 语句组可以是一条或多条语句

知 识 点	一 般 形 式	说　　明

for 语句	for(表达式 1;表达式 2;表达式 3)
	{
	　　循环体语句
	}
		① for 循环,适用于循环次数已知、计数控制的循环
		② 先判断循环条件,再执行循环体,循环体可以一次也不执行
		③ 循环体在语法上是一条单语句,常用复合语句取代

while 语句	while(表达式)
	{
	　循环体语句
	}
		① 当型循环,适用于循环次数未知、条件控制的循环
		② 先判断循环条件,再执行循环体,循环体可以一次也不执行
		③ 循环体在语法上是一条单语句,常用复合语句取代

do-while 语句	do{ 　循环体语句 } while(表达式);	① 直到型循环,适用于循环次数未知、条件控制的循环 ② 先执行循环体,再判断循环条件,循环体至少执行一次 ③ 循环体在语法上是一条单语句,常用复合语句取代
break 语句	break;	用于 switch 语句和循环语句的流程控制,功能是退出 switch 语句或终止当前循环,执行后续语句
continue 语句	continue;	用于循环语句的流程控制,功能是结束本次循环,继续开始下一次循环

2. 常见错误

错误 1　if 语句条件表达式错误。

实例 1.

```
if (x=0) y=0;else if(x>0) y=1; else y=-1;
```

分析:运行错误,当 x 为 0 时,y 的值为 -1,不是正确结果;错在第一个 if 表达式里,把关系运算符等号 == 误用为赋值运算符 =,将 x=0 改为 x==0 即可。

实例 2.

```
if ('A'<=ch<='Z') ch=ch+32;
```

分析:运行错误,误以为语法上合法的关系表达式逻辑上也一定正确,将表达式'A'<=ch<='Z'改为'A'<=ch && ch<='Z'即可。

错误 2　if 与 else 的配对错误。

实例 1.

```
if (x>y);
    max=x;
else
    max=y;
```

分析：编译报错 illegal else without matching if，else 无法与 if 配对。是因为条件表达式的圆括号后面多写了一个分号，也就是加了一条空语句，这样编译系统将其理解为单分支 if，造成后面的 else 没有 if 配对。此题只需去掉圆括号后面的分号即可。

实例 2.

```
if ('A'<=ch && ch<='Z')
    ch=ch+32;
    putchar(ch);
else if ('a'<=ch && ch<='z')
    ch=ch-32;
    putchar(ch);
  else putchar(ch);
```

分析：编译报错 illegal else without matching if，else 无法与 if 配对。因为按照语法，if 语句的表达式、else 后面都限定为一条单语句，如果需要执行多条语句，必须加上花括号，将它们变为一条复合语句。这里没有加花括号，修改后的程序段如下。

```
if ('A'<=ch && ch<='Z')
{   ch=ch+32;
    putchar(ch);
}
else if ('a'<=ch && ch<='z')
    {   ch=ch-32;
        putchar(ch);
    }
    else putchar(ch);
```

注意：鉴于以上程序段每个分支都要输出字符 ch，程序完全可简化如下。

```
if ('A'<=ch && ch<='Z')
    ch=ch+32;
else if ('a'<=ch && ch<='z')
    ch=ch-32;
putchar(ch);
```

错误 3   switch 语句的表达式、case 子句出错。

实例 1.

```
float x,y;
```

```
scanf("%f",&x);
switch(x)
{ case 1: y=1; break;
  case 2: y=-1; break;
}
```

分析：枚举型编译报错 switch expression not integral。因 switch 表达式的类型只能是整型、字符型，而这里的变量 x 为 float 型，故不能用作 switch 表达式。此题只要将 x 定义为整型变量即可（当然，scanf 中的％f 相应地也要改为％d）。

实例 2.

```
int x;
scanf("%d",&x);
switch(x)
{ case x>=60: printf("Pass."); break;
  case x<60: printf("No."); break;
}
```

分析：编译报错 case expression not constant，因语法规定 case 后面是常量表达式，不能带有变量，这里的 x 是变量，故出错。此题改用 if 语句实现更为合适。

实例 3.

```
int x,y=0;
scanf("%d",&x);
switch(x)
{ case10:
  case 9: y++;
  case 8: y++;
}
```

分析：编译警告'case10': unreferenced labelswitch expression not integral。这个警告不能忽略，因为按照语法，case 与它后面的常量之间必须留有空格，而本题 case 与 10 之间缺少空格，实际上是属于语法错误。修改很简单，只要加上空格，将 case10 改为 case 10 即可。

实例 4.

```
char c; int x,y,z;
c=getchar();
switch(c)
{ case A:
  case B: x++;
  case C: y++;
  default: z++;
}
```

分析：编译报出'A': undeclared identifier、case expression not constant 等 6 条错，其

中 3 条错误分别指出 A、B、C 是没有定义的变量,另外 3 条是指 case 后面不是常量表达式。此题错在作为字符常量的 A、B、C 没有用单引号括起来,被误认为没有定义的变量,把 A 改为'A'、B 改为'B'、C 改为'C'即可。

> **错误 4** 循环初始化问题。

实例

```
int i,n,sum;
scanf("%d",&n);
while (i<=n)
{   sum=sum+i;
    i++;
}
printf("sum=%d\n",sum);
```

分析:编译连接无错,运行结果 sum 值为乱码。错误原因是在循环开始之前,没有给计数器变量 i、累加器变量 sum 做初始化,只要在 while 语句之前增加赋值语句“i=1;sum=0;”即可。

> **错误 5** 循环体的界定问题。

实例 1.

```
i=1; sum=0;
while (i<=n)
    sum=sum+i;
    i++;
printf("sum=%d\n",sum);
```

分析:编译连接无错,运行出现死循环,程序无法结束。错在程序段中改变循环控制条件的“i++;”语句被界定在 while 语句的循环体外,只要在“sum=sum+i; i++;”两条语句外面加花括号,打包成一条复合语句,作为 while 的循环体,即改为{ sum=sum+i; i++; }即可。

注意:三种循环语句的循环体,从语法定义上讲,是一条单语句,如果循环体含有多条语句,必须用花括号{}括起来打包变成一条复合语句。

实例 2.

```
for ( i=1,sum=0; i<n; i++);
    sum=sum+i;
```

分析:编译连接无错,结果不对。错在 for 语句表达式圆括号外面多加了一个分号,这个分号使 for 语句的循环体成了空语句,不做任何操作,而后面的“sum=sum+i;”在循环结束后只执行一次。修改很简单,去掉那个多余的分号。

实例 3.

```
i=1; sum=0;
while (i<=n);
{  sum=sum+i;
   i++;
}
printf("sum=%d\n",sum);
```

分析：编译连接无错，运行出现死循环，程序无法结束。错在 while 语句表达式圆括号外面多加了一个分号，这个分号使 while 语句的循环体成了空语句，而改变循环控制条件的"i++;"语句被界定在 while 语句外面，使得循环条件 i<＝n 一直为真，循环无法终止。修改很简单，去掉那个多余的分号即可。

错误 6　循环条件设置错误。

实例 1.

```
p=1; for ( i=1, i<n, i++) p=p*i;
```

分析：编译报错 syntax error : missing ';' before ')'。错在用逗号分隔了 for 语句圆括号中的三个表达式，不符合用分号分隔的语法要求，需将圆括号中的两个逗号改为分号，即改为(i=1; i<n; i++)。

实例 2.

```
p=1; i=1; for (i<n; i++) p=p*i;
```

分析：编译报错 syntax error：missing ';' before ')'。错在 for 语句圆括号中的三个表达式只写了两个，只要在 i<n 前面加一个分号，即改为 for (; i<n; i++)即可。或者直接把 for 前面的"i=1;"拖到 i<n 前面，变为 for (i=1; i<n; i++)。

注意：在 for 语句中，用于循环条件设置的圆括号里，一般有三个表达式，它们用两个分号分隔，按照语法规定，这两个分号是不能省略的，而表达式可以省略，例如：语句"for (; ;);"，尽管没有实际意义，但从语法上讲是正确的，可以通过编译。

实例 3.

```
int i=1,sum=0,n=10;
do
{  sum=sum+i;
   i++;
}while (i<=n)
printf("sum=%d\n",sum);
```

分析：编译报错"syntax error : missing ';' before identifier 'printf'"。do-while 语句的 while 表达式后面必须加分号，只要将"while (i<＝n)"改为"while (i<＝n);"即可。

实例 4.

```
int n=1,s=0;
while(n<10)
{  printf("n=%d ",n);
   s=s+n;
}
printf("\nsum=%d\n",s);
```

分析：编译连接无错，运行时不断输出 n＝1，进入死循环，程序无法结束。错在 while 语句的循环体中，没有能够改变循环控制条件的语句，此例中就是变量 n 的值始终为 1，条件 n<10 始终为真，导致死循环。修改程序段，在"s＝s＋n;"语句后面增加"n＋＋;"即可。

习　题　4

一、选择题

1. 在下面的条件语句中(其中 s1 和 s2 表示一条 C 语句)，在功能上与其他三个语句不等价的是(　　)。

    A) if(a) s1; else s2;　　　　　　　　　　B) if(!a) s2; else s1;

    C) if(a!=0) s1; else s2;　　　　　　　　D) if(a==0) s1; else s2;

2. 以下程序运行后的输出结果是(　　)。

```
#include <stdio.h>
main()
{
    int a=3,b=4,c=5,d=2;
    if(a>b)
       if(b>c)
           printf("%d",d++);
       else
           printf("%d",++d);
    printf("%d\n",d);
}
```

    A) 2　　　　　　　　B) 3　　　　　　　　C) 33　　　　　　　　D) 34

3. 在 while(x)语句中的 x 与下面条件表达式等价的是(　　)。

    A) x==0　　　　　B) x==1　　　　　C) x!=1　　　　　D) x!=0

4. 若变量已正确定义，要求程序段完成求 5!的计算，不能完成此操作的程序段是(　　)。

    A) for(i=1,p=1;i<=5;i++) p*=i;

    B) for(i=1;i<=5;i++){ p=1; p*=i;}

C) i=1;p=1;while(i<=5){p*=i;i++;}

D) i=1;p=1;do{p*=i; i++;}while(i<=5);

5. 以下程序运行后的输出结果是(　　)。

```c
#include <stdio.h>
main()
{
    int i=0,a=0;
    while(i<20)
    {
        for(;;)
        {
            if((i%10)==0) break;
            else i--;
        }
        i+=11; a+=i;
    }
    printf("%d\n",a);
}
```

A) 21   B) 32   C) 33   D) 11

二、填空题

1. 结构化程序设计的基本结构有三种,分别是 _____ 结构、_____ 结构和_____结构。

2. C 语言语法规定,在 if 语句中,else 与 _____ if 配对。

3. C 语言中,实现循环的语句有 if-goto 语句、_____ 语句、_____ 语句和_____语句。

4. 循环控制中,break 语句用于结束_____,continue 语句用于结束_____。

5. 以下程序运行后的输出结果是_____。

```c
#include <stdio.h>
main()
{
    int i;
    for(i=0;i<3;i++)
    switch(i)
    {
        case 0: printf("%d",i);
        case 2: printf("%d",i);
        default: printf("%d",i);
    }
}
```

6. 以下程序运行后的输出结果是_____。

```
#include <stdio.h>
main()
{
    int x=1,y=0,a=0,b=0;
    switch(x)
    {
        case 1: switch(y)
        {
            case 0: a++;break;
            case 1: b++;break;
        }
        case 2: a++;b++;break;
    }
    printf("%d %d\n",a,b);
}
```

7. 以下程序段中,while 循环的循环次数是_____。

```
int i=0;
while(i<10)
{
    if(i<1) continue;
    if(i==5) break;
    i++;
}
```

8. 以下程序的功能是计算正整数 1234 的各位数字平方和,请填空。

```
#include <stdio.h>
main()
{
    int n,sum=0;
    n=1234;
    do
    {
        sum=sum+ (n%10) * (n%10);
        _____;
    } while(n);
    printf(" sum =%d ",sum);
}
```

三、编程题

1. 编程计算分段函数:$y=\begin{cases} e^{-x} & x>0 \\ 1 & x=0 \\ -e^{x} & x<0 \end{cases}$,输入 x,打印出 y 值。

2. 用 switch 语句编程,读入一个年份和月份,打印出该月有多少天(**考虑闰年**)。

3. 用 switch 语句编写简单的算术运算计算器,从键盘上输入任意一个算术运算算式,例如,输入 3+5,程序输出计算结果 3+5=8。注意,运算符只能是加(+)、减(-)、乘(*)、除(/)四种,使用其他符号,程序提示出错。

4. 键盘输入一个整数,用英文显示它的每一位数字,例如,用户输入 392,程序显示 three nine two。

5. 输入一个自然数 n,求它是几位数,并按逆序输出各位数字。例如,输入 123,输出为 321。

6. 编程计算 $1+3+5+7+\cdots+99$ 的值。

7. 计算 $1-1/2+1/3-1/4+\cdots+1/99-1/100+\cdots$,直到最后一项的绝对值小于 10^{-4} 为止。

8. 任意输入 20 个整数,计算:①正数的个数和正数的和;②负数的个数和负数的和。

9. 打印输出由 1、2、3、4 四个数字组成的 4 位数,并统计它的个数(**允许该 4 位数中有相同的数字,例如 1111、1122、1212 等**)。

10. 打印输出所有的"水仙花数",所谓的"水仙花数"是指一个 3 位数,其各位数字的立方和等于该数本身。例如,153 是一个"水仙花数",因为有 153＝1＊1＊1＋5＊5＊5＋3＊3＊3。

11. 输入一行字符,以回车符结束,统计出其中英文字母、空格、数字和其他字符的个数。

12. 一小球从 100m 高度自由落下,每次落地后反跳回原高度的一半,再落下。求它在第 10 次落地时,共经过多少 m? 第 10 次反弹多高?

13. 用循环语句编写程序,打印以下图案。

```
    *                1 1 1 1 1 1 1 1 1
   * * *              2 2 2 2 2 2 2
  * * * * *            3 3 3 3 3
   * * *                4 4 4
    *                    5
```

14. 编程实现,将一张面值为 100 元的人民币等值换成 100 张 5 元、1 元和 0.5 元的零钞,要求每一种零钞不少于 1 张,输出各种兑换组合。

第5章

构造数据类型——数组

学习目标

理解数组的意义及数组元素在内存中的存放顺序。掌握数组的定义、初始化和数组元素的引用方法。掌握一维、二维数组的使用,学会查找、排序、求极值等数据处理的一般方法。理解字符数组的概念及字符串的意义,掌握字符数组的定义及初始化,了解字符串在内存的表示,熟悉字符串的应用。

重点、难点

重点:数组类型和数组名的理解,数组元素的引用和字符串应用。

难点:二维数组的理解与应用,批量数据处理及字符串的处理。

5.1   数组的概念

前几章已经学习了 C 语言提供的基本数据类型,如整型、实型和字符型等,用这些基本数据类型完成少量数据的处理,显得游刃有余。但在实际问题中,经常需要对批量数据进行处理,此时用基本数据类型就显得心有余而力不足了。

例如,编程实现输入 30 名学生的成绩,计算平均分、最高分,并按从高到低的顺序排列成绩。处理这个问题,且不说算法如何实现,首先必须把 30 个学生的成绩逐一保存下来,若用基本数据类型处理,为保存 30 个学生的成绩,需要定义 30 个整型变量,需要用 30 个变量名,比如,"int score1,score2,score3,…,score30;"。注意,C 程序中是不能使用省略号的,故这里需要逐一写出 30 个变量名。这种用基本数据类型逐一定义的方式,过于繁琐又容易出错,特别是随着学生人数逐步增加到 50、80、100 或者更多,就近乎于无法操作了。因此,C 语言引入了数组类型,用来存放相同类型的批量数据,数组能很好解决此类问题(**具体的程序实现详见 5.5 节例 5.12**)。

C 语言中的数据类型分为基本数据类型、构造数据类型、指针类型和空类型。整型、实型、字符型等数据类型是基本数据类型,而数组则是构造数据类型,它是具有相同数据类型且按一定次序排列的一组变量的集合,用于实现对批量同类数据的处理。构成数组的这些变量称为数组元素,它们具有统一的名称和各自的排列顺序,这个统一的名称被称为数组名,各自的排列顺序称为下标,利用数组名和下标就可以唯一定位数组中的一个元素。

有了数组类型，要保存 30 名学生的成绩，就可以通过定义一个数组变量来实现。数组变量的定义为：int score[30]，这里的数组名为 score，数组元素共 30 个，它们是score[0]、score[1]、score[2]、…、score[29]。如果学生人数增加，比如，加到 100 人，只要调整人数，定义改为 int score[100]即可。把数组与循环操作结合起来，就能方便地处理批量同类数据。

在 C 语言中，按照数组元素类型的不同，可把数组分为整型数组、实型数组、字符型数组等；按照数组名后面所跟下标个数的不同，又可以将数组分为一维数组、二维数组和多维数组。下面从一维数组开始详细讨论数组的定义和使用。

5.2 一 维 数 组

5.2.1 一维数组的定义与初始化

1. 一维数组的定义

数组名后面只有一个下标（即一对方括号）的数组，称为一维数组，它是最简单的数组。在 C 语言中，定义一维数组的一般形式为：

> 数据类型 数组名[元素个数];

其中，数据类型是该数组全体数组元素的类型；数组名是数组变量的名称，即由数组元素组成的集合体的名称，其命名规则和变量的命名规则相同，是一个合法的标识符；元素个数用整型常量表达式表示，也称为数组长度。例如语句：

```
int num[10];
```

定义了名称为 num 的一维整型数组，该数组含有 10 个数组元素，下标从 0 开始，分别为num[0]、num[1]、…、num[9]，这些数组元素都是整型变量，只能存放整型数据。

定义数组时应注意：

① 数组名后面必须是方括号，不能用圆括号。比如，"int num(10);"是错误的。

② 数组元素个数为整型常量或整型常量表达式，其值必须≥1，但决不能含有变量，比如，下面写法是错误的。

```
int n;
scanf("%d",&n);
int a[n];              //错!因 n 是变量
```

③ 一维数组的数组元素只有一个下标，下标从 0 开始，最后一个元素的下标为元素个数减 1。上例中，num 数组有 10 个元素，最后一个数组元素的下标为 9。

④ C 语言的编译系统将为数组在内存中分配一段连续的存储空间，用来顺序存放数组中的各个数据元素，并用数组名来表示该数组存储空间的首地址，也就是整个数组的首

地址。

　　例如,前面定义 num 数组后,编译系统将为 num 数组在内存中分配连续 10 个 int 型存储单元(按照 VC 编译系统,每个 int 型存储单元占 4 个字节,整个数组共占 40 个字节),以递增次序连续存放 num 数组的 10 个数据元素,即 num[0]~num[9]。而 num 代表 num 数组的首地址,也就是 num[0]存储单元的地址,如图 5.1 所示。

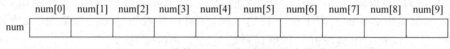

図 5.1　一维数组 num 分配的连续存储单元

　　特别要提醒的是,数组名 num 代表该数组的首地址,是一个地址常量,不得改动。

2. 一维数组的初始化

　　当编译系统为所定义的数组在内存中分配一段连续的存储单元时,这些存储单元中并没有确定的值。数组的初始化,是指在定义数组的同时直接对数组元素赋予初始值。一维数组初始化的一般形式如下:

> 数据类型 数组名[元素个数]={初值 1,初值 2,…};

　　数组元素初始化的初值用一对花括号括起来,初值的类型必须与数组定义中的数据类型一致,各初值之间用逗号隔开,系统将按照先后顺序依次把初值赋给各个数组元素。

　　例如,"int a[5]={1,2,3,4,5};"表示把初值 1、2、3、4、5 依次赋给 a[0]、a[1]、a[2]、a[3]、a[4]。

　　相当于执行下列语句序列:

```
int a[5]; a[0]=1; a[1]=2; a[2]=3; a[3]=4; a[4]=5;
```

　　在实际使用中,C 语言数组的初始化可分为以下几种情况。

　　① 对一维数组的所有元素进行初始化,即初始化时给定的初值个数与数组所含元素个数相等,那么数组元素被赋予的初始值与花括号中给定的值一一对应。例如,语句"int num[10]={10,20,30,40,50,60,70,80,90,100};"定义了整型数组 num,且数组元素 num[0]、num[1]、…、num[8]、num[9]的初值分别为 10、20、…、90、100,如图 5.2 所示。

	num[0]	num[1]	num[2]	num[3]	num[4]	num[5]	num[6]	num[7]	num[8]	num[9]
num	10	20	30	40	50	60	70	80	90	100

図 5.2　一维数组 num 的初始化结果

　　② 对一维数组的部分元素进行初始化,即初始化时花括号内给定的初值个数少于数组所含元素的个数,例如,执行"int num[10]={10,20,30};",将使 num 数组的 num[0]=10,num[1]=20,num[2]=30,而对于后面 7 个未赋初始值的元素 num[3] ~ num[9],按照标准 C 语言的规定其值待定,但在 VC++ 6.0 中,这些未被初始化的数组元素将被默认赋值为 0。因此,在 VC++ 6.0 中,若要使数组元素全部置 0,数组定义可以简写为:

"int num[10]={0};",它相当于："int num[10]={0,0,0,0,0,0,0,0,0,0};"。

③ 省略数组元素个数的初始化，也就是定义数组时，去掉[]中的元素个数（即整型常量表达式），以初始化时给定的初值个数来决定数组元素的个数。例如，语句"int num[]={10,20,30,40,50};"定义的 num 数组含有 num[0]、num[1]、num[2]、num[3]、num[4] 5 个元素，它们的初值依次为 10、20、30、40 和 50。

④ 静态数组定义时系统将自动给该数组的所有元素赋 0 值，也称为清零。因此，程序员只需对静态数组的部分元素进行初始化，例如，语句"static int num[5]={10,20};"。

所谓静态数组，是指存储类型为 static 的数组，也就是在数组定义时，数据类型前面加上关键字 static。对于这类静态数组，C 语言将其所有元素的初始值自动设置为 0，而对普通数组不设置。也就是说，静态数组定义后，其数组元素已经有初值，可以直接使用；而普通数组定义后，必须对其数组元素先做初始化后才能使用。

还有几点提醒注意：

① C 语言规定数组只有在其元素被初始化时才可整体赋值，否则必须在程序中逐个对数组元素进行赋值。例如，用以下方式对数组元素进行赋值，是错误的。

```
int num[5];
num[5]={10,20,30,40,50};
```

② 对数组初始化时，花括号内初值的个数不能超过数组元素的个数，否则会出错。例如，语句"int a[3]={1,2,3,4};"定义 a 数组有 3 个元素，而初始化给了 4 个初值，是错误的。

③ 对数组初始化时，允许省略对后部若干连续元素的初始化，但不允许省略对中间或前部元素的初始化，否则会出错。例如语句"int a[5]={1,2,3};"是正确的，而语句"int a[5]={1,,,,5};"或"int a[3]={,,3,4,5};"都是错误的。

5.2.2　一维数组的引用

与其他基本数据类型变量一样，数组必须先定义后引用。对数组的引用一般是对数组元素的引用而不是对数组进行整体引用。一维数组元素的一般引用形式是：**数组名[下标]**。

数组元素的下标必须是一个整型表达式，取值范围为[0，数组长度−1]。数组元素和普通变量一样，可以出现在任何合法的 C 语言表达式中，下列引用方式皆为合法：

```
int a[8],m=1;
scanf("%d",a);        //从键盘输入 1 个整数赋给 a[0],此句等价于 scanf("%d",&a[0]);
                      //因数组名代表数组的首地址,也就是 a[0]的地址
scanf("%d",&a[2]);    //从键盘输入 1 个整数赋给 a[2]
a[1]=2;
a[7]=a[1]+a[a[1]]+a[m];
printf("%d",a[5-3*2+1]);    //输出变量 a[0]的值
```

而下列则是非法的引用：

```
#define size 5
int b[size],c[5],i;
scanf("%d",&b);              //作为整体输入是错误的,只能输入 1 个整数赋值给 b[0]
b[2]=b[0]+b[3*2-1];          //下标越界,出错
printf("%d",b);             //作为整体输出是错误的,这里输出的只是数组 b 的首地址
printf("%d",b[size]);       //下标越界,出错
c=b;                        //整体赋值,出错
```

这些都是初学者在编程过程中容易出现的错误。因为 C 语言规定不能一次引用整个数组,只能逐个引用数组元素,也就是说,除了字符数组(详见 5.4 节)外,对其他类型的数组都不能进行整体输入或输出,且对任何类型的数组都不能进行整体赋值(初始化除外)。因此,上例中"scanf("%d",&b);"、"printf("%d",b);"、"c=b;"等企图对数组做整体操作的语句都是错误的,对数组的整体操作往往借助循环语句实现,正确的语句如下:

```
for(i=0;i<size;i++)
    scanf("%d",&b[i]);      //从键盘输入 5 个,依次存入数组 b 的 5 个元素中
for(i=0;i<size;i++)
    printf("%d",b[i]);     //依次输出数组 b 的 5 个元素
for(i=0;i<size;i++)
    c[i]=b[i];             //把数组 b 的 5 个元素按下标顺序赋给对应的数组 c 的 5 个元素
                           //相当于: c[0]=b[0],c[1]=b[1], c[2]=b[2],c[3]=b[3], c[4]=b[4];
```

还有,要区别上例中定义数组的语句里出现的 b[size]和后面 printf 语句里出现的 b[size]含义上的不同。前一个 size 表示所定义的数组 b 包含的元素个数,也就是数组的长度,而后一个 size 代表的是数组元素的下标,也就是对数组元素 b[size]的引用;但因 C 语言中元素下标的取值范围是 0～size−1,故导致了下标越界的错误。

提醒注意的是,在 C 程序的编译和执行过程中,系统不检查数组的下标是否越界,一旦出现越界,程序将访问数组以外的内存空间,这种访问十分危险,可能造成未知的严重后果。因此,编程时一定要保证数组元素的下标不能越界。

5.2.3 一维数组的应用

一维数组是程序设计中经常用到的数据结构,主要用于对批量数据的处理,比如求一组数的平均值、查找特定的数值、将它们有序排列等。查找、排序等常用算法的实现都基于数组和循环控制的配合,下面通过几个实例来学习一维数组的应用。

【例 5.1】 从键盘输入 10 个整数,分别统计其中奇数和偶数的个数并输出。

分析:据题意,定义含有 10 个元素的一维整型数组 data,保存要处理的 10 个整数;定义两个整型变量 count1、count2 作为计数器,分别用于保存奇数和偶数的个数;算法实现上,先用单循环控制从键盘逐一输入 10 个整数,并依次存入 data 数组的各元素中,其

中循环控制变量 i,就是数组元素的下标;接下来还是用单循环通过循环控制变量 i,对
data 数组的所有元素进行遍历操作(**即从头到尾将数组元素搜索一遍**),若数组元素 data[i]
能被 2 整除,则偶数计数器 count2 加 1,否则奇数计数器 count1 加 1;最后输出两个计数
器的值。

```c
//代码段 c5-1-1.c
#include <stdio.h>
main()
{
    int i,count1=0,count2=0;      //计数器清零
    int data[10];
    for(i=0;i<10;i++)
        scanf("%d",&data[i]);
                              //输入 10 个整数,依次存入 data[0],data[1],…,data[9]
    for(i=0;i<10;i++)
    {   if(data[i]%2==0)
            count2++;                 //数组元素是偶数,偶数计数器 count2 加 1
        else
            count1++;                 //数组元素是奇数,奇数计数器 count1 加 1
    }
    printf("偶数个数为: %d\n",count2);
    printf("奇数个数为: %d\n",count1);
}
```

思考:若改求奇数、偶数之和或奇数、偶数的平均值又该如何修改程序呢?

【例 5.2】 用数组重写例 4.23,即输出 Fibonacci 数列前 12 个数,并按每行 4 个数分
行输出。

分析:定义一个 12 个元素的一维整型数组 f,依次保存前 12 个 Fibonacci 数;算法的
关键是递推公式,即第 i 个数是第 i-1 个数和第 i-2 个数之和,用数组元素表示为:
f[i]=f[i-1]+f[i-2]。注意,数组的下标从 0 开始,已知 f[0]=1,f[1]=1。

```c
//代码段 c5-2-1.c
#include <stdio.h>
#define N 12
main()
{   int i;
    int f[N]={1,1};                //初始化,设置第 1、第 2 个 Fibonacci 数
    for(i=2;i<N;i++)
        f[i]=f[i-2]+f[i-1];        //产生下一个 Fibonacci 数
    /* 输出结果 */
    for(i=0;i<N;i++)
    {   printf("%10d",f[i]);
        if((i+1)%4==0) printf("\n");     //控制换行
    }
}
```

注意,代码段 c5-2-1 中,编者有意使用预编译命令 ♯define 定义的符号常量 N 来替代 12(有关符号常量详见 2.2.2 节),其目的是增强程序的可维护性,比如,若本例改为求前 30 个 Fibonacci 数,只要把程序代码中的 12 改为 30 即可。

【例 5.3】 从键盘上输入 10 个实数存入数组,查找 10 个实数中的最大值及其所在位置。

分析:据题意,定义含有 10 个元素的一维实型数组 x,用于保存输入的 10 个实数;定义实型变量 max 用于保存最大值,定义整型变量 id 用于保存最大值在数组中的下标。算法实现上,采用打擂台的方式,先指定 x[0] 为擂主,即 max＝x[0],同时用 id＝0 记下 x[0] 在数组中的下标 0;然后通过循环控制变量 i,将 x 数组中的其他元素,依次与擂主 max 比较,如果 x[i]＞max,则 x[i] 升为擂主,即 max＝x[i],同时用 id＝i 记下 x[i] 在数组中的下标 i;从头到尾将数组元素比较一遍,最后存放在 max 中的一定是最大值,而 id 中存放的是最大值在数组中的下标。鉴于 C 语言中数组元素的下标都是从 0 开始记,故最大值在这组实数中的所在位置为 id＋1。

```
//代码段 c5-3-1.c
#include <stdio.h>
#define N 10
main()
{
    float x[N],max;
    int i,id;
    for(i=0;i<N;i++)                //输入 10 个实数,依次存入 x[0],x[1],…,x[9]
        scanf("%f",&x[i]);
    max=x[0],id=0;                  //先设 x[0] 为最大值
    for(i=1;i<N;i++)                //依次比较各元素,找出最大值 max 及对应的元素下标 id
        if(x[i]>max){ max=x[i], id=i; }
    printf("最大值为: %.2f,是第%d 个数。\n",max,id+1);
                                    //最大值所在位置为元素下标 id 加 1
}
```

代码段 c5-3-1 中,查找最大值时用了两个变量,max 记录最大值(擂主),id 记录最大值对应的元素下标。实际上,只要用一个变量 k 记住最大值(擂主)对应的下标,就可解决这个问题,具体程序如下:

```
//代码段 c5-3-2.c
#include <stdio.h>
#define N 10
main()
{
    float x[N];
    int i,k;
    for(i=0;i<N;i++)
```

```
            scanf("%f",&x[i]);
    k=0;                                //先设 x[0]为最大值(擂主),k 记住擂主下标 0
    for(i=1;i<N;i++)                    //依次比较各元素,找出最大值对应的元素下标 k
        if(x[i]>x[k]) k=i;
                        //元素 x[i]大于擂主 x[k]时,x[i]升为擂主,用 k=i 记住擂主下标 i
    printf("最大值为:%.2f,是第%d 个数。\n",x[k],k+1);
}
```

请思考：若改为找出最小值或者查找指定数值,程序应该如何修改？

【例 5.4】 用选择法对 10 个整数进行从小到大的排序。

分析：程序设计中实现数据排序的方法很多,选择法是其中一种。选择法的基本思想：先把要排序的一组数(**设为 N 个**)放在数组 a 中,首先找到最小的数,然后将这个数同第一个数交换位置；接下来找第二小的数,再将其同第二个数交换位置,以此类推,对 N 个数的排序,需要找 N−1 次,若用整型变量 i 控制 N−1 次的查找、交换,算法基本框架为：

```
for(i=0;i<N-1;i++)
{
    在 a[i]~a[N-1]中找出最小的数 a[min];
    if (min!=i) 则 a[i]与 a[min]交换位置;
}
```

上面的循环体中,需要增加一个内循环,用以查找数组中的最小值,并记下最小值在数组中的位置 min,用整型变量 j 控制内循环的次数,其算法与查找最大值的例 5.3 类似。要注意的是,内循环查找最小值的起始位置是从 i 到数组末尾 N−1,随着外循环 i 值的变化,内循环查找范围在逐步缩小,也就是说,每次内循环是从剩下的数组元素中重复查找最小值的操作。

```
//代码段 c5-4-1.c
#include <stdio.h>
#define N 10
main()
{
    int i,j,min,temp;
    int a[N]={4,2,5,9,0,1,8,6,3,7};
    for(i=0;i<N-1;i++)
    {
        min=i;
        for(j=i;j<N;j++)        //在 a[i]~a[9]中找出最小值 a[min]
            if(a[min]>a[j]) min=j;
        if (min !=i)            //最小值不是 a[i]时,a[min]与 a[i]交换
            temp=a[min], a[min]=a[i],a[i]=temp;
    }
    for(i=0;i<10;i++)           //输出排序后的数组
        printf("%3d",a[i]);     //输出为: 0 1 2 3 4 5 6 7 8 9
```

```
        printf("\n");
    }
```

【例 5.5】 使用冒泡法对 10 个整数进行从小到大排序。

分析：排序算法有多种，前面使用的选择法属于选择排序，本例使用的冒泡法则属于交换排序。交换排序就是通过不断交换相邻两个元素的位置，实现排序。

冒泡法的基本思想是：把要排序的 N 个数，竖立起来，放在不同的层次上，理解为 N 层；从第一层开始，依次比较相邻两层的数，若不符合从小到大的顺序，则交换两个数的位置，一趟下来，最大的数落在了最底层；照此方式重复执行，小数不断上升，大数不断下降，每一趟都能确定一个较大数；因此，对 N 个数的排序，这种相邻数据的不断交换，只要执行 N−1 趟，排序即可完成。本例中，对 10 个数排序共需 9 趟。

算法的实现需要设置两个循环控制变量，外循环 i，控制排序趟数，共需 9 趟，即 $0 \leqslant i < 9$；内循环 j，控制每一趟排序中，相邻两个数的比较次数，对于本例 10 个数的排序，每一趟执行的比较次数不会大于 9，又因每执行一趟排序都能确定一个较大数，从而内部比较次数会随着趟数 i 的增加而不断减少，故 $0 \leqslant j < 9 - i$。

冒泡排序的具体过程如图 5.3 和图 5.4 所示。图 5.3 给出了在第一趟排序中，相邻两个数的比较及交换的详细变更情况；图 5.4 给出的是每一趟排序的结果。观察图 5.4 可以看到，在排序过程中，大数不断下降，小数不断上升，如同水中气泡一样，最小数 0 最终上浮到顶层，所以这种排序被称为冒泡排序。

```
a[0] 4 2 2 2 2 2 2 2 2          a[0] 4 2 2 2 0 0 0 0 0
a[1] 2 4 4 4 4 4 4 4 4          a[1] 2 4 4 0 1 1 1 1 1
a[2] 5 5 5 5 5 5 5 5 5          a[2] 5 5 0 1 2 2 2 2 2
a[3] 9 9 9 9 0 0 0 0 0          a[3] 9 0 1 4 4 3 3 3 3
a[4] 0 0 0 0 9 1 1 1 1          a[4] 0 1 5 5 3 4 4 4 4
a[5] 1 1 1 1 1 9 8 8 8          a[5] 1 8 6 3 5 5 5 5 5
a[6] 8 8 8 8 8 8 9 6 6          a[6] 8 6 3 6 6 6 6 6 6
a[7] 6 6 6 6 6 6 6 9 3          a[7] 6 3 7 7 7 7 7 7 7
a[8] 3 3 3 3 3 3 3 3 9 7        a[8] 3 7 8 8 8 8 8 8 8
a[9] 7 7 7 7 7 7 7 7 9          a[9] 7 9 9 9 9 9 9 9 9
i=0 j=0 1 2 3 4 5 6 7 8 9<9-i      i= 0 1 2 3 4 5 6 7 8<9
```

图 5.3 冒泡法第一趟排序示意图   图 5.4 冒泡法九趟排序结果

```
//代码段 c5-5-1.c
#include <stdio.h>
main()
{
    int i,j,temp;
    int a[10]={4,2,5,9,0,1,8,6,3,7};
    for(i=0; i<9;i++)                   //外循环,控制排序趟数
    {  for(j=0; j<9-i ; j++)            //由于大数不断下沉,后续循环范围不断缩小
        if(a[j]>a[j+1])                 //若后数<前数,则两数交换位置
            temp=a[j],a[j]=a[j+1],a[j+1]=temp;
    }
    for(j=0;j<10;j++)                   //输出排序结果
```

```
        printf("a[%d]=%d\n",j,a[j]);
    }
```

仔细观察图 5.4 发现,本例中,经过 5 趟(0≤i<5)排序后,10 个整数就已经按从小到大的顺序排好了,后面 4 趟(5≤i<9)排序做的是无用功,如何改进算法?前面讲过,冒泡法是通过不断交换相邻两个元素的位置实现排序的,交换的前提是相邻两个元素不符合要求的顺序。照此算法,如果一趟排序下来,一次交换都没发生,则说明数列已经符合要求的顺序,排序已完成。按照这个思路,在程序中增加一个标识变量 flag,用以记录一趟排序中的交换次数,若一趟排序中一次交换都没发生,便可终止循环。修改后的程序如下。

```
//代码段 c5-5-2.c
#include <stdio.h>
main()
{
    int i,j,temp,flag=1;              //flag 记录每趟排序的交换次数
    int a[10]={4,2,5,9,0,1,8,6,3,7};
    for(i=0; flag && i<9;i++)         //控制排序趟数,不超过 9 趟且上趟排序有交换
    {  flag=0;                        //进入下一趟排序前 flag 清零
        for(j=0; j<9-i ; j++)
            if(a[j]>a[j+1])           //若后数<前数
        { temp=a[j],a[j]=a[j+1],a[j+1]=temp;   //则两数交换位置
            flag++;                   //交换一次,flag 加 1
        }
    }
    for(j=0;j<10;j++)
        printf("a[%d]=%d\n",j,a[j]);
}
```

5.3 二维及多维数组

5.3.1 二维数组的定义与初始化

1. 二维数组的定义

5.2 节介绍的数组只有一个下标,称为一维数组。数组名后有两个下标(即两对方括号)的数组称为二维数组,定义二维数组的一般形式为:

> 数据类型 数组名[行数][列数];

其中,数据类型是该数组全体数组元素的类型;数组名是数组变量的名称,是一个合法的标识符;行数表示第一维下标的长度,列数表示第二维下标的长度,和一维数组定义中的

元素个数类似,这里的行数、列数也是整型常量或整型常量表达式,其值必须≥1。

二维数组可近似看成由若干行和若干列组成的一块数据区域,如同矩阵。二维数组的元素个数等于行数的值乘以列数的值。与一维数组一样,二维数组中元素的行、列下标也都从 0 开始。例如:

```
int a[2][5];
```

以上语句定义了名称为 a 的二维整型数组,该数组可看成 2 行、5 列的一块数据区域,含有 2×5 共 10 个元素,a 数组的行、列下标都从 0 开始,行下标为 0、1,列下标为 0、1、2、3、4。a 数组的 10 个元素都是整型变量,它们是:

$$a[0][0]、\quad a[0][1]、\quad a[0][2]、\quad a[0][3]、\quad a[0][4]$$
$$a[1][0]、\quad a[1][1]、\quad a[1][2]、\quad a[1][3]、\quad a[1][4]$$

二维数组在定义时虽可看成由行、列组成的一块数据区,但实际上二维数组在计算机内存中的存放顺序和一维数组一样,C 语言的编译系统也为二维数组在内存中分配一段连续的存储空间,并按行的顺序存储数组中的各个元素,即先存放第 1 行元素,再存放第 2 行元素,而各行中的每个元素按列的顺序进行存放。上例中二维数组 a 的 10 个元素在内存中的存储顺序如图 5.5 所示,其中数组名 a 代表整个数组的首地址。

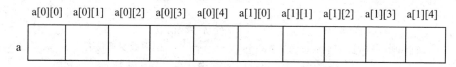

图 5.5　二维数组 a 中各元素的存储顺序

实际上,还可以把二维数组理解为一种特殊的一维数组,也就是通过分解和降维的方法把二维数组看作多个同长度、同类型的一维数组的组合,这个一维数组的每一个元素又是一个一维数组。例如,上述的二维数组 a,可看作是具有 a[0]、a[1] 这两个元素组成的一维数组,而 a[0]、a[1] 又是具有 5 个元素的一维数组,即:

一维数组 a[0]:a[0][0],a[0][1],a[0][2],a[0][3],a[0][4]
一维数组 a[1]:a[1][0],a[1][1],a[1][2],a[1][3],a[1][4]

这种降维方法同样适用于后面的多维数组,也有助于理解数组的存储形式和数组的初始化。

2．二维数组的初始化

二维数组的初始化,也就是二维数组元素的初始化,分为顺序初始化和分行初始化两种形式。

（1）顺序初始化

顺序初始化就是按数组元素在内存中的存放顺序将放在{}中的初始值依次赋给各个元素,也就是按行赋值,其一般形式为:

数据类型 数组名[行数][列数]={值 1,值 2,…,值 n,…};

例如：

```
int data[2][3]={1,2,3,4,5,6};
```

此语句将{ }中的数值 1、2、3、4、5 和 6，依次赋给数组元素 data[0][0]、data[0][1]、data[0][2]、data[1][0]、data[1][1]和 data[1][2]。

又如：

```
int x[3][3]={1,2,3,4};
```

此语句实现部分数组元素的初始化，遵循按行赋值的规则，把{ }中的数值 1、2、3 和 4，依次赋给了 x[0][0]、x[0][1]、x[0][2]和 x[1][0]。

注意：{ }中初始值的个数不能超过数组元素的个数，否则编译系统将提示出错。

(2) 分行初始化

与顺序初始化相比，是在{ }内部再用{ }把各行的初始值划分开，每一对{ }里的初始值对应一行数组元素，这样划分界限清晰，不易出错。分行初始化的一般形式如下：

> 数据类型 数组名[行数][列数]={{值表 1},…,{值表 n},…};

例如：

```
int data[2][3]={{1,2,3},{4,5,6}};
```

此语句把第一对{ }中的值 1、2 和 3 依次赋给第 0 行的元素 data[0][0]、data[0][1]和 data[0][2]；第二对{ }中的值 4、5 和 6 依次赋给第 1 行的元素 data[1][0]、data[1][1]和 data[1][2]。

注意：在分行初始化时，每对{ }中的数值个数不能超出该数组的列数，否则编译报错。

与顺序初始化一样，分行初始化也允许对数组做部分初始化。例如：

```
int x[3][3]={{1,2},{4,5,6}};
```

此语句合法，第一对{ }中的值 1 和 2 依次赋给第 0 行的元素 x[0][0]和 x[0][1]；第二对{ }中的值 4、5 和 6 依次赋给第 1 行的元素 x[1][0]、x[1][1]和 x[1][2]。而下列对数组元素的初始化皆是非法的。

```
int x[3][3]={{1,2,3},{},{4,5,6}};      //{}错,中间列不能缺省
int x[3][3]={{1,,3},{4,5,6}};          //,,错,中间元素不能缺省
int x[3][3]={{1,2},{4,5,6,7},{8}};     //{4,5,6,7}错,初值个数大于列数
```

还有两点提醒注意：

① 在 VC++6.0 中，与一维数组相同，对二维数组做部分数组元素的初始化时，那些未被初始化的数组元素将由系统自动赋值为 0，以上定义语句"int x[3][3]={{1,2},{4,5,6}};"的初始化结果如图 5.6 所示。因此，要使数组 x 的元素全部清 0，直接用"int x[3][3]={0};"即可实现。

② 定义二维数组可以省略行长度进行初始化，但不能省略列长度。因为 C 编译器会

	x[0][0]	x[0][1]	x[0][2]	x[1][0]	x[1][1]	x[1][2]	x[2][0]	x[2][1]	x[2][2]
x	1	2	0	4	5	6	0	0	0

图 5.6　二维数组 x 的初始化结果

根据初始值的总数和列长度计算出行长度,从而确定数组的大小;而若省略列长度,C 编译器将无法确定每行存储多少个元素,从而无法确定数组的大小。

例如:

```
int num[][3]={1,2,3,4,5,6,7,8};        //正确,可确定该数组3行3列,共9个元素
int num[3][]={1,2,3,4,5,6,7,8};        //错误,列数不定,无法确定数组大小
```

5.3.2　二维数组的引用

同一维数组一样,引用二维数组也就是引用它的数组元素。二维数组的数组元素带有两个下标,其一般形式是:

数组名[行下标][列下标]

这里的行下标、列下标必须为整数或整型表达式,行下标的取值范围为[0,行数−1],列下标的取值范围为[0,列数−1],不允许下标越界。二维数组元素也和普通变量一样,可以出现在任何合法的 C 语言表达式中。

例如,已定义"int a[3][4],i=2,j=3;",则 a[0][0]、a[2][j−i]、a[1][1+2] 和 a[i][j] 等都是数组元素的合法引用;而 a[0][i+2]、a[1][4]、a[2.5][3]、a[j][i]、a[1,2] 和 a(2)(3) 等则是非法引用。要强调一下,C 编译器不检查数组下标是否越界,编程者要自己确认数组元素的正确引用,确保下标不能越界。

同一维数组一样,二维数组也不能整体引用,除了整体初始化外,不能用一条语句输入、输出整个数组或对数组整体赋值。二维数组的输入、输出通常用双重循环实现,例如,已定义二维数组 a,可用如下语句从键盘依次为 a 的数组元素输入数据:

```
int a[3][4],i,j;
for(i=0;i<3;i++)
    for(j=0;j<4;j++)
        scanf("%d",&a[i][j]);
```

5.3.3　二维数组的应用

【例 5.6】　输入一个 3×4 的整数矩阵,编写程序求矩阵中所有元素之和。

分析:矩阵是二维数据结构,有行、列之分,正好适合用二维数组处理。本题要求从键盘输入矩阵元素,用双重循环实现矩阵元素的输入;还需设置一个累加器,用于对矩阵元素求和,需要对矩阵元素做一次从头到尾的遍历操作,按照行的顺序进行,同样可用双

重循环解决。

```
//代码段 c5-6-1.c
#include <stdio.h>
main()
{
    int a[3][4],i,j,sum=0;
    printf("请输入 12 个矩阵元素!\n");
    for(i=0;i<3;i++)                    //按行的顺序逐个输入矩阵元素
        for(j=0;j<4;j++)
            scanf("%d",&a[i][j]);
    for(i=0;i<3;i++)                    //按行遍历矩阵,累加矩阵各元素
        for(j=0;j<4;j++)
            sum+=a[i][j];
    printf("sum=%d\n",sum);             //输出矩阵元素之和
}
```

【例 5.7】 自动形成下列矩阵,求出主对角线上各元素之和,并输出该矩阵。

$$
A = \begin{bmatrix} 1 & 2 & 3 & 4 & 5 \\ 6 & 7 & 8 & 9 & 10 \\ 11 & 12 & 13 & 14 & 15 \\ 16 & 17 & 18 & 19 & 20 \\ 21 & 22 & 23 & 24 & 25 \end{bmatrix}
$$

分析:本题分三步实现:①首先要自动生成矩阵元素,为此需要找到矩阵元素的分布规律。观察可知,该矩阵很有规律,其矩阵元素由 25 个自然数组成,按照行的顺序依次摆放,因此,算法比较简单,设置一个整型变量 n 作为自然数生成器,用双重循环对矩阵进行一次遍历,n 的初值置为 0,每次循环执行 n++后把 n 值依次赋给矩阵元素即可;②求主对角线上各元素的和,主对角线是指矩阵左上角到右下角的线,而主对角线上各元素的特征是,所有元素都满足行、列下标相同的条件,这样用一个双重循环,通过条件语句判断确定累加项,即可实现;③矩阵的输出,直接用双重循环遍历矩阵元素,依次输出各元素即可。注意,矩阵必须按照行、列格式输出,所以,不要忘记在每行元素输出后,输出一个换行符。

```
//代码段 c5-7-1.c
#include <stdio.h>
main()
{
    int A[5][5],i,j,n,sum;
    n=0; sum=0;
    for(i=0;i<5;i++)                    //自动生成矩阵 A
        for(j=0;j<5;j++)
        {
            n++;
            A[i][j]=n;
        }
    for(i=0;i<5;i++)
```

```
        for(j=0;j<5;j++)
            if(i==j) sum+=A[i][j]; //累加主对角线上的元素
    printf("主对角线上各元素的和 sum=%d\n",sum);
    printf("\n 生成的矩阵为：\n");
    for(i=0;i<5;i++)
    {
        for(j=0;j<5;j++)
            printf("%5d",A[i][j]);
        printf("\n");
    }
}
```

请思考：如何对程序稍加修改，使自动生成下列矩阵，或是将原有矩阵转置为下列矩阵。

$$
A = \begin{bmatrix}
1 & 6 & 11 & 16 & 21 \\
2 & 7 & 12 & 17 & 22 \\
3 & 8 & 13 & 18 & 23 \\
4 & 9 & 14 & 19 & 24 \\
5 & 10 & 15 & 20 & 25
\end{bmatrix}
$$

5.3.4　多维数组的理解

数组名后有 3 个或 3 个以上下标（即 3 对或 3 对以上方括号）的数组称多维数组，其定义形式与二维数组相似：

> 数据类型 数组名[常量表达式 1][常量表达式 2][常量表达式 3]…;

多维数组所含元素的总数是所有常量表达式值的乘积，各元素在内存中也是按"行"的顺序（也称"按行序优先"，即最右下标变化最快）存储，例如定义下列三维数组："int x[2][2][3];"，则数组 x 中有 2×2×3=12 个元素，它们在内存中的存储顺序分别为：

x[0][0][0]，x[0][0][1]，x[0][0][2]，x[0][1][0]，x[0][1][1]，x[0][1][2]
x[1][0][0]，x[1][0][1]，x[1][0][2]，x[1][1][0]，x[1][1][1]，x[1][1][2]

可以很容易分析出多维数组的各个元素在内存中存储顺序的规律。有关多维数组的初始化、引用和降维处理与二维数组相似，这里不再叙述。

5.4　字符型数组和字符串处理

5.4.1　字符型数组的概念与初始化

数据类型为字符型的数组称为字符型数组。字符型数组专门用来存储字符型数据，一个数组元素存放一个字符，一维字符型数组可以存放一个字符串，二维字符型数组可以

存放多个字符串,前面介绍的有关数组的定义和引用同样适用于字符型数组。例如:

```
char str[10];
```

定义了一个一维字符型数组 str,该数组含有 str[0]、str[1]、…、str[9] 共 10 个元素,每个元素都是一个字符型变量,可以通过下标变量 str[i] 引用,其中 $0 \leqslant i \leqslant 9$。字符型数组的初始化也与其他数组的初始化类似。例如:

```
char str[10]={'w','e','l','c','o','m','e'};      //指定数组长度
char str1[ ]={'h','e','l','l','o'};              //省略数组长度
```

以上采用两种方式对字符型数组做初始化。第一种指定了数组长度(**也就是元素个数**),分别将 7 个字符依次赋给相应的数组元素 str[0]~str[6],str[7]~str[9] 的值为未知;第二种省略了数组长度,直接由初始化的元素个数(**这里为 5 个初始值**)决定该字符数组的大小,所以数组 str1 的长度为 5,{ } 中的 5 个初始值依次赋给了 str1[0]~str1[4]。

要提醒注意的是,对于一个做了部分初始化的字符型数组,比如前面的 str,那些未被初始化的元素 str[7]~str[9] 按照标准 C 语言的规定其值是未知的,但在 VC++ 6.0 中,如同其他数组一样,它们由系统自动置为'\0',如图 5.7 所示。要说明的是,'\0'代表 ASCII 码为 0 的字符,是一个"空操作符",表示什么也不做,也称为空字符,不是空格字符(ASCII 码为 32),不要混淆。

str[0]	str[1]	str[2]	str[3]	str[4]	str[5]	str[6]	str[7]	str[8]	str[9]
w	e	l	c	o	m	e	\0	\0	\0

图 5.7 字符数组 str 初始化结果

5.4.2 字符串的概念与初始化

在 C 语言中,字符型是基本数据类型,用一对单引号(')括起来的单个字符称为字符常量,与字符常量相对应的有字符型变量;而用一对双引号(")括起来的字符序列,称为字符串常量,但 C 语言本身没有提供字符串类型,无法定义相应的字符串变量。没有字符串变量,却又允许使用这种字符串常量,那么如何存储这些字符串呢? C 语言中处理字符串要借助字符型数组,也就是说,字符串是通过字符型数组来存储和操作的。

1. 用一维字符型数组存储字符串

对于字符串常量,在前面 2.5 节中已经介绍,它是一对双引号括起来的字符序列,存储时系统会自动在字符串末尾加上'\0',作为字符串的结束标志。例如,字符串 "welcome" 由 7 个字符组成,但在存储时需要 8 个字符的存储空间,最后一个字符为字符串结束符'\0'。要提醒注意的是,虽然系统会在字符串后面加上一个结束标志'\0',但并不增加字符串的长度,因为字符串的长度被定义为串中有效字符的个数,故字符串 "welcome" 的长度是 7,因为每个字符占 1 个字节,该字符串所占的存储空间为 8 个字节(**字符串的长度加 1**)。

由于每个字符串通常在计算机内存中占用一串连续存储空间,借助字符型数组来存放字符串,也就是把字符串中的各个字符依次存放到字符型数组的各个元素中。请注意,鉴于字符串的特殊性,字符串的初始化和字符型数组的初始化是有区别的。例如:

```
char s1[10]={'w','e','l','c','o','m','e','\0'};
                                        //字符型数组 s1 存放了长度为 7 的字符串
char s2 [10]={'w','e','l','c','o','m','e'};  //字符型数组 s2 存放了 7 个单字符
```

这里对 s1 所做的初始化,是将有效字符和'\0'一起构成字符串"welocme"存入字符数组,这时内存中位于'\0'之后的数组元素的值无论为何值,均与该字符串无关。而对 s2 的初始化,只做了前 7 个元素,其他元素的值不能确定。图 5.8 和图 5.9 分别显示数组 s1 和 s2 在内存中的存储形式,但要提醒注意,图 5.8 和图 5.9 中的"未知值"在 VC++ 6.0 中将被系统自动清为'\0'(**详见 5.4.1 节**)。

s1[0]	s1[1]	s1[2]	s1[3]	s1[4]	s1[5]	s1[6]	s1[7]	s1[8]	s1[9]
w	e	l	c	o	m	e	\0	未知值	未知值

图 5.8　字符数组 s1 在内存中的存储形式

s2[0]	s2[1]	s2[2]	s2[3]	s2[4]	s2[5]	s2[6]	s2[7]	s2[8]	s2[9]
w	e	l	c	o	m	e	未知值	未知值	未知值

图 5.9　字符数组 s2 在内存中的存储形式

上面字符串的初始化采用的是对字符型数组逐个元素赋值,除此之外,也可以直接利用字符串常量对字符型数组进行初始化。例如:

```
char st1[10]={"welcome"};
char st2[10]="welcome";
char st3[]="hello!";
```

在初始化中出现的"welcome"、"hello!"都是字符串常量,系统会在字符串后面加上字符串的结束标志'\0'存储到对应的字符型数组中去,不必人为操作。正因为用字符型数组存储字符串时,系统会自动加上'\0',这就要求字符数组的长度至少为字符串长度加 1。还有,对于缺省数组长度定义的 st3,系统会按字符串实际所占的存储空间来定义数组的大小,这里字符型数组 str3 的长度定义为 7,即存放 6 个有效字符,加 1 个系统自动加上的'\0'。

以下几点提醒注意:

① 存放字符串的字符型数组必须足够大,这点在定义数组长度时要特别注意。例如:

```
char t[10]="This is test!";                          //错,字符串长度超出字符数组长度
```

尽管这条语句编译可以通过,但由于字符型数组 t 只能存储 10 个字符,存储空间不够,系统会把后面的 3 个字符及结束标志'\0'放在后续不属于 t 的存储单元中,虽然有时

也可能侥幸得到正确结果,但这种操作实际上会破坏其他程序和数据代码,将会带来不可预知的后果,必须杜绝。

② 不能直接用赋值语句把字符串常量整体赋给字符型数组。因为数组名 s 代表字符型数组的首地址,是一个地址常量,不得改动。例如:

```
char s[10];s="hello!";                    //错,s是数组名,不能重新赋值
char s[8],t[8]="hello!";s=t;              //错,s是数组名,不能重新赋值
```

③ 存放在字符型数组中的字符串的长度,是字符型数组首字符开始,直到第一个结束符'\0'之前的字符个数。例如有语句"char s[20]="This\0is\0test!";",字符型数组 s 中存放的字符串为"This",其长度为 4。

2. 用二维字符型数组存储字符串数组

所谓字符串数组就是数组中的每个元素又是一个存放字符串的数组。从前面对二维数组的分析可知,定义一个二维字符型数组,可以用来存放字符串数组。例如:

```
char ad[10][30];
```

二维字符型数组 ad 共有 10 个元素,每个元素可存放 30 个字符(**其中有效字符 29 个,最后一个存储单元留着存放'\0'**)。由此可知,二维字符型数组的第一个下标决定了字符串的个数,第二个下标决定了每个字符串的最大长度。对字符串数组的初始化和二维数组的初始化相似。例如:

```
char name[3][6]={"Tom","Jack","Mike"};
char name[][6]={"Tom","Jack","Mike"};
```

以上两条定义语句功能相同,都定义了 3 个字符串组成的字符串数组,其中,每个字符串的长度不超过 5 个字符。字符串数组中各元素的存储情况如图 5.10 所示。

name[0]	T	o	m	\0	
name[1]	J	a	c	k	\0
name[2]	M	i	k	e	\0

图 5.10　字符串数组 name 的存储形式

3. 字符串的一般操作

字符串存入字符型数组后,就可对该字符型数组进行操作了。对字符串的操作和对一般的字符数组的操作是有区别的。对字符型数组,因所含元素个数确定,一般直接用数组长度来限定下标的变化范围,控制结束某种操作。而对字符串,并没有给出有效的字符串长度,只规定字符串以'\0'作为结束符,在'\0'前面的为有效字符。因此,对字符串的操作处理,一般是通过判断'\0'前的元素个数来统计字符串的长度,在循环处理中通过判断数组元素值是否等于'\0'来确定是否到达字符串的结尾处,从而结束循环。

5.4.3 字符型数组的输入和输出

对字符型数组的输入和输出,与数值型数组相比,既相似又不同。相似在于,都是用循环语句,通过格式化输入输出函数 scanf 和 printf 依次逐个输入输出数组中的每个元素,只是字符型数组使用 scanf、printf 的格式符%c 或直接用单字符输入输出函数 getchar、putchar 来输入输出每个字符;不同在于对字符串可以整体输入输出,直接使用 scanf、printf 的格式符%s 或字符串输入输出专用函数 gets、puts 实现。以上这些函数都包含在头文件 stdio.h 中,下面分别简要介绍。

1. 字符型数组的输入、输出

字符型数组的输入、输出,就是其数组元素的逐一输入、输出。可借助循环语句,使用格式化输入输出函数 scanf、printf 的格式符%c,或直接用单字符输入输出函数 getchar、putchar 来输入输出每个字符元素。例如:

```
char list[10], str[20];   //定义两个字符型数组 list 和 str,长度分别为 10 和 20
int i;
for(i=0;i<10;i++)
scanf("%c",&list[i]);     //用 scanf 的%c 逐一读取从键盘输入的字符并依次存入 list
for(i=0;i<10;i++) printf("%c",list[i]);    //用 printf 的%c 逐个输出 list 中的字符
for(i=0;i<20;i++)
str[i]=getchar();         //用 getchar 逐一读取从键盘输入的字符并依次存入 str
for(i=0;i<20;i++) putchar(str[i]);     //用 putchar 逐个输出 str 中的字符
```

有两点说明:

① 字符型数组的输入输出要用数组长度(**即元素个数**)来控制循环语句的终止,比如,上例中对 list 的输入输出用 10 控制,而 str 的输入输出用 20 控制。

② 因为是单个字符的输入输出,scanf 函数的输入项 list[i] 前面必须加上取地址符 &,不能直接用数组名 list。还有,从键盘输入字符时,要将所有字符全部输入后再按回车键,如果输入一个字符按一次回车键,那么 scanf 函数和 getchar 函数会获取回车符并赋给数组中的下一个元素,从而出现错误。

2. 字符串单字符的输入、输出——用 scanf、printf(格式符%c)或 getchar、putchar

要逐个输入、输出字符串中的字符,可以像字符数组的输入、输出一样,借助循环,使用 scanf、printf 的%c,或 getchar、putchar 实现。二者的主要区别在于,字符型数组的输入、输出用数组长度控制循环结束,而字符串的输入、输出要用字符串长度或字符串结束符'\0'来控制循环。但由于字符串长度在输入前并不确定,需要用一个特殊字符标识,习惯上一般用回车换行符'\n'。例如:

```
char str[10],list[20],c;       //定义两个字符型数组 str 和 list,用于存放两个字符串
```

```
int i, len;
/* str 的输入、输出 */
i=0;
while((c =getchar())!='\n') str[i++]=c;
     //用 getchar 逐一读取键盘输入的字符并依次存入 str,直到读入'\n'为止
str[i]='\0';                  //给字符串 str 加结束标志
for(i=0;str[i]!='\0';i++) putchar(str[i]);      //用 putchar 输出 str 中的字符串
printf("\n");
/* list 的输入、输出 */
i=0; scanf("%c",&c);
while(c!='\n') { list[i++]=c; scanf("%c",&c);}
          //用 scanf 的%c 逐一读取键盘输入的字符并依次存入 list
list[i]='\0';                 //给字符串 list 加结束标志
len=strlen(list);             //求字符串 list 的长度并赋给 len
for(i=0;i<len;i++) printf("%c",list[i]);      //用 printf 的%c 输出 list 中的字符串
printf("\n");
```

上述程序段采用两种不同方法实现了对字符串字符的逐一输入、输出,学习中特别要注意掌握其中的循环控制手段,理解为字符串加结束标志的重要性。另外,程序段中使用了求字符串长度的函数 strlen,它被包含在头文件 string. h 中,因此,编写完整程序时,必须先引入这个头文件(**即在文件开头或编译单位开头加上预编译命令 ♯ include "string. h"**)。

3. 字符串的整体输入、输出——用 scanf、printf(格式符%s)

用 scanf(格式符%s)和 printf(格式符%s)可以完成字符串的整体输入输出,例如:

```
char str[10];              //定义字符型数组 str
scanf("%s",str);           //用 scanf 的%s 接收键盘输入的字符串并存入 str
printf("%s",str);          //用 printf 的%s 输出 str 为首地址的字符串
```

几点说明:

① scanf 函数中的输入项 str 代表字符型数组的首地址,其前面不必再加取地址符 &;如果此处出现元素地址,比如"scanf("%s",&str[2]);",则表示所接收的字符串是从字符数组 str 的下标为 2 的元素开始放置。

② 使用 scanf 的%s 从键盘读入字符串时,一旦遇到空格、回车和制表符(**Tab 键**),就停止读入,并把读到的字符串加上结束符'\0',一并存入以输入项 str 为首地址的字符型数组中。由此可知,用%s 输入的字符串,不能带有空格、回车换行符和制表符,一旦遇到这些符号,字符串就会被截断,因为这几个符号已被用作输入数据的分隔符。如何输入带有空格、制表符的字符串,后面介绍的 gets 函数可以解决这一问题。

例如,对程序段:

```
main() {char a[10]; scanf("%s",a); printf("%s",a);}
```

若键盘输入:

This is test!↵

相应输出结果则为：

This

而非

This is test!

③ 上述"printf("％s",str);"中，输出项 str 代表数组的首地址。如果出现元素地址，比如"printf("％s",&str[2]);"，则表示从字符数组 str 的下标为 2 的元素开始输出字符串。例如，执行"main()｛char t[20]＝"This is test!"; printf("％s",&t[8]);｝"，输出为 test!。

④ 使用 printf 的％s，是从输出项提供的地址开始输出字符串，直到遇到第一个结束符'\0'停止，这个'\0'后面的任何字符都不会起作用。例如，执行程序段："main()｛char a[10]＝"abcd\0ef\0g"; printf("％s",a);｝"，输出结果为：abcd。

4. 字符串的整体输入、输出——用 gets、puts

用 gets 和 puts 也可以完成字符串的整体输入输出，例如：

```
char str[10];        //定义首地址为 str 的字符型数组
gets(str);           //用 gets 函数接收键盘输入的一个字符串并存入 str
puts(str);           //用 puts 函数输出 str 为首地址的字符串
```

几点说明：

① gets 函数从键盘读入字符串，直到读入回车换行符为止，用'\0'替代回车换行符并把读入的字符串存入以数组名 str 为首地址的字符型数组中。如果此处出现元素地址，比如"gets(&str[2]);"，则表示所接收的字符串从字符数组 str 的下标为 2 的元素开始放置。

② puts 函数把首地址为 str 的字符串，显示在屏幕上并换行。注意，如同用％s 输出一样，输出项出现元素地址时，比如"puts(&str[2]);"，则表示输出的字符串从字符数组 str 的下标为 2 的元素开始。

思考：用 gets 函数可输入带有空格、制表符的字符串，如何输入带有回车符的字符串？

5.4.4　字符串处理

C 语言中，对单个字符的赋值操作、比较操作可以使用赋值运算符和关系运算符完成；但对字符串的整体处理，C 语言并没有提供相应的运算符，而是以库函数的形式来实现所需要的操作，例如 5.4.3 节已经介绍的两个专用字符串输入输出函数 gets 和 puts。实际上，为方便字符串处理，C 语言的标准函数库提供了丰富的字符串处理函数，其中主要包括，用于字符串复制的 strcpy、strncpy，用于字符串连接的 strcat，用于两个字符串比较的 strcmp，以及计算字符串长度的 strlen 等。这些字符串函数都在头文件 string. h 中定义（详见附录 D），如果程序中需要使用，只要在程序开头加上预处理命令 ＃include "string.h",就可以调用这些函数来完成相应的操作。

有关 C 语言中字符串处理函数的具体格式,在此不做详细介绍,如有需要可直接查阅附录 D。其实,对字符串的处理实现起来并不困难,请看以下几个具体实例。

【例 5.8】 字符串复制。将给定的字符串复制到另一个字符串。

分析:定义两个字符型数组,str1 存放源字符串,str2 存放目标字符串。字符串复制只要用一个单循环即可实现。具体处理分为两步:①借助循环,把源串 str1 中的字符逐个复制到目标串 str2 中,直到源串结束(**即遇到结束符'\0'为止**);②给目标串 str2 加上结束符'\0'。

```c
//代码段 c5-8-1.c
#include <stdio.h>
#define N 20
main()
{   char str1[N]="ABCDEFG",str2[N];
    int k;
    for(k=0;str1[k]!='\0';k++)       //遇到 str1 的串尾,结束循环
        str2[k]=str1[k];             //把 str1 中的字符逐一复制到 str2 中
    str2[k]='\0';                    //给 str2 加结束符
    printf("%s\n",str2);
}
```

【例 5.9】 字符串连接。从键盘输入两个字符串,将两个字符串连起来后输出。

分析:实现两个字符串的连接,主要有三步:①找到第一个字符串 str1 的串尾,也就是'\0';②将第二个字符串 str2 的字符逐个复制到第一个字符串 str1 的后面,直到第二个字符串结束为止;③给第一个字符串 str1 加上结束符'\0'即可。

```c
//代码段 c5-9-1.c
#include <stdio.h>
main()
{   char str1[40],str2[20];
    int i,k;
    printf("请输入第一个字符串\n");
    scanf("%s",str1);
    printf("请输入第二个字符串\n");
    scanf("%s",str2);
    for(i=0;str1[i]!='\0';i++);       //找字符串 str1 的串尾
    for(k=0;str2[k]!='\0';k++, i++)   //遇到 str2 的串尾,结束循环
        str1[i]=str2[k];              //把 str2 中的字符逐一复制到 str1 尾部
    str1[i]='\0';                     //str1 加结束符
    printf("%s\n",str1);
}
```

【例 5.10】 字符串比较。从键盘输入两个字符串,比较它们的大小,并输出结果。

分析:先说明一下字符串比较的规则。大家知道,两个字符的比较,可以直接用关系

运算符,比如,'A'>'B'的结果为 0(假),而'c'<'d'的结果为 1(真),这实际上是在比较两个字符 ASCII 码的大小。而对两个字符串的比较,相应的比较规则为:

对两个字符串自左向右依次逐个比较同一位置上的字符,如果它们的 ASCII 码相同,则继续比较两个字符串的下一对字符,直到出现不同或遇到结束符'\0'为止。若每次比较两个字符都相同(**直到两个字符串都遇到结束符'\0'**),则表示两个字符串相等;若某一对字符比较时,两个字符不同,则比较它们的 ASCII 码,ASCII 码大的字符所在字符串比 ASCII 小的字符所在字符串大,反之则小。例如:"abcd"与"abcd"相等,"abcg"大于"abcdefg"。若两个字符串长度不同,直到短串遇到'\0'也没发现不同,则长串大于短串。例如:"abc"小于"abcde"。

了解了比较规则,就可以依据规则编写程序。先设置一个 while 循环,用字符串的结束符'\0'控制循环终止,只要遇到一个,立刻结束循环。循环体中,依次逐项比较两个字符串同一位置上的字符,若相等,继续下一对比较,若不等,提前跳出结束循环;然后,通过两个字符串当前字符的大小,给出最终的比较结果。

```c
//代码段 c5-10-1.c
#include <stdio.h>
#define N 20
main()
{
    char str1[N],str2[N]; int i;
    printf("请输入第一个字符串: ");
    scanf("%s",str1);
    printf("请输入第二个字符串: ");
    scanf("%s",str2);
    i=0;                                        //确定比较的位置,从最左面的字符开始
    while(str1[i]!='\0' && str2[i]!='\0')        //遇到结束符,停止循环
        if (str1[i]==str2[i] ) i++;             //两个字符相同,准备比较下一个
        else break;                             //两个字符不同,中断循环
    if (str1[i]==str2[i])
        printf("%s 等于 %s\n",str1,str2);
    else if (str1[i] >str2[i])
        printf("%s 大于 %s\n",str1,str2);
    else
        printf("%s 小于 %s\n",str1,str2);
}
```

程序第 1 次运行结果:

请输入第一个字符串: <u>abcd</u> ↵
请输入第二个字符串: <u>abcd</u> ↵
abcd 等于 abcd

程序第 2 次运行结果:

请输入第一个字符串：<u>abcg</u>↵
请输入第二个字符串：<u>abcdefg</u>↵
abcg 大于 abcdefg

提醒注意，C 语言中，不能直接用关系运算符比较字符串的大小。尽管上述代码段 c5-10-1 实现了字符串的比较，但为方便处理，对字符串比较通常直接调用 C 语言的库函数 strcmp。例如：

```
y="ABD">"ABC";
```

是错误的，应该为：

```
y=strcmp ("ABD","ABC")>0;
```

又如，

```
if(str1==str2) printf("Ok");
```

是错误的，应该为：

```
if(strcmp(str1,str2)==0) printf("Ok");
```

【例 5.11】 求字符串长度。从键盘输入一个字符串，计算它的长度并输出。

分析：字符串长度是指字符串中字符的个数，但不包含字符串结束符。算法实现比较简单，设置一个计数器，通过单循环，从第一个字符开始，依次逐个字符计数，直到遇到结束符'\0'为止。

```
//代码段 c5-11-1.c
#include <stdio.h>
#define N 20
main()
{
    char str[N];
    int k,num=0;                        //计数器 num 清零
    printf("请输入字符串：");
    scanf("%s",str);
    for(k=0;str[k]!='\0';k++)           //继续下一个字符,遇到 str 的串尾,结束循环
    num++;                              //计数器加 1
    printf("字符串长度=%d\n",num);
}
```

5.5 应 用 举 例

【例 5.12】 编程实现输入 30 名学生的成绩，计算平均分、最高分，并按从高到低的顺序排列成绩。

分析：本例就是本章引例中提出的批量学生成绩统计、排序问题。定义含有 30 个元素的一维整型数组 score，存放 30 名学生的成绩；定义两个整型变量 sum、max，其中 sum 作为累加器，记录 30 名学生的总成绩，max 用于保存最高分；再定义一个实型变量 av 存放平均分。算法实现上，分为五部分：①成绩输入，用单循环，从键盘逐一输入 30 名学生的成绩，并依次存入 score 数组的各元素中；②计算平均分，用单循环，遍历 score 数组的所有元素，并通过累加器 sum 求出总成绩，总成绩除以人数求出平均分存入 av；③查找最高分，类似例 5.3，用单循环，再做一次 score 数组元素的遍历，并通过条件判断，找出最高分 max；④成绩排序，类似例 5.4，用选择法对 30 个元素做从大到小的排序，也就是从高到低排序成绩；⑤输出所有结果。

//代码段 c5-12-1.c
```c
#include <stdio.h>
#define N 30
main()
{
    int score[N],sum,max,i,j,temp,m;
    float av;
    for(i=0;i<N;i++)                  //成绩输入,30 名学生成绩依次存入 score[0],…,score[29]
        scanf("%d",&score[i]);
    for(sum=0,i=0;i<N;i++)                    //遍历 score 数组元素,累加求总成绩
        sum+=score[i];
    av=(float)sum/N;                      //计算平均分
    max=score[0];                         //先假设 score[0]为最高分
    for(i=1;i<N;i++)                      //依次比较各元素,找出最高分 max
        if(score[i]>max) max=score[i];
    for(i=0;i<N-1;i++)                    //用选择法做从大到小的排序
    {   m=i;
        for(j=i;j<N;j++)                  //在 score[i]～score[29]中找出最大值 score[m]
            if(score[m]<score[j]) m=j;
        if (m !=i)                        //最大值不是 score[i]时,score[m]与 score[i]交换
            temp=score[m], score[m]=score[i], score[i]=temp;
    }
    for(j=0;j<N;j++)                      //输出排序结果
        printf("score[%d]=%d\n",j,score[j]);
    printf("平均分为：%.2f,最高分为：%d\n",av,max);        //输出平均分和最高分
}
```

观察以上程序发现，有些程序代码完全可以简化。一是"成绩输入"和"累加求总成绩"两个单循环可以合并；二是"查找最高分"的单循环可省略，因为在后面完成成绩从高到低的排序后，数组元素 score[0]中存放的就是最高分，简化后的具体程序如下。

//代码段 c5-12-2.c
```c
#include <stdio.h>
#define N 30
```

```
main()
{
    int score[N],sum,max,i,j,temp,m;
    float av;
    sum=0;
    for(i=0;i<N;i++)                    //学生成绩边输入、边累加
    {
        scanf("%d",&score[i]);
        sum+=score[i];
    }
    av=(float)sum/N;                    //计算平均分
    for(i=0;i<N-1;i++)                  //用选择法做从大到小的排序
    {
        m=i;
        for(j=i;j<N;j++)                //在 score[i]～score[29]中找出最大值 score[m]
            if(score[m]<score[j]) m=j;
        if (m !=i)                      //最大值不是 score[i]时,score[m]与 score[i]交换
            temp=score[m], score[m]=score[i], score[i]=temp;
    }
    for(j=0;j<N;j++)                    //输出排序结果
        printf("score[%d]=%d\n",j,score[j]);
    printf("平均分为:%.2f,最高分为:%d\n",av,score[0]);        //输出平均分和最高分
}
```

【例 5.13】 产生 30 个[1,100]之间的随机整数,存入 5 行 6 列的二维数组中,找出其中的最大值和最小值,并将最大值与右下角的元素对调,最小值与左上角的元素对调,输出重排前后的情况。

分析:先讨论如何产生满足要求的随机整数。在 C 语言库函数中,有一个产生随机数的函数 rand,它在头文件 stdlib.h 中定义。使用这个函数,需要在程序的开头处加上预处理命令行♯include "stdlib.h"。用 rand 函数产生 1 到 n 之间随机正整数的方法是:rand()%n+1,其中 rand()%n 产生 0 到 n −1 之间的正整数。所以,本题要产生 1 到 100 之间的整数用 rand()%100+1 即可。

算法的具体实现分为 4 个部分:①通过双重循环用产生的随机数为二维数组赋值,然后按行输出数组元素;②用双重循环,遍历数组元素,找出最大值和最小值,记在 max 和 min 中,并记下相应的行列下标;③将最小值与左上角的 a[0][0]对调,最大值与右下角的 a[4][5]对调;④用双重循环按行输出调换后的数组元素。

```
//代码段 c5-13-1.c
#include <stdio.h>
#include <stdlib.h>
main()
{
    int a[5][6],i,j;
```

```
    int max,maxi,maxj,min,mini,minj;
    for(i=0;i<5;i++)
        for(j=0;j<6;j++)
            a[i][j]=rand( )%100+1;          //产生 1～100 的随机数,输入数组
    printf("输出随机数构成的二维数组：\n");
    for(i=0;i<5;i++)                         //按行输出数组元素
    {
        for(j=0;j<6;j++)
            printf("%4d",a[i][j]);
        printf("\n");
    }
    max=min=a[0][0];
    maxi=maxj=mini=minj=0;
    for(i=0;i<5;i++)                         //按行遍历数组,找最大值和最小值
        for(j=0;j<6;j++)
        {
            if(max<a[i][j])
                max=a[i][j],maxi=i,maxj=j;
            if(min>a[i][j])
                min=a[i][j],mini=i,minj=j;
        }
    a[mini][minj]=a[0][0];a[0][0]=min;       //最小值与 a[0][0]对调
    a[maxi][maxj]=a[4][5]; a[4][5]=max;       //最大值与 a[4][5]对调
    printf("输出调换后的二维数组：\n");
    for(i=0;i<5;i++)
    {
        for(j=0;j<6;j++)
            printf("%4d",a[i][j]);
        printf("\n");
    }
}
```

提醒注意：

① 以上程序中,如果原先二维数组中的最大值存放在 a[0][0] 的位置上,那么在执行查找、对调后输出的二维数组中,最大值被调到了 a[4][5] 的位置上,而应存放最小值的 a[0][0] 位置上,存放的是调换前 a[4][5] 上的数值,也就是说,程序执行结果是最小值被覆盖(**可将数组元素的随机赋值改为初始化来验证此情况**)。本程序修正的方法很简单,只需增加边界点处理,也就是把最大值与 a[4][5] 交换的赋值语句：

```
a[maxi][maxj]=a[4][5]; a[4][5]=max;
```

修改为如下即可：

```
if(maxi==0&&maxj==0)
    a[mini][minj]=a[4][5];
```

```
else
    a[maxi][maxj]=a[4][5];
a[4][5]=max;
```

可见,边界数据对程序的正确性是有影响的。请运行以上修改后的代码,并思考其原因。

② 多次运行 c5-13-1.c,发现输出结果相同,这是因为函数 rand 产生的是伪随机数。为产生真正意义的随机数,我们在第一个 for 语句之前加上"int x;scanf("%d",&x); srand(x);",这样每次运行程序时,为 x 输入不同的整数,便可产生真正意义的随机数(**其中标准库函数 srand 用来为函数 rand 种一粒种子,详见附录 D**)。其实,可将"int x;scanf ("%d",&x);srand(x);"改为"srand(time(NULL));",这样 rand 的种子就不需每次从键盘输入,而改为 time(NULL)的返回值(**系统当前时间**)。注意使用 time 函数,需要在程序的开头加上预处理命令行♯include "time.h"。

随机函数在程序调试过程中十分有用。因为运行程序时用到的原始数据通常都从键盘输入,有时输入的数据量比较大,而一般在调试程序时,又会多次运行程序,需要反复输入数据,麻烦且耗时。实际上,调试程序并不要求数据绝对准确,让计算机自动产生随机数来替代数据的重复输入,可以减轻工作量。还有,灵活使用随机函数,可以产生不同范围内的数据,比如,rand( )%90+10 产生 10 到 99 之间的两位正整数;rand( )%900+100 产生 100 到 999 之间的三位正整数;rand( )%50+1 产生 1 到 50 之间的两位正整数等。

【**例 5.14**】 输入一个字符串,编写程序判断该字符串是否为回文,即第一个字符和倒数第一个字符相同,第二个字符和倒数第二个字符相同,依此类推。例如,ABCBA 是回文。

分析:从键盘输入字符串存入字符数组 str 后,计算出字符串的长度 n;设置两个变量 i,j,分别指向该字符串的首、尾字符(i=0,j=n-1),使用循环,先比较首、尾字符是否相等,若不相等,则停止比较,结束循环,说明不是回文;若相等,就把两个标识变量 i,j 同时向内移动一个位置(i++、j--),再继续比较,直到两个标识变量走到一起或 i>j 为止,如图 5.11 所示。最后给出结论,如果正常结束循环,则该字符串是回文,否则不是回文。

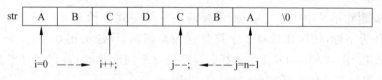

图 5.11　判断回文示意图

//代码段 c5-14-1.c
```c
#include <stdio.h>
#include "string.h"
void main()
{
    char str[20];
    int i,j,n;
    printf("please input a string!\n");
    gets(str);
    n=strlen(str);                      //计算字符串长度
```

```
    for(i=0,j=n-1;i<j;i++,j--)
        if(str[i]!=str[j]) break;        //若前后对应位置上的字符不相同,则终止循环
    if(i>=j)  printf("该字符串是回文!"); //若正常结束循环,是回文
    else  printf("该字符串不是回文!");
}
```

实现本题的算法有多种,以下代码段是借助计数器来判断回文。具体思路是通过循环,依次比较字符串前后相应位置上的一对字符是否相同,若相同,用计数器 num 记下相同字符的次数。对长度为 n 的字符串,共需比较 n/2 次。循环结束后,若 num 等于 n/2,则该字符串是回文,否则不是。

```
//代码段 c5-14-2.c
#include <stdio.h>
#include "string.h"
void main()
{
    char str[20];
    int i,n,num=0;
    printf("please input a string!\n");
    gets(str);
    n=strlen(str);
    for(i=0;i<n/2;i++)                    //循环 n/2 次
        if(str[i]==str[n-1-i]) num++;    //若前后对应位置上的字符相同,则计数器加 1
    if(num==n/2)  printf("该字符串是回文!");        //相同次数等于 n/2 是回文
    else  printf("该字符串不是回文!");
}
```

【例 5.15】 输入一个字符串和一个单字符,先删除该字符串中出现的所有指定字符,再输出该串。

分析:要删除字符串中指定字符,需要遍历字符串逐个检查,遍历用循环实现,循环控制变量 i 作为下标,依次比较每个字符是否为要删除;算法关键在于,一旦找到指定字符,比如图 5.12 中,要删除 D,就要将其后续字符逐个向前移动,直到字符串结束符'\0'为止,移动操作同样需要用循环控制,如图 5.12 所示。

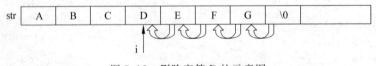

图 5.12 删除字符 D 的示意图

```
//代码段 c5-15-1.c
#include <stdio.h>
void main()
{
    char str[20],c;
    int i,j;
```

```
        printf("please input a string: ");
        gets(str);
        printf("please input a char: ");
        c=getchar();
        for(i=0;str[i]!='\0';i++)              //遍历字符串,查找指定字符
            if(str[i]==c)                      //找到指定字符
            {
                for(j=i;str[j]!='\0';j++)      //后续字符串逐个向前移动
                    str[j]=str[j+1];
                i--;                           //准备下一次比较
            }
        puts(str);
}
```

程序运行结果为：

please input a string: <u>ABCDDEFDG</u>
please input a char: <u>D</u>
ABCEFG

提醒注意 c5-15-1.c 中语句"i－－;"的作用,如果删除此句重新执行程序,则得到删除后的字符串为：ABCDEFG,请思考原因。

还有,以上程序通过双重循环实现,因为一旦找到指定字符,就会将该字符后续的字符逐一向前移动一个字符位置,如果整个字符串中有多个指定字符要删除,移动就要重复做,效率不高。改进的算法采用单循环实现,需设置两个整型变量 i、j,i 指向待查字符串首个字符,j 指向已查字符串的末字符,不论待查字符串中有多少个指定字符,对整个字符串只需做一次移动。

//代码段 c5-15-2.c
```
#include <stdio.h>
void main()
{
    char str[20],c;
    int i,j;
    printf("please input a string: ");
    gets(str);
    printf("please input a char: ");
    c=getchar();
    for(i=0,j=0;str[i]!='\0';i++)              //遍历字符串
        if(str[i]!=c)                          //遇到非指定字符
        { str[j]=str[i]; j++; }                //已查字符串增加一个字符
    str[j]='\0';                               //已查字符串加结束符
    puts(str);
}
```

本 章 小 结

一、知识点

知 识 点	一 般 形 式	说 明
数组类型	数组是一种构造类型	是一组具有相同类型且按一定次序排列的变量的集合
一维数组的定义及初始化	类型 数组名[元素个数] 例：float f[10]； 　　int a[8]={1,2,3}； 　　int b[]={1,2,3,4}；	① 元素个数为整型常量表达式,其中不允许出现变量；数组长度就是该数组包含的元素个数。 ② 初始化时花括号内给定的初值个数不能超过数组的元素个数。 ③ 省略元素个数的数组定义,由初值个数决定数组元素个数。 ④ 数组名是该数组的首地址
二维数组的定义及初始化	类型 数组名[行数][列数]； 例：int A[4][4]； 　　int B[][3]={5,6,7,8,9}；	① 行数和列数分别代表二维数组的行、列数,都是整型常量表达式,表达式中不允许出现变量。 ② 初始化时可以省略行数,但绝不能省略列数。 ③ 数组名是该数组的首地址
数组元素	数组名[下标] 数组名[下标1][下标2] 例：A[3*2],B[2][1]	数组元素通过数组名和下标唯一确定,元素下标一律从 0 开始,且下标不能越界
字符数组与字符串的联系与区别	字符数组,例如： char s[3]={'A','B','C'}； 字符串,例如： char s2[]="ABC"； char s1[10]={'A','B','\0'}；	① 元素类型为字符的数组,常用于存放字符串,一维字符数组存放一个字符串,二维字符数组存放多个字符串。 ② 字符串必须以'\0'作为结束符
字符数组的输入、输出	例：char str[20]；int i； for(i=0;i<20;i++) str[i]=getchar()；	只能对数组元素逐一输入输出,通过循环语句,使用scanf、printf 的格式符%c,或 getchar、putchar
字符串的输入、输出	例：char str[20]； scanf("%s",str)； printf("%s",str)； gets(str)； puts(str)；	① 单个字符逐一输入输出,类似字符数组,但结尾必须加'\0'。 ② 可用 scanf、printf 的格式符%s 整体输入输出。 ③ 可用 gets、puts 整体输入输出。 ④ 用%s 输入的字符串,不能带有空格、制表符,但用 gets 可以
字符串处理函数	例：char s[10],s1[20],s2[10]； strlen(s) strcpy(s1,s2) strcmp(s1,s2) strcat(s1,s2)	包含在头文件 string. h 中。 计算字符串长度。 字符串复制。 字符串比较。 字符串连接

二、常见错误

错误 1　数组定义及初始化的错误。

实例 1.

```
int a[ ], b[ ]={1,2,3}, c[3]={1,2,3,4,5},d[5]=1;
```

分析：编译报错，一是"'a'：unknown size"，是指定义数组 a 时，既没有指定数组长度（也就是元素个数），又没有赋初值，C 编译器无法为数组 a 分配空间；二是 too many initializers，是指为数组 c 赋初值时，初值的个数为 5，超过了数组的长度 3；三是"'d'：array initialization needs curly braces"，是指数组 d 初始化没有使用大括号，也就是说初始值必须放在大括号中。

实例 2.

```
int n=5,s[n];
```

分析：编译报错，在定义数组 s 时，方括号中表示数组长度的 n，虽然有初值 5，但 n 是变量，不是常量，C 编译规定，表示数组长度的只能是整型常量或整型常量表达式。

实例 3.

```
int m; float m[10];
```

分析：编译报错，数组 m 与整型变量 m 同名。注意，数组也是变量，数组名不能与其他变量名相同。

实例 4.

```
int a[2][ ]={1,2,3,4,5};
int b[ ][3]={1,2,3,4,5};
```

分析：编译报错，二维数组 a 没有定义列下标的长度。因为对二维数组的初始化，按行顺序赋值，可以省略行下标的长度，但不能省略列下标的长度。一旦省略列下标长度，C 编译器无法确定每行存储多少个数组元素，从而无法为数组分配空间。

错误 2　数组元素的错误。

实例 1.

```
int a[6]; a[4]=a[1]+a[3*2];
```

分析：其中数组元素 a[3*2] 的下标为 6，出现下标越界错，尽管编译并不报错，但很危险。

实例 2.

```
int s[5]; s(3)=10;
```

分析：引用数组元素用( )代替[ ]，编译报错，"'s'：not a function"，编译把 s 看成了函数名。

错误3 数组元素赋值错误。

实例1.

int a[5];a={1,2,3,4,5};

分析：编译报错，不允许对数组 a 整体赋值。因为 C 语言规定，数组只有在其元素被初始化时才可整体赋值，否则必须在程序中对数组元素逐个赋值，即：

a[0]=1;a[1]=2;a[2]=3;a[3]=4;a[4]=5;

或改用循环实现如下：

int a[5],i; for(i=0;i<5;i++)a[i]=i+1;

实例2.

int m[10],a[5],b[5]={1,2,3,4,5};
m=10; a=b;

分析：编译报错，"'='：left operand must be l-value"，告知=左面必须是变量，而这里的 m 和 a 都是数组名，代表地址常量，不能对它们赋值。还有，数组不能整体赋值，不能将数组 b 中的所有元素一次性赋给数组 a，必须用循环的方法逐一赋值：

int a[5],b[5]={1,2,3,4,5},i; for(i=0;i<5;i++) a[i]=b[i];

实例3.

int a[5]={1,2,3,4,5}; printf("%d",a);

分析：在输出函数 printf 中，整体引用了数值型数组 a，尽管编译不报错，但在执行中输出的是数组 a 的首地址，不是数组 a 中各个元素的值。要输出数值型数组各元素的值，必须用循环实现。

错误4 字符串操作问题。

实例1.

char s1[8]={"ABCDE"},s2[8]; s2={"ABCDE"};

分析：编译报错，"'='：left operand must be l-value"，告知=左面必须是变量，而这里的 s2 代表数组 s2 的首地址，属地址常量，不能对 s2 直接赋值。

实例2.

char str[10]; scanf("%s",&str);

分析：编译并不报错，但数组名 str 是地址常量，所以不需要在 str 前面加取地址符 &。

实例3.

char str[5]={'h','e','l','l','o'}; printf("%s",str);

分析：输出一个没有以'\0'结尾的字符串,尽管编译并不报错,但输出结果可能会错。因为 printf 函数是从数组首地址的字符开始输出,遇到结束符\0结束。而本例,在'o'字符后没有'\0',所以会继续输出'o'后面的字符,直到遇到'\0'为止。而后面的字符已经不属于数组 str,故输出结果可能会有错。注意,用字符数组保存字符串时,必须在最后一个字符后加上一个结束符'\0'.

实例 4.

```
char s[10],t[10];
gets(s); gets(t); if(s==t) printf("yes");
```

分析：对于字符串的比较,不能直接使用关系运算符==,尽管编译并不报错,但这里的(s==t)比较的是两个字符数组的首地址,所以无论如何也不可能相等。对两个字符串的比较,一般使用字符串比较函数 strcmp(),本例可以表示为"if(strcmp(s,t)==0) printf("yes");".

习 题 5

一、选择题

1. 下面对一维数组 a 初始化,正确的语句是(　　)。

   A) int a[5]= (0,0,0,0,0);　　　　　　B) int a[3]= {};

   C) int a[] = {0};　　　　　　　　　　D) int a[3]= {1,2,3,4};

2. 已知"int a[10];",下面对数组元素正确的引用是(　　)。

   A) a[10]　　　　　　B) a[3 * 4]　　　　　C) a(5)　　　　　　D) a[10-10]

3. 对说明语句"int a[10]={6,7,8,9,20};"的正确理解是(　　)。

   A) 将 5 个初值依次赋给 a[1]至 a[5]

   B) 将 5 个初值依次赋给 a[0]至 a[4]

   C) 将 5 个初值依次赋给 a[6]至 a[10]

   D) 因为数组长度与初值个数不相同,所以此语句不正确

4. 为了比较两个字符串 s1 和 s2 是否相等,应当使用(　　)。

   A) if(s1==s2)　　　　　　　　　　　B) if(s1=s2)

   C) if(strcpy(s1,s2))　　　　　　　　D) if(strcmp(s1,s2)==0)

5. 以下程序的输出结果是(　　)。

```
#include <stdio.h>
main ()
{
    char a[ ]="abcdef";
    a[4]='\0';
    printf("%s\n",a);
}
```

A) abcd　　　　　　B) bcde　　　　　　C) cdef　　　　　　D) 不确定

6. 以下程序段给数组中的所有元素输入数据,应在下划线处输入的是(　　　)。

```
main ()
{
    int a[10],i=0;
    while(i<10) scanf("%d",_____);
    …
}
```

　　A) &a[i++]　　　　B) &a[i+1]　　　　C) a+i　　　　　D) &a[++i]

7. 设有数组说明语句"char array[]="China";",则数组 array 所占用的空间为(　　　)。

　　A) 4 字节　　　　B) 5 字节　　　　C) 6 字节　　　　D) 7 字节

8. 若有说明语句"int a[][3]={1,2,3,4,5,6,7};",则数组 a 第一维的大小是(　　　)。

　　A) 2　　　　　　B) 3　　　　　　C) 4　　　　　　D) 无确定值

9. 以下不能对二维数组 a 进行正确初始化的语句是(　　　)。

　　A) int a[2][3]={0};　　　　　　　　B) int a[][3]={{1,2},{0}};
　　C) int a[2][3]={{1,2},{3,4},{5,6}};　D) int a[][3]={1,2,3,4,5,6};

10. 以下错误的语句是(　　　)。

　　A) char str[5]= "good!";　　　　　B) char str[]="good!";
　　C) char str[8]= "good!";　　　　　D) char str[5]={'g', 'o', 'o', 'd', '\0'};

11. 给出以下定义,则正确的描述是(　　　)。

```
char a[]="good";
char b[]={'g', 'o', 'o', 'd'};
```

　　A) 数组 a 和数组 b 等价　　　　　B) 数组 a 和数组 b 的长度相等
　　C) 数组 a 的长度大于数组 b 的长度　D) 数组 a 的长度小于数组 b 的长度

12. 已知"char a[10]={"ABCDEF"}; char b[10];",则以下语句正确的是(　　　)。

　　A) b=a;　　　　　　　　　　　　B) b[10]=a[10];
　　C) for(i=0;i<10;i++) b[i]=a[i];　D) for(i=1;i<=10;i++) b[i]=a[i];

13. 以下程序的输出结果是(　　　)。

```
#include <stdio.h>
main ()
{
    int i=0, a[][3]={1,2,3,4,5,6,7,8,9};
    while(i<3)
    { printf("%d,", a[i][2-i]); i++; }
}
```

　　A) 1,5,9,　　　　B) 2,4,6,　　　　C) 3,5,7,　　　　D) 3,6,9,

14. 以下程序的输出结果是(　　　)。

```
#include <string.h>
```

```
main ()
{
    char a[7]="abcdef", b[4]="ABC";
    strcpy(a,b);
    printf("%c",a[4]);
}
```

　　A) d　　　　　　　　B) e　　　　　　　　C) f　　　　　　　　D) \0

15. 调用 strlen("abcd\0ef\0g") 的返回值是（　　　）。

　　A) 4　　　　　　　　B) 5　　　　　　　　C) 8　　　　　　　　D) 9

二、填空题

1. 数组中的各个元素,其类型必须_____,并由数组名和_____唯一确定。

2. 多维数组在内存中是按_____存放的,若对数组 x[下标1][下标2][下标3]进行自前向后的遍历时,变换最慢的下标是_____。

3. 若有语句"int a[12]={1,4,7,10,2,5,8,11,3,6,9,12},i=10;",则 a[a[i]] 的值是_____。

4. 设有语句"char s1[12]={"string"};char s2[12]={"string\n"};",则以下语句"printf("%d,%d",strlen(s1),strlen(s2));"的输出结果是_____。

5. 若有"char str[3][20]={"computer","windows","UNIX"};",则执行以下语句"printf("%s\n",str[2]);"后,输出结果是_____。

6. 若有定义"int a[][4]={5,6,8,7,2,4};",则该数组的元素个数是_____。

7. 以下程序段的输出结果是_____。

```
main()
{ int a[4][4]={{1,2,3,4},{5,6,7,8},{8,9,10,11},{12,13,14,15}},i,sum=0;
  for(i=0;i<4;i++)
      sum+=a[i][1];
  printf("%d\n",sum);
}
```

8. 以下程序段的输出结果是_____。

```
main()
{ int a[5],i,k;
  for(i=0;i<5;i++) a[i]=1;
  for(i=0;i<5;i++)
      for(k=0;k<i;k++)
          a[i]=a[i]+a[k];
  for(i=0;i<5;i++) printf("%d ",a[i]);
}
```

9. 以下程序段的输出结果是_____。

```
main()
{ char s[]="kjihgfedcba"; int p=9;
```

```
        while (s[p]!='h')
            printf("%c", s[p--] );
    }
```

10. 以下程序段的功能是统计字符串中各字母（**不区分大小写**）出现的次数，请填空完成下列程序。

```
main()
{  char str[100]; int a[26], i ;
   gets(str);
   for(i=0;i<26;i++) _____;
   i=0;
   while (str[i]!=0)
   {  if (str[i]>='A' && str[i]<='Z' )
          _____;
      if (str[i]>='a' && str[i]<='z' )
         a[str[i]-'a']++;
      _____;
   }
   for(i=0;i<26;i++) printf("%c=%d\n", 'A'+i, a[i]);
}
```

三、编程题

1. 从键盘输入 10 个实数存入数组，求它们的总和与平均值并输出。

2. 从整型数组 x[10]中查找一个整数，如果找到则输出 Ok，否则输出 Not Found。要求：数组元素的值和要查找的数均从键盘输入。

3. 对具有 10 个元素的一维整型数组，按逆序重新存储并输出。

4. 定义一个整型二维数组 x[5][5]，键盘输入各元素的值后，统计主对角线上、副对角线上元素的和 sum1、sum2，并将结果输出（方阵的主对角线是指从方阵左上角到右下角的连线；方阵的副对角线是指从方阵右上角到左下角的连线）。

5. 定义一个整型二维数组 x[5][5]，求出二维数组周边元素之和。

6. 定义一个 4×4 矩阵，将该矩阵逆置后输出。例如，将以下矩阵

$$\begin{matrix} 1 & 2 & 3 & 4 \\ 5 & 6 & 7 & 8 \\ 9 & 10 & 11 & 12 \\ 13 & 14 & 15 & 16 \end{matrix} \quad 逆置为 \quad \begin{matrix} 1 & 5 & 9 & 13 \\ 2 & 6 & 10 & 14 \\ 3 & 7 & 11 & 15 \\ 4 & 8 & 12 & 16 \end{matrix}$$

7. 输入一个字符串，将其中的小写字母转换为大写，大写字母转换为小写后输出该串。

8. 输入一个字符串和一个单字符，统计该字符串中指定字符出现的次数。

9. 输入一个字符串，按字符从小到大的顺序对其排序后输出。

10. 输入两个字符串，比较二者的长度，并输出较长的字符串。要求：不能调用库函数 strlen()。

11. 输入一个字符串,删除指定下标 k 开始的 n 个字符,然后输出该串,其中指定下标 k 和所要删除的字符个数 n 从键盘输入。例如,输入字符串"abcd efg hijk",指定下标 k＝3,要删除的字符个数 n＝4,则输出的字符串是"abcg hijk"。

12. 输入一个字符串,统计其中 26 个字母分别出现的个数,并输出结果。

13. 产生 20 个随机数,存入一维数组,先删除其中的最大值,再输出删除后的数组。

14. 通过循环按行顺序为一个 5×5 的二维数组 A 赋 1 到 25 的自然数,然后输出该数组的左下半角元素的值和它们之和。

第6章

函 数

学习目标

了解模块化程序设计的原则。理解函数的概念、类型,了解使用函数的意义。掌握函数的定义与声明,理解函数声明的作用。掌握函数调用过程中实参与形参的值传递规则。理解函数返回值和函数类型的关系。了解不同存储类型变量的特性,掌握 C 语言中变量存储类型的概念及作用域规则。

重点、难点

重点:函数的定义及其返回值、函数的调用、函数参数及其传递方式。

难点:函数的参数传递、变量的作用域、函数的嵌套与递归调用。

6.1 概 述

6.1.1 函数概述

1. 函数的概念

对复杂问题的解决,一般先将其分解为一个个小问题,然后对每个小问题求解,从而最终解决复杂问题,这种方法称为分治法。同样,在编写一个较大的程序(**软件**)时,先将其划分为一个个小的功能模块,然后,对每个小功能模块用一段独立程序实现,最后将一个个独立的程序如同搭积木一样组装起来,以完成这个大的程序,这种编程方法称为结构化程序设计。C 语言中,称能够实现特定功能的一段程序为**函数**。

C 源程序由函数组成,C 源程序的基本单位就是函数。前面的程序中都只有一个**主函数 main**,但实用程序往往由多个函数组成,每个函数实现一个功能,在 main 中调用这些函数,从而简化 main 函数。也就是,main 函数解决要做什么事,具体怎么做由被调函数解决。

2. 函数的作用

函数的作用如下:

- 采用模块化结构,易于实现结构化程序设计。使程序层次结构清晰,便于编写、阅读、调试。
- 把常用的计算或操作写成函数,存为文件以供程序员随时调用,可减轻程序员的工作量。

3. C 语言程序的结构

C 语言程序的结构一般包括:

- 一个完整的 C 源程序可以由一个或多个 C 源文件(即.c 文件)组成。
- 每个 C 源文件(即.c 文件)中可以含有一个或若干个函数,所以说,C 程序由函数组成。
- 通常,一个 C 源文件中有且只能有一个 main 函数。main 函数是整个程序执行的起点,一般也是终点(**也有的程序在被调函数中通过 exit 结束运行,不返回 main 函数**)。有的 C 源文件可以没有 main 函数,这样的源文件(**不含 main 函数的.c 文件**)只能编译不可连接、运行。
- 当一个 C 源程序由多个 C 源文件组成时,在这些 C 源文件中,有且只能有一个 C 源文件有 main 函数,除此之外的其他所有 C 源文件中不可再有 main 函数,这点尤其要注意。
- main 函数可调用其他函数,其他函数一般不可调用 main 函数(**但其他函数之间可互相调用**)。

6.1.2 函数分类

C 语言中的函数,从不同角度可有不同的分类。

1. 标准库函数与自定义函数

从函数定义的角度,分为库函数(**标准库函数**)和自定义函数(**用户自定义函数**)。

- 库函数:由 C 的编译系统提供,用户无须定义,也不必在程序中作函数说明,只需在程序开头列出包含该函数原型的头文件,即可在程序中直接调用。前面例题中反复用到的 printf、scanf、getchar、putchar 等均属此类。
- 自定义函数:用户按实际需要编写的函数。对用户自定义函数,不仅要在程序中定义函数本身,而且在主调函数中还必须对该被调函数进行声明,然后才能使用。

2. 有返回值函数与无返回值函数

从函数返回值的角度,分为有返回值函数和无返回值函数。

- 有返回值函数:此类函数被调用执行完后将向调用函数返回一个值(**称函数返回值**)。
- 无返回值函数:此类函数用于完成某项特定的处理任务,执行完成后不向调用函数返回函数值,类似于其他语言的过程。因无返回值,用户在定义此类函数时可指定其返回值类型为"空类型"(**void**)。比如:

```
long fun1(…)             //有返回值,返回长整数
{ …
    return <表达式>;      //表达式的值即为该函数的返回值
}
void fun2(…)             //返回值类型定义为 void,表明无返回值
{…
    return;              //此处"return;"语句可省略
}
```

3. 无参函数与有参函数

从主调函数和被调函数之间有无数据传送的角度,分为无参函数和有参函数。

- 无参函数:函数定义、说明及调用时均不带参数。主调函数和被调函数之间不进行参数传送。此类函数通常用来完成一组指定功能,可返回或不返回函数值。

- 有参函数:也称带参函数,定义及声明时都有参数,称形式参数(**简称"形参"**)。调用时也必须要有参数,称实际参数(**简称"实参"**)。调用时,将把实参的值计算出来并传送给形参。比如:

```
void fun1(int a,int b)     //有参函数,a 和 b 是形参
{… }
void fun2()   //无参函数,但函数名后小括号不能省略,小括号中也可加 void 以表明函数无参
{… }
```

4. 内部函数与外部函数

从是否可被其他编译单位调用的角度,分为内部函数和外部函数。

一个 C 源程序可将程序代码分别存放在若干个 C 源文件(即.c 文件)中,每个 C 源文件中含有若干个函数,对每个 C 源文件皆可进行编译,每个 C 源文件就是一个编译单位。

若一个编译单位中的函数可被其他编译单位中的函数调用,这样的函数称为外部函数,否则称为内部函数。定义函数时,外部函数在函数名前加关键字 extern,内部函数在函数名前加关键字 static,若省略,则默认为 extern。比如:

```
extern int fun1()          //外部函数
{ }
static int fun2()          //内部函数
{ }
```

6.2 函数的定义、调用及返回

6.2.1 函数的定义

1. 格式

ANSI C 推荐的函数定义形式为：

```
存储类型符 类型标识符 函数名(形式参数表)        //函数头
{
    声明定义部分;
    执行语句序列;
}
```

2. 说明

（1）函数的结构：花括号内的部分称"函数体"，函数体前面的部分称"函数头"。

（2）函数头的构成。

① 存储类型符：可为 extern 或 static。如前所述，用 extern 定义的是外部函数，可被其他编译单元中的函数调用，用 static 定义的是静态函数，只能被本编译单元中的函数调用。存储类型符省略时，默认是 extern。

② 类型标识符：指明函数的类型，亦即函数返回值的类型。

- 类型标识符可以是任何有效类型，表示函数返回值的类型。若函数没有返回值，则用 void 关键字定义函数的类型，表示返回一个空类型。省略类型标识符时，默认为整型(int)。

- 若函数有返回值，则函数体内至少要有一条"return(**表达式**);"语句，以将表达式的值作为被调用函数（**称被调函数**）的返回值返回给调用它的函数（**称主调函数**）。若被调函数没有返回值，则被调函数中或没有 return 语句（**执行完所有语句后，隐含执行 return 语句**），或有一个不带表达式的 return 语句。

③ 函数名：用户使用 C 的自定义标识符为函数起的名称，应尽量做到见名知义。

④ 形式参数表：是若干变量的说明（**注意：形参必须是变量**），格式为：

> 类型标识符 形参 1,类型标识符 形参 2,…,类型标识符 形参 n

另外，因历史的原因，C 函数的定义也可用如下格式：

```
存储类型符 类型标识符 函数名(形参 1,形参 2,…,形参 n)
类型标识符 形参 1;
类型标识符 形参 2;
…
```

```
类型标识符 形参 n;
{    声明定义部分;
     执行语句序列;
}
```

这种定义方式把参数类型定义放在小括号外面,小括号中只是说明了参数名及参数个数,这是传统方式的函数定义,现已很少使用。比如:

```
double fun(x,y,z)
int x,y,z;
{…}
```

(3) 函数体

① 声明定义部分:对该函数体内部用到的变量和调用的函数进行定义声明。

注意:所有定义声明语句必须放在执行语句之前,复合语句除外。

② 执行语句序列:完成函数功能的程序段。

【**例 6.1**】 编写函数,返回 4 个整数中的最大值。

```
//代码段 c6-1-1.c
#include <stdio.h>
main()        //函数头
           {
               int x,a1=5,b1=10;        //声明定义部分
函数体         x=max4(12,3 * 3,a1,b1);               执行语句
               printf("\nmax: %d\n",x);
           }
           int max4(int a,int b,int c,int d)        //函数头
           {
               int m1,m2;        //声明定义部分
               if(a>=b) m1=a;
               else m1=b;
               if(c>=d) m2=c;
函数体         else m2=d;                     执行语句
               if(m1>m2)
               return m1;
               else
               return m2;
           }
```

例中,max4 函数的定义中,函数头部分说明该函数名为 max4,因函数类型是整型,故函数的返回值是一个整型数据。没有说明存储类型,表明该函数是一个外部函数,可被其他编译单位调用。函数有 4 个形参,分别为 a、b、c、d,都是整型。声明定义部分定义了整型变量 m1 和 m2。

【**例 6.2**】 编写函数:输入成绩,显示该成绩的等级。

```
//代码段 c6-2-1.c
#include <stdio.h>
void showerror(void)          //该函数无参数无返回值,函数功能是显示错误信息
{
    printf("输入错误,请重输: ");
}
char rgrade(int cj)           //函数返回与参数 cj(成绩)相对应的等级
{
    switch(cj/10)
    {
        case 10:
        case 9: return 'A';    /* return 带着表达式值返回调用处,故不用加 break; */
        case 8: return 'B';
        case 7: return 'C';
        case 6: return 'D';
        default: return 'E';
    }
}
void showresult(int cj,char dj)    //函数功能:显示结果
{
    printf("成绩%d 的等级为%c\n",cj,dj);
    return;
}
main()
{
    int score;
    char grade;
    printf("请输入成绩: ");
    scanf("%d",&score);
    while (!(score>=0 && score<=100))    //输入非法成绩时循环
    {   showerror();                      //显示错误
        scanf("%d",&score);
    }
    grade=rgrade(score);                  //计算等级
    showresult(score,grade);              //显示结果
}
```

showerror 函数的功能是输入错误成绩时,显示错误信息。rgrade 是一个有参数和返回值的函数,通过参数 cj 接受传递过来的整数(**成绩**),然后将计算结果(**一个字符**)返回。函数 showresult 是有参数无返回值函数。main 中调用上述三个函数,比较简洁易懂。即 main 说明要做什么,怎么做则由被调函数实现。

【例 6.3】 分析以下函数功能。

```
//代码段 c6-3-1.c
int myabs(int n)                          //返回 n 的绝对值
```

```
{
    if (n>=0)
    return n;
    else
    return -n;
}
double mypow(double x,int y)                    //求 x 的 y 的次方(x^y)
{
    double t=1;
    int i;
    for(i=1;i<=y;i++)
        t*=x;
    return t;
}
double mysqrt(double n)
{
    double x1=1,x2;
    if(n<0)
    {
        printf("error!");
        return -1;
    }
    x2=(x1+n/x1)/2.0;
    while(fabs(x2-x1)>=1e-5)
    {
        x1=x2;
        x2=(x1+n/x1)/2.0;
    }
    return x2;
}
```

函数 mysqrt 是使用牛顿迭代法 $\left(x_{k+1} = \frac{1}{2}\left(x_k + \frac{n}{x_k} \right) \right)$ 求 $\sqrt{n}$,这几个函数实现的功能,都可通过调用相应的库函数来实现。

6.2.2 函数的调用

1. 函数调用的形式

函数调用的形式主要有两种:函数语句、函数表达式。

(1)函数语句

以函数语句的形式调用函数,一般形式为:

函数名(实际参数表)；

此种形式多用于被调函数无返回值或被调函数虽有返回值，但主调函数不需要被调函数返回值的情况。此时，若被调函数有返回值，则返回值丢失或称不使用返回值。例如 printf 函数通常就是以这种形式调用，它是一个标准库函数，函数头为：int printf(char * format,…)，该函数返回一个整数，当程序转去执行此函数代码段，将会按调用时给出的参数，输出相关结果，而当此函数段执行结束时，会返回一个整数(**所显示的字符数**)，但一般而言，并不使用该返回值(**如例 6.4**)。

【**例 6.4**】 分析程序运行结果。

```
//代码段 c6-4-1.c
#include <stdio.h>
main()
{
    int x,y=2000;
    x=printf("here: %d,",y);      //输出"Here: 2000,"，并将输出的字符总数 10 返回给 x
    printf("x=%d\n",x);
}
```

程序运行结果：

```
Here: 2000,x=10
```

(2) 函数表达式

将函数调用作为表达式的组成部分，一般形式为：

变量=函数名(实际参数表) …

函数的返回值直接参与表达式的计算(**仅当函数有返回值时，才可使用该形式**)，例如 "int x; **int** max4(int u,int v,int s,int t); x＝max4(12,3 * 3,5,8);"，而对一个返回值类型为 void(无返回值)的函数，用此调用形式将会出错。例如"int x; **void** sub(int x1,int x2); x＝sub(2,3);"是错误的，因为 sub 函数根本没有返回值，何来函数值赋给 x。

注意：调用无参函数时，虽无实参，但函数名后的()不能省略。

2. 函数调用的执行过程

(1) 主调函数(**正在执行的函数**)执行到调用函数时，暂停主调函数的执行，并将相关状态保存下来(**如主调函数的内部变量、当前语句的地址等，这些内容将被存放在一个叫做栈的数据结构中，栈是一种先进后出的线性表**)，转去执行被调函数。

(2) 为被调函数形参分配内存(**被调函数没被调用时，只是一段静态的代码，其中所定义的形参、变量并没有获得内存空间**)，依次计算各实参的值并将计算结果赋给相应位置上形参。实参值的计算顺序，各编译系统不尽相同，本书所用 VC 按从右向左进行。

(3) 执行被调函数的函数体。

- 若被调函数无返回值，执行到"return;"时，将返回上一级函数调用处(**若无

"**return;**",则执行到被调函数函数体的右花括号时,将返回上一级函数调用处)。

- 若被调函数有返回值,执行到"return(**表达式**);"时,将计算表达式的值并将该值返回到上一级函数调用处。
- 被调函数返回时,被调函数中定义的变量、数组和形参等(**静态内部变量和数组除外,详见 6.5 节**)将被删除,以便释放它们占用的内存空间,供其他函数或程序使用。

(4) 返回主调函数继续执行(**当初保存在栈中内容出栈,从而获知返回位置**)。返回时,调用形式若是函数语句,则执行该语句的下一条语句;若是函数表达式,则执行该表达式其余未执行部分。

【例 6.5】 对函数 max 的三次调用。

```
//代码段 c6-5-1.c
#include <stdio.h>
main()
{
    int a=16,b=24,c;
    c=max(a,b);                          //第 1 次调用
    printf("max=%d\n",c);
    printf("please input a,b: \n");
    scanf("%d,%d",&a,&b);
    printf("max=%d\n",max(a,b));         //第 2 次调用
    max(a+b,a*b);                        //第 3 次调用
}
max(int x,int y)                         //没说明函数类型,默认为整型
{
    int z;
    if(x>=y) return(x);
    else return (y);
}
```

例 6.5 中 max 函数没有类型说明,按默认返回整型数据。main 函数中 3 次调用 max。第 1 次在赋值语句中,以函数表达式形式调用,返回值赋给变量 c。第 2 次也是以函数表达式形式调用,返回值直接作为 printf 的实参,通过 printf 输出。第 3 次以函数语句形式调用,但只是调用并没使用其返回值(**返回值丢失**)。实际上,第 3 次调用,毫无实际意义。

3. 函数的声明

若函数的定义位于主调函数之后,则该函数被调用时,C 的编译器无法知道它的返回值类型等信息。因此 C 规定,主调函数中,在对被调函数调用之前,应对被调函数进行声明(**说明**),如同使用变量之前先要对变量进行说明一样。声明的目的,是使编译系统知道被调函数返回值的类型,以便在主调函数中按此种类型对被调函数的返回值作相应处理。函数声明有以下几种形式。

(1) 函数原型法

一般形式:

> 类型说明符 函数名(类型 形参名,…,类型 形参名);

或:

> 类型说明符 函数名(类型,…,类型);

ANSI C 标准允许在说明函数返回值类型的同时在小括号里说明形式参数的个数和类型。这把传统的函数类型说明推广了,这种推广的函数类型说明称为函数原型。函数原型法提供给编译系统的信息包括函数的返回值类型、函数名、函数形参的类型及个数等信息,其中形参名称可有可无(**即使形参有名称,系统编译时也会忽略**)。

【例6.6】 编写函数,计算两个实数之和,并在主函数中调用该函数。

```c
//代码段c6-6-1.c
#include <stdio.h>
main()
{
    float add(float x,float y);    //对被调函数声明,形参名可与定义处不同(定义处为a、b)
    float x,y,z;
    printf("\n input float x,y: ");
    scanf("%f,%f",&x,&y);
    z=add(x,y);
    printf("\n sum is %f\n",z);
}
float add(float a,float b)                //float 函数的定义
{
    float c;
    c=a+b;
    return c;
}
```

例6.6中 add 函数的定义在调用之后,故在调用其之前,必须声明。语句"float add (float a,float b);"也可写成"float add(float,float);",它告诉编译系统该函数有两个单精度形参,函数返回单精度数。

(2) 传统习惯法

传统习惯法声明的一般形式:

> 类型说明符 被调函数名();

传统习惯法只说明了函数类型和函数名,与函数原型法相比,没有说明形参的类型和个数。此法在 ANSI C 标准出现前大家已广泛熟悉并使用,虽已过时但很多程序仍在使用,故 ANSI C 标准仍允许使用传统习惯法,但不提倡(**见例6.7**)。

【例6.7】 在屏幕显示一些不同半径圆的面积。

```c
//代码段c6-7-1.c
#include <stdio.h>
```

```
double area();                          //用传统习惯法声明函数 area
main()
{
    double r;
    printf("input circle's radius: ");
    scanf("%lf",&r);
    printf("the circle's area is %f\n",area(r));    //调用函数 area
}
double area(double radius)                       //定义函数 area
{  return(3.1415926 * radius * radius); }
```

C 语言规定，以下情况可省略对被调函数的声明：

① 被调函数的返回值是整型（见**例 6.1**，被调函数 **max4** 的定义虽位于调用之后，但 **max4** 的返回值是整型，故主调函数 **main** 中，可省略对其声明而直接调用）。

② 被调函数的定义位于主调函数之前（见**例 6.2**）。

虽然 main 函数一般是主调函数，并且是整个程序的主线。但用这种方法，要求其他函数的定义要放在 main 的前面，这在函数较少，程序较简短时可行。若程序中函数很多，用户在找 main 时就比较麻烦，从而不容易抓住主线。对这种情况应将 main 函数放在最前面，其他函数的定义放在后面，在 main 中对相关函数进行声明。

（3）系统函数的声明

调用系统函数时，因系统函数的声明都放在相应的头文件中，故要求在程序的开始用预编译的包含命令：#include <头文件名.h>，将含有系统函数声明的头文件包含到本程序中。

（4）外部函数的声明

若被调函数和主调函数不在同一个编译单位，则在定义被调函数的编译单位中必须将其定义成外部函数。同时，在主调函数的函数体的前部（**执行语句之前**）或在主调函数所在编译单位的开头对将要调用的函数进行声明，以说明这个函数是在其他编译单位中定义的。声明的一般形式为：

> extern 类型说明符 被调函数名(类型 形参,…,类型 形参);

6.2.3　函数的返回值

1. 函数返回值

函数返回值分三种情况：

（1）没有显式说明返回值类型，C 编译器将默认为整型（**C99 已取消该规定，整型也要写明返回类型**）。

（2）若函数需返回一个非整型值，则定义函数时必须显式地指定类型。

（3）若函数没有返回值，在函数名前加 void 关键字说明。

2. 函数类型

根据函数返回值类型，可将函数分为三类：

（1）计算型函数（**有时称为纯函数**）。根据输入的参数进行某种操作，并返回一个结果（如例 **6.5** 的 **max**、例 **6.1** 的 **max4** 等，均属有返回值函数）。

（2）操作型函数。也是有返回值的函数，返回值一般是整型，以表示操作的成功与否或是对某种情况的判断（**如例 6.8**）。再如库函数 open，功能是打开一个磁盘文件，若打开成功则返回一个正整数，若失败则返回 −1，通过返回值判断文件是否成功打开。

（3）过程型函数。这类函数没有返回值，返回值类型应定义为 void 类型。主要完成一个过程（**操作**），操作完成即可，不需返回值（**如例 6.2 的 showresult 函数**）。

【**例 6.8**】 判断整数是否为素数。

```
//代码段 c6-8-1.c
int isprime(int n)          //判断整数是否为素数,若是返回 1(真),否则返回 0(假)
{
    int i;
    if (n<=1) return 0;
    for(i=2;i<n;i++)
    if (n%i==0) return 0;
    return 1;
}
```

3. return 语句

(1) 语句的格式。

一般形式为：

"return 表达式;"、"return (表达式)";或"return;"

(2) 语句的作用。

① 计算表达式，并返回其值（**return 后无表达式时，无此作用**）。

② 使程序从被调函数中退出，返回到主调函数的调用处。

(3) 使用时应注意：

① 对有返回值函数，函数体中至少要有一条"return 表达式;"语句（**表达式外有无括号皆可**）。

② 对无返回值函数，无 return 语句或有一个不带表达式的 return 语句（**前者执行到函数体结束时，隐含执行一个 return 语句，返回到主调函数中的调用语句处，后者通过执行 return 语句返回**）。

6.3 函数参数的传递

对有参函数而言，函数有形式参数（**简称形参**）和实际参数（**简称实参**）。函数定义中定义的参数，称形参。函数调用时用到的参数称实参。发生函数调用时，主调函数把实参的值计算出来再依次传送给被调函数中相应的形参,从而实现主调函数向被调函数的数据传送。其实质相当于把实参赋值给形参。如同执行语句:"形参=实参;",所以函数参数具有以下特点。

1. 形参只能是变量名

函数定义时形参并不分配内存空间(只是**静态的代码**)。函数被调用时,其中的形参才被分配内存单元。调用结束,其所占用的内存单元即刻被释放。因此,形参只在定义它的函数内部有效,调用结束返回主调函数后,不能再使用形参。

2. 实参是一个表达式

常量、变量、表达式、函数调用等皆可做实参。但无论实参是何种类型的量,进行函数调用时,实参都必须具有确定的值,以便将其传送给形参。

3. 实参和形参在数量、顺序上应保持一致

实参和形参,在数量、顺序上应保持一致,在类型上应保持赋值兼容,否则编译器虽可能不报错,但执行时将导致错误。尽管 C 允许调用函数时形参和实参类型不一致,甚至数量不相等,但可能导致出现意想不到的结果,而函数原型的使用有助于捕捉这类错误信息(详见例 **6.9**)。

【例 6.9】 分析以下程序。

```
//代码段 c6-9-1.c
# include <stdio.h>
int min();                      //传统习惯法声明函数,没有说明形参的类型与数量
main()
{
    int z,x=2,y=-5;
    z=min(x);                   //调用 min 函数(只有 1 个实参)
    printf("z=%d\n",z);
}
int min(int a,int b)            //定义 min 函数(有 2 个形参)
{
    if(a<=b)
        return a;
    else
        return b;
}
```

c6-9-1.c 中,函数 min 的功能是求形参 a、b 二者中的较小值。例中使用传统习惯法声明 min 函数,由于这种声明法中没有说明形参的类型和数量,使得虽然实参与形参数量不一致,编译连接也没有报错。而编译连接不报错,不代表程序就能给出正确结果,图 6.1 是程序运行结果(**显然不对**)。现将函数声明语句"int min();"改成"int min(int a, int b);"(**即改用函数原型法声明**),存盘后重新编译,系统便可发现这个错误(**图 6.2 中错**

误信息"'min'：too few actual parameters"意即：调用 min 时，实参的个数少了），双击图 6.2 中错误信息所在行，源程序编辑窗口中的语句行"z＝min(x);"之前，便会出现实心箭头（见图 6.2），表明错误在此行。

图 6.1　c6-9-1.c 的运行结果　　　　　　图 6.2　c6-9-1.c 的调试

将图中箭头所指行"z＝min(x);"改为"z＝min(x,y);"，之后存盘编译连接运行，结果正确。

4. 实参和形参值的传递

C 规定函数调用中发生的数据传送是单向的，只能把实参的值传送给形参，不能把形参的值反向传送给实参。因此函数调用过程中，无论形参的值发生怎样变化，都不会影响到实参（见例 6.10）。

【例 6.10】　分析以下程序的运行结果。

```
//代码段 c6-10-1.c
# include <stdio.h>
void swap(int a,int b)
{
    a=a+b; b=a-b; a=a-b;
    printf("\na=%d,b=%d",a,b);        //输出为：a=20,b=10
}
main()
{
    int a=10,b=20;
    swap(a,b);
    printf("\na=%d,b=%d",a,b);        //输出为：a=10,b=20
}
```

实参和形参的名称可相同也可不同,即使同名,实参、形参也是两个不同的变量,二者在内存中分别占用不同的存储单元。本例 swap 中两个形参的值的确实现了互换,但参数传递是单向的,这并不影响主函数中实参的值。主函数中,a 与 b 的值并没互换。

事实上,当 swap 运行结束,swap 中的变量 a 和 b 便被删除,其所占用的存储空间随即被释放。若想通过子函数中的形参修改主函数中变量的值,可采用传递变量地址(**使用指针变量来实现**),此部分内容在第 7 章阐述。相对于地址的传递,以上这种非地址的传递方式也称值的传递(**或值传递**)。

6.4 函数的嵌套与递归调用

C 允许函数嵌套和递归调用,通过嵌套和递归调用可使复杂问题变得简洁易懂。

6.4.1 函数的嵌套调用

在一个被调函数中,又调用另一个函数(**如图 6.3**),这种调用方式称函数的嵌套调用。

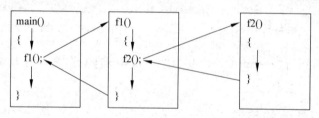

图 6.3 函数的嵌套调用

C 规定:函数不能嵌套定义,但可嵌套调用。图 6.3 中 main 函数执行到"f1();"时,中断 main 的执行,转去执行 f1。同样 f1 中执行到"f2();"时,又中断 f1 的执行,转去执行 f2。f2 执行完毕,返回 f1 中断处,继续执行 f1 后面的语句,f1 执行完毕,返回 main 中断处,继续执行后续语句。

【例 6.11】 编程计算 1!+2!+…+n!

分析:计算阶乘累加和的方法很多,现用函数嵌套调用来实现。main 中输入 n 的值,调用 Sfac 函数计算阶乘的累加和。Sfac 中调用 fac 计算阶乘,代码如下。

```
//代码段 c6-11-1.c
# include <stdio.h>
double fac(int n)          //计算 n!
{
    double j=1.0;
    int i;
    for(i=1;i<=n;i++)
    j*=i;
    return j;
```

```c
}
double Sfac(int n)          //计算 1!+2!+…+n!
{
    double s=0;
    int i;
    for(i=1;i<=n;i++)
    s+=fac(i);              //fac 函数在本函数之前定义,不需声明
    return s;
}
main()
{
    double s;
    int n;
    printf("\ninput n: ");
    scanf("%d",&n);
    s=Sfac(n);              //Sfac 函数在本函数之前定义,不需声明
    printf("\n1!+2!+…+%d!=%f\n",n,s);
}
```

请思考：若 n 值较大,程序运行会出现何现象? 为何? 如何解决?

6.4.2　函数的递归调用

函数自己调用自己,称函数的递归调用。C 支持函数递归调用,如图 6.4 和图 6.5 所示。

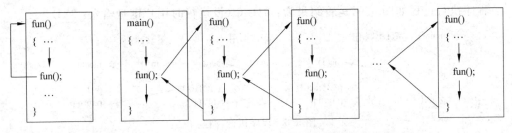

图 6.4　函数的递归调用　　　　图 6.5　函数递归调用执行过程

由图 6.5 知,递归调用也是嵌套调用,执行过程如同一个循环,也是让一段代码重复执行。循环一般要解决下面问题:①什么情况下循环(**循环条件**);②循环中如何修改循环变量,以便循环能够结束(**避免死循环**)。同循环一样,递归也要解决两个问题:①每次调用时修改实参(**递归调用函数一般都是有参函数**),以使递归逐渐接近终止条件(**一般通过一个递推公式实现**);②若函数无条件地自己调用自己,也将造成死循环,故递归也要加条件限制,称递归终止条件(**也称递归出口**),下面通过例题说明。

【例 6.12】　用递归算法求 $n!$。

分析:按照阶乘定义有以下关系(**第 1 章中例 1.4 已给出该问题伪代码**),程序代码

见 c6-12-1.c。

$$n! = \begin{cases} n \times (n-1)! & (n > 1) \qquad \text{递推公式} \\ 1 & (n = 0 \text{ 或 } n = 1) \quad \text{递归出口(递归终止条件)} \end{cases}$$

```
//代码段 c6-12-1.c
# include <stdio.h>
long fac(int m);                    //函数声明
main()
{
    int n;
    long jc;
    printf("\n n=");
    scanf("%d",&n);                 //键盘输入数据
    jc=fac(n);
    printf("%d!=%ld\n",n,jc);       //调用子程序计算并输出
}
long fac(int m)
{
    long p;
    if(m>1)
        p=m*fac(m-1);               //递归调用计算 n!
    else
        p=1;
    return (p);                     //返回结果
}
```

程序执行过程如图 6.6,运行结果为:3!=6(设运行时用户键盘输入:3↵)。

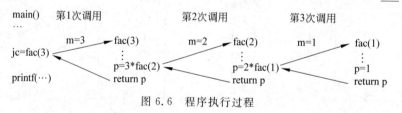

图 6.6　程序执行过程

main 中调用 fac(3),转去执行 fac(3)。fac(3)中 m=3,故调用 fac(2)。fac(2)中,m=2,调用 fac(1)。fac(1)中,m=1,不再递归调用,求出 p=1,该过程称递推过程。fac(1)中求出 p=1,返回 fac(2)中语句“p=m*fac(m-1);”的表达式中,求出 fac(2)中的 p=2。fac(2)中返回 p 的值 2 到 fac(3)中语句“p=m*fac(m-1);”的表达式,求出 fac(3)中的 p=6。fac(3)返回 p 的值 6 到 main 函数,赋给 jc,该过程称回溯过程。故递归由递推过程和回溯过程组成。第 1 章中例 1.6 中函数 fac 也是用递归法求 n!,请写出调用的主函数,并分析调用过程。

【例 6.13】 输入一个正整数,逆序输出该数。例如输入 321,输出 123。

分析:假设将整数存放在变量 n 中,先输出 n 的个位数,然后将 n 减少一位进行递归

调用(输出减少一位后的 n 的个位数)，直到 n 值为 0。

$$\begin{cases} n = n/10 & n > 0 \quad \text{递推公式} \\ \text{结束} & n = 0 \quad \text{递归出口(递归终止条件)} \end{cases}$$

```c
//代码段 c6-13-1.c
#include <stdio.h>
void fun(int);
main()
{
    fun(321);
    printf("\n");
}
void fun(int n)                  //函数无返回值
{
    if (n>0)                     //递归条件
    {
        printf("%d",n%10);       //输出 n 的个位数
        fun(n/10);               //递归调用
    }
    return;
}
```

程序执行过程如图 6.7 所示，运行结果为：321。

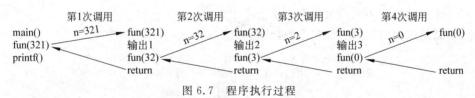

图 6.7　程序执行过程

第 1 次调用 fun，n＝321，fun(321)中输出 1；接着第 2 次调用 fun，n＝32，fun(32)中输出 2；接着第 3 次调用 fun，n＝3，fun(3)中输出 3；接着第 4 次调用 fun，n＝0，fun(0)中，没有输出，递归结束。第 4 次调用中，通过 return 语句，一层一层回溯到 main 函数。

【例 6.14】　猴子吃桃：猴子第一天摘 x 个桃子，当时吃一半不过瘾，又吃一个。第二天又将剩下的吃掉一半，又多吃一个。以后每天都吃前一天剩下的一半再多一个。第 7 天再想吃时，发现只有一个桃子了，问第一天共摘多少个桃子？

分析：第 1 章 1.2.3 节用迭代法的倒推法讨论过该问题，这里用递归实现。按题意，某天吃的桃子数是其后一天的(桃子数＋1)×2，即：

$$x_n = \begin{cases} (x_{n+1} + 1) \times 2 & (1 \leqslant n < 7) \quad \text{递推公式} \\ 1 & (n = 7) \quad\quad\quad\ \text{递归出口(递归终止条件)} \end{cases}$$

程序代码如下：

```c
//代码段 c6-14-1.c
#include <stdio.h>
void fun(int,int);
```

```
main()
{
    fun(1,7);
}

void fun(int x,int n)              //x 表示桃子数,n 表示第几天
{
    if (n>0)                       //递归条件
    {
        printf("第%d 天桃子数为%d   ",n,x);    //输出某天的桃子数
        fun((x+1) * 2,n-1);        //递归调用
    }
    return;
}
```

运行结果如下(**请读者分析程序执行过程**)：

第 7 天桃子数为 1　第 6 天桃子数为 4　第 5 天桃子数为 10　第 4 天桃子数为 22　第 3 天桃子数为 46　第 2 天桃子数为 94　第 1 天桃子数为 190

【例 6.15】 再看第 1 章中例 1.8 汉诺塔问题：有 A、B、C 三个塔座，塔座 A 上有 n 个圆盘，自下而上由大到小叠在一起，编号从小到大分别为 1、2、…、n，如图 6.8 所示。现要求将 A 上圆盘移到 B 上，并仍按同样顺序叠置，移动规则如下：

(1) 每次只能移动一个盘；

(2) 任何时刻都不允许大盘压在小盘之上；

(3) 满足规则(1)和(2)前提下,可将盘移至 A、B、C 中任一塔座上。

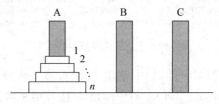

图 6.8　汉诺塔问题示意图

算法分析：

- 只有一个盘时,将其直接搬至 B。

- 当有两个盘时,将 C 柱当作辅助柱来实现。

- 若盘数 n 超过 2 个,则将第 n 个以下的 $n-1$ 个盘和第 n 个盘按以下三步处理：

A—>C：将前 $n-1$ 个盘从 A 移到 C

A—>B：将第 n 个盘从 A 移到 B

C—>B：将 $n-1$ 个盘从 C 移到 B

注意：其中 $n-1$ 个盘的移动也是一个递归过程。

在第 1 章 1.2.3 节,用递归思路定义一个递归函数 void hanoi(int n, char a, char b, char c) 来实现,给出的伪代码表示的递归算法如下。

```
void hanoi(int n, char a, char b, char c)
{
    if (n >0)
    {
        hanoi(n-1, a, c, b);        //将 A 上前 n-1 个盘借助 B 移到 C
        move(a,b);                  //将 A 上第 n 个盘移到 B
        hanoi(n-1, c, b, a);        //将 C 上 n-1 个盘借助 A 移到 B
    }
}
```

现在给出 C 的源程序代码如下：

//代码段 c6-15-1.c
```
#include <stdio.h>
void move(char,char);
void hanoi(int,char,char,char);
main()
{
    int n;
    printf("请输入盘的数量：");
    scanf("%d",&n);
    hanoi(n,'A','B','C');
}
void move(char A,char B)
{
    printf("%c→%c 搬一个 ",A,B);
}
void hanoi(int n,char A,char B,char C)
{
    if (n==1)
        move(A,B);                  //A 上只有一个,直接搬到 B 上
    else if (n>1)
    {
        hanoi(n-1,A,C,B);           //将 A 上 n-1 个搬到 C 上
        move(A,B);                  //A 上只有一个,直接搬到 B 上
        hanoi(n-1,C,B,A);           //将 C 上 n-1 个搬到 B 上
    }
}
```

本例，设输入：3↙，共计要搬 2^3-1 次（**建议读者自己做汉诺塔实验**），运行结果为：

A→B 搬一个　A→C 搬一个　B→C 搬一个　A→B 搬一个　C→A 搬一个　C→B 搬一个　A→B 搬一个

说明：

① 函数递归调用时,编译系统将当前调用中局部变量和形参放入栈中,然后为新的

调用分配局部变量和参数,函数就用这些新的变量和参数来执行。递归调用返回时,本层调用中局部变量和参数删除,上一层调用中变量和参数出栈。

② 函数递归调用时,必须有一个出口,即当满足某种条件时停止递归,直接返回。若无递归出口,就会一直递归下去而不返回,直到堆栈溢出。因堆栈空间有限,递归调用次数不能太多。

③ 一般的循环程序都可使用递归函数,使用递归函数的主要优点在于它比循环手段更清楚简单地描述算法(**特别是一些比较复杂的算法**),使得程序的可读性好。但一般来说,递归算法比等价的非递归算法要慢些。

6.5 变量的作用域和存储类别

C 语言中,变量的定义一般在三个地方进行。一是在函数内部,所定义的是内部变量。二是在所有函数的外部,所定义的是外部变量。三是在函数形参表中,所定义的就是形参,形参的性质等同于内部变量。按定义点的位置,可将变量分为内部变量(**包括形参**)和外部变量。

6.5.1 内部变量

内部变量就是在函数内部定义的变量。C 规定:定义内部变量的语句一般都在函数体的前部(**即函数的花括号之后,执行语句之前,见例 6.17**),但允许在函数体内的任何一个复合语句中定义内部变量,不过复合语句中定义的内部变量只在该复合语句中有效,出了该复合语句便无效。同样,在函数内定义的内部变量只在该函数中有效,出了该函数便无效。

变量的作用域是指变量可以使用的范围。复合语句中定义的变量,其作用域是该复合语句。函数体内定义的变量,其作用域是该函数的函数体(**见例 6.16**)。

【例 6.16】 分析下面程序的运行结果。

```c
//代码段 c6-16-1.c
#include <stdio.h>
void func();                      //函数的声明
main()
{
    int a=10;                     //定义变量 a,作用域为 main 函数
    printf("\n * a=%d,",a);       //此 a 值为 10
    {
        int a=20;                 //定义变量 a,作用域只在复合语句内
        printf("* * a=%d,",a);    //a 有同名变量,此处指作用域小的那个,故此 a 值为 20
    }
    func();
```

```
    printf("**** a=%d\n",a);          //此 a 值为 10
}
void func()
{
    int a=30;                         //定义变量 a,作用域只在 func 函数中
    printf("***a=%d,",a);             //此 a 值为 30
}
```

程序运行结果为：* a＝10,* * a＝20,** * a＝30,*** * a＝10。可见 C 允许不同作用域内的变量同名。例中定义的 3 个变量名称都是 a,作用域分别在 main 函数、复合语句和 func 函数中。结果中显示的第 1 个和第 4 个 a 的值都是主函数的内部变量 a 的值,第 2 个 a 是复合语句的内部变量 a 的值,第 3 个 a 是被调函数 func 中 a 的值,所以是 30。复合语句执行结束,其内部定义的变量 a(值为 20)便无效。同样,func 函数运行结束,func 函数的内部变量 a 随之被释放。

【例 6.17】 不正确的内部变量定义。

//代码段 c6-17-1.c
```
#include <stdio.h>
void Func()                 //若对 Func 函数编译,系统将报错
{
    int n;
    scanf("%d",&n);         //该语句为执行语句
    int m;                  //变量定义位置出错,该语句应位于执行语句之前
    m=10 * n;
    printf("m=%d\n",m);
}
```

内部变量(**非静态的**)占用的内存空间在动态存储区内,它的生命期与定义它的函数相同,只在进入定义它的函数或复合语句时才产生,退出时自动删除(**所占用的内存空间被释放**),相对而言节省了内存。同时内部变量存在于某一局部位置,能防止被不慎修改(**因其他函数不可操作它**)。且内部变量在进入和退出代码块时分别被建立和消除,故在两次函数调用之间,内部变量无法保持其值,若想保持其值,需将其定义成静态的,有关内容见 6.5.3 节。

6.5.2 外部变量

外部变量是在所有函数之外定义的变量。外部变量可被其定义点后的任何函数使用,其作用域是从定义点到程序的结束。例如,以下程序段中,a、b 的定义点在整个程序的开始处,在 sub1、sub2、main 这三个函数中都可使用,而变量 a1、b1 则只能在 sub2 和 main 函数中使用。

```
float a,b;                  //外部变量
sub1(int x)
```

```
{  int i;
   …
}
int a1,b1;                              //外部变量
sub2(int y)
{   int j;
    …
}
main()
{…}
```

C 允许外部变量和内部变量同名。若外部变量与内部变量同名,则程序引用的变量应是最近被定义的那个变量,即内部变量优先引用,或称作用域小的变量优先。即在定义内部变量的函数(或复合语句)中同名的外部变量被屏蔽,引用的只能是同名内部变量。

【例 6.18】 外部变量和内部变量的区别。

```
//代码段 c6-18-1.c
#include <stdio.h>
int a=1,b=2;                            //外部变量 a,b
void fac()
{
    int a=3;                            //内部变量 a 与外部变量 a 同名
    printf("\nfac: a=%d,b=%d ",a,b);
}
main()
{
    int b=4;                            //内部变量 b 与外部变量 b 同名
    fac();
    printf("main: a=%d,b=%d\n",a,b);
}
```

例中内部变量作用域内,用到的同名变量指的都是内部变量,运行结果为:fac: a= 3,b=2 main: a=1,b=4。

说明:

① 外部变量所占空间被分配在内存的静态存储区内,其生命期与整个程序相同,一经定义直到整个程序运行结束才会删除。

② 外部变量在定义点后的所有函数中有效,故当程序在很多函数中要用到一些相同数据时,使用外部变量可有效解决不同函数之间数据的传递问题,避免大量通过形参传递数据。但过量使用外部变量也不可取。因为:

• 外部变量在整个程序运行过程中要占用内存。

• 外部变量容易被不慎修改,导致不必要的程序出错。

• 外部变量和内部变量同名时,容易造成混淆,使程序阅读困难。

6.5.3　变量的存储类型

C语言中,程序所使用的内存区域被分为两块:程序区和数据区,程序区中主要存放程序代码,程序中用到的变量都被存放在数据区中。根据变量类型的不同,数据区又分为:静态存储区和动态存储区。静态存储区中,变量一旦被分配空间,直到程序执行结束才会被释放;而动态存储区中,变量所需内存空间是在程序执行过程中被实时分配和释放。

C有4种变量存储类别说明符,用来通知编译程序采用哪种方式存储变量。这4种变量存储类别说明符分别是:

局部(自动型)变量说明符　　　auto
寄存器变量说明符　　　　　　register
静态变量说明符　　　　　　　static
外部(参照型)变量说明符　　　extern

定义变量时,存储类别说明符放在数据类型说明符的前面,一般形式为:

存储类型符　数据类型符　变量名表;

1. 自动型变量

在函数内定义的非静态型内部变量以及形式参数都是自动型变量,可加 auto 说明符(**形参前不可加**),也可省略不写,前面使用的未加存储类型符的内部变量都是自动型变量。自动型变量存放在内存的动态存储区内,在进入函数时建立,退出函数时被释放,因此,两次引用之间其值不被保持。

2. 寄存器型变量

寄存器变量说明符 register 通知编译器将变量放在 CPU 的寄存器中,而不放在内存中。寄存器是 CPU 中的一些暂存性存储设备,其存储速度比内存要快。因此寄存器变量比一般变量操作更快,可将一些频繁使用的变量定义成寄存器型,以提高程序的运行速度。但 CPU 中寄存器的数量有限,寄存器变量只用于占字节较少的数据类型变量,数量一般不超过两个。寄存器变量说明符 register 只能用于整型和字符型变量前,并且只能说明为内部变量和形式参数。另外,因寄存器无地址,不能对寄存器变量用运算符 & 取地址。

许多 C 编译器,对寄存器变量可做自动优化,有些编译器会忽略 register 说明符,寄存器变量还是被放在内存中,而有些编译器则在寄存器有空时,尽可能将其放在寄存器中,以达到优化程序的目的,所以实际中很少直接定义寄存器型变量。

3. 静态变量

静态变量是在变量定义时加 static 说明符定义的变量,分为静态外部变量和静态内部变量。静态变量被分配在内存的静态存储区,一旦定义将一直存在,直到整个程序运行结束,两次引用之间,其值保持不变。定义变量时在变量前加 static 说明符,定义的就是静态变量。静态外部变量和外部变量的区别在于,静态外部变量仅在定义该变量的文件中才能被引用,尽管它是外部变量,但在不是定义它的文件中不能被识别和引用,以减少编译时可能产生的外部变量误用。内部变量和静态内部变量的区别在于,静态内部变量是永久性变量,不会随着定义它的函数的调用结束而消失。而内部变量则在进入函数时建立,退出函数时被释放。

【例 6.19】 静态内部变量示例。

```c
//代码段 c6-19-1.c
#include <stdio.h>
void fun(void);              //函数声明
main()
{
    int i;
    for(i=1;i<=3;i++)
        fun();
}
void fun(void)
{
    int a=0;
    static int b=0;          //定义静态整型变量
    a++;b++;
    printf("a=%d,b=%d ",a,b);
}
```

运行结果为:a=1,b=1 a=1,b=2 a=1,b=3。主函数 3 次调用 fun 函数:第 1 次调用中定义了自动型变量 a 和静态内部变量 b,并都初始化为 0,各增 1 后,值都为 1,显示 a=1,b=1。调用结束时,a 被删除,b 保留。第 2 次调用,重新定义 a 并初始化为 0,b 在上次调用结束后被保留,其值不变仍为上次调用后的 1。各增 1 后,a 值为 1,b 值为 2,显示结果 a=1,b=2,调用结束时,a 被删除,b 保留。第 3 次调用依此类推。

4. 外部参照型变量

若定义外部变量时加 extern 说明符,则说明该变量作用域为本文件(**本编译单位**)中从该变量的定义点开始直到文件的最后,且其他文件(**其他编译单位**)中也可使用该变量。若加 static 说明符,则表示该变量只允许在本文件中使用。若两者都不加,默认是 extern。

C 语言允许将大型程序分成多个源文件存放,对各个源文件分开编译。下面几种情况,需要用 extern 说明符对变量进行声明:①源文件 A 中要使用文件 B 中定义的外部变量(**非静态**),则在源文件 A 中要对该变量加 extern 声明,这样 C 编译器会据此声明,在 A 之外的其他文件中查找该变量的定义。②在某个局部区域,需要使用本文件中定义的同名外部变量时,要用 extern 声明此变量为外部变量(见例 **6.20**)。③当外部变量定义在后使用在前时,也需用 extern 声明(见例 **6.20**)。

【例 **6.20**】 请分析以下程序的运行(输出结果:9 10 1 11)。

```
//代码段 c6-20-1.c
#include <stdio.h>
int n=0;                 //定义外部变量 n,并初始化为 0
main()
{
    int n=10;            //定义内部变量 n,并初始化为 10
    extern a;        //①若无此说明,将不能使用变量 a ②"extern a;"亦可为"extern int a;"
    printf("%d  ",a);
    printf("%d  ",n);    //此 n 是值为 10 的那个
    {
        extern n;        //若无此说明,值为 0 的外部变量 n 在此将被屏蔽
        n++;             //值为 0 的外部变量 n 被引用
        printf("%d  ",n);    //值被改变为 1 的外部变量 n 被引用
    }
    printf("%d\n",++n); //已出复合语句,外部变量 n 被屏蔽
}
int a=9;                 //注意:该外部变量 a 的定义位置
```

6.5.4 变量类别小结

变量生存期是指从分配存储空间开始直到存储空间被释放这段时期,是从时间的角度来看。全局变量的生存期,是从其定义开始直到整个程序运行结束,占用的内存空间为静态存储区。局部变量的生存期,随着定义它的代码的执行而开始,随着该代码的执行结束而消亡,占用的内存空间为动态存储区。变量在其生存期内,将一直占用内存空间,其值也就一直保持着。

变量的作用域是指变量在程序的哪些区域有效,是从空间的角度来看。

针对变量的不同生存期,将变量分为全局变量和局部变量。针对变量的不同定义点,将变量分为内部变量和外部变量。表 6.1 给出了各类变量的作用域和生存期。

表 6.1 变量的作用域和生存期

变 量	允许的存储类别	生 存 期	作 用 域
外部变量	extern(或省略)	全局变量	从定义到程序结束,也可被其他源文件使用
	static		从定义到程序结束,只能在定义它的文件内使用
内部变量	auto(或省略)	局部变量	定义该变量的函数或复合语句内
	register		
	static	全局变量	

说明：

① 外部变量只能被定义成外部参照型或静态型，内部变量可被定义成自动型、寄存器型或静态型。

② 外部变量都是全局变量，一旦定义将直到程序结束才被释放；作用域在定义它的文件中从定义点到程序的最后，也就是说在定义点之后的函数中都可使用该变量。外部参照型的外部变量，可被其他源文件使用，而静态外部变量则只能被本文件中的函数使用。

③ 静态内部变量的生存期，是从定义之后直到程序结束。但其作用域只在定义它的函数内，下次再调用该函数时，其值不变。动态变量和寄存器型变量，每次在调用函数时被分配空间，函数运行结束被释放。

④ 外部变量不允许同名。不同作用域内，内部变量允许同名。若外部变量和内部变量同名，则在内部变量的作用域内，同名变量指的是内部变量（**若要指同名外部变量则需用 extern 声明**）。

6.6　应　用　举　例

【**例 6.21**】　编写函数 LeapYear，判断参数 y 是否为闰年，若是返回 1，否则返回 0。

分析：若年份能够被 4 整除但不能被 100 整除或能够被 400 整除，则是闰年，函数代码如下。

```
//代码段 c6-21-1.c
#include <stdio.h>
int LeapYear(int y)
{
    if(y%4==0 && y%100 || y%400==0)
        return 1;
    else
        return 0;
}
```

【**例 6.22**】　编程求 s＝a＋aa＋aaa＋…＋aa…aa（**最后一项含 n 个 a**）的值，其中 a 是一个数字。例如 a＝2，n＝5 时，则 s＝2＋22＋222＋2222＋22222，其值应为 24 690。

分析：先编写函数 sub 计算 n 个 a 的值，然后在主函数中调用该函数计算 s，程序代码如下：

```
//代码段 c6-22-1.c
#include <stdio.h>
long sub(int a,int n)
{
```

```
    long m=0;
    int i;
    for(i=1;i<=n;i++)
        m=m*10+a;                //循环 n 次,每次增加 1 位 a 值,组成由 n 个 a 构成的数
    return m;
}
main()
{
    int A,N,i;
    long s=0;
    printf("\ninput A,N: ");
    scanf("%d%d",&A,&N);
    for(i=1;i<=N;i++)
        s+=sub(A,i);
    printf("s=%ld\n",s);
}
```

【例 6.23】 编写两个函数,分别用来求两个正整数的最大公约数和最小公倍数。要求:主函数中,输入这两个正整数,通过函数调用求出结果并输出。

程序代码如下:

```
//代码段 c6-23-1.c
#include <stdio.h>
int gcd(int x,int y);
int gcm(int x,int y);
main()
{
    int m,n;
    printf("input data: ");
    scanf("%d,%d",&m,&n);
    if(m<n)
        m=m+n,n=m-n,m=m-n;        //若 m 比 n 小,则将 m 和 n 的值互换
    printf("gcd=%d\n",gcd(m,n));
    printf("gcm=%d\n",gcm(m,n));
}
int gcd(int x,int y)             //用辗转相除法求最大公约数
{
    int t;
    while(y!=0)
    {
        t=x%y;
        x=y;
        y=t;
    }
    return x;
```

```
}
int gcm(int x,int y)          //求最小公倍数
{
    int t;
    t=x*y/gcd(x,y);           //最小公倍数等于两数乘积除以它们的最大公约数
    return t;
}
```

【例6.24】 求 $e \approx 1+1/1!+1/2!+1/3!+\cdots+1/n!$，直到最后一项小于 10^{-5}。

分析：编写求 $n!$ 的 fac 与求 $1/n!$ 的 dfac 两个函数，主函数中调用 dfac 计算 e 的值。

```
//代码段 c6-24-1.c
#include <stdio.h>
double fac(int n);
double dfac(int n);          //函数的声明
main()
{
    int i=1;
    double e=1.0;
    while(dfac(i)>1e-5)
        e+=dfac(i++);
    printf("e=%lf\n",e);
}
double fac(int n)
{
    double f=1.0;
    int i;
    for(i=1;i<=n;i++)
        f*=i;
    return f;
}
double dfac(int n)
{
    double d;
    d=1/fac(n);
    return d;
}
```

例中，主函数调用函数 dfac，在 dfac 中调用函数 fac，这样主函数简短易懂。编程过程中，应注意将一个复杂程序划分为一个个功能模块，每个功能模块用一个函数去实现，从而使整个程序结构清晰，简单易懂，这就是结构化程序设计中提倡的"模块化程序设计方法"。

本 章 小 结

一、知识点

知 识 点	注　　意
C 源程序由函数组成,一个实用程序往往由多个函数组成	(1) 函数是 C 的最小编译单位。 (2) 一个 C 源程序有且只能有一个 main 函数(其他函数可编译不可连接,仅 main 函数编译连接皆可)
函数的定义、声明、调用及返回	(1) 函数定义①函数头的最后不能有逗号;②所有的函数声明及变量定义应放在执行语句之前(复合语句内除外)。 (2) 函数声明:有原型法和传统习惯法两种形式。 (3) 函数调用:①函数表达式形式的调用仅用于有返回值的函数;②被调函数执行结束应返回到何处;③有参函数中,实参和形参的意义及二者间关系;④若需被调函数返回值,一定要有"return 表达式;"语句,而对无返回值的函数,则不必有此语句,但可有不带表达式的"return;"语句。 (4) 函数可嵌套调用和递归调用,但不可嵌套定义
变量的作用域	变量仅在其作用域内可见,作用域之外不可见(即使变量存在)。所谓不可见,是指不可直接访问变量
变量的生存期	(1) 全局变量:①包括所有外部变量和内部变量中的静态变量;②占用内存的静态存储区(也称静态变量);③未初始化前,值为 0。 (2) 局部变量:包括内部变量中的自动型(在内存的动态存储区)和寄存器型变量,总是随着函数的调用而产生,又随着函数调用的结束而被释放。 (3) 变量只要存在,值就保留,一旦消亡其值便不再保留

二、常见错误

错误 1　定义形参时,错误地用一个类型符说明多个变量。

实例:

```
void fun(int a,b,c) {…}
```

分析:编译报错 name in formal parameter list illegal'。定义函数时在函数头,一个类型标识符只能说明一个形参,应改为 void fun(int a,int b,int c) {…}。

错误 2　定义函数时,函数头的后面加了分号,而声明函数时却漏掉了分号。

实例:

```
main()
{
    void fun()        //此处是声明,末尾应加分号
    fun();
}
```

```
void fun();                    //此处是定义,不得加分号
{…}
```

分析:定义函数时,函数头的最后不能有分号。声明函数时,最后要有分号。改正见注释。

> **错误 3　漏掉函数声明。**

实例:

```
main()
{
fun();                    //fun 为无返回值类型函数,且定义在后,调用前必须声明
}
void fun()
{…}
```

分析:在"fun();"前加上语句"void fun();"即可。

> **错误 4　函数功能错误,将操作型函数误编成过程型函数。**

实例:编写函数,判断一个三位的正整数是否为水仙花数。若是返回 1,否则返回 0。

```
void fun()
{
    int n,a,b,c;
    for(n=100;n<1000;n++)
    {
        a=n/100;
        b=n/10%10;
        c=n%10;
        if(n==a*a*a+b*b*b+c*c*c)
            printf("%d\n",n);
    }
}
```

分析:题目要求函数判断给定的一个三位正整数是否为水仙花数,是,返回 1,否,返回 0。本例直接打印出 100~1000 之间的所有水仙花数,无返回值,不合题意。改为:

```
int fun(int n)
{
    int a,b,c;
    if (n<100 || n>=1000)
        return 0;
    a=n/100;
    b=n/10%10;
    c=n%10;
```

```
    if(n==a*a*a+b*b*b+c*c*c)
        return 1;
    else
        return 0;
}
```

> **错误5 函数调用形式错误。**

实例:

```
int fun(int a,int b)
{
    return a+b;
}
main()
{
    int a,b,c;
    scanf("%d%d",&a,&b);
    c=int fun(a, b);        //调用形式错误,应改为: c=fun(a,b);
    printf("%d\n",c);
}
```

习 题 6

一、选择题

1. C 语言中,程序的基本单位是(   )。

   A) 函数   B) 文件   C) 语句   D) 程序段

2. C 语言程序中,有关函数的定义正确的是(   )。

   A) 函数定义可嵌套,但函数调用不可嵌套

   B) 函数定义不可嵌套,但函数调用可嵌套

   C) 函数定义和函数调用均不可嵌套

   D) 函数定义和函数调用均可嵌套

3. 以下对 C 语言函数的描述中,正确的是(   )。

   A) 只能把实参的值传送给形参,形参的值不能传送给实参

   B) C 函数既可嵌套定义又可递归调用

   C) C 函数必须有返回值,否则不能使用函数

   D) C 程序中有调用关系的所有函数必须放在同一个源程序文件中

4. C 语言中程序的执行从(   )。

   A) 程序的第一条可执行语句开始   B) 程序中的第一个函数开始

   C) main 函数开始   D) 任意函数开始

5. C 语言中函数的隐含存储类型是(　　　)。

A) auto 　　　　　　B) static 　　　　　　C) extern 　　　　　　D) 无存储类型

6. 函数调用语句"f((e1,e2),(e3,e4,e5));"中参数个数是(　　　)。

A) 5 　　　　　　　　B) 4 　　　　　　　　C) 2 　　　　　　　　D) 1

7. C 语言中,若变量的存储类型为(　　　),系统才在使用时分配存储空间。

A) static 　　　　　　　　　　　　B) static 和 auto

C) auto 和 register 　　　　　　　D) register 和 static

8. 一个源文件中定义的外部变量的作用域是(　　　)。

A) 本函数的全部范围 　　　　　　B) 本程序全部范围

C) 本文件全部范围 　　　　　　　D) 从定义点开始到本文件结束

9. 以下函数值的类型是(　　　)。

```
fun( double x )
{
    double y;
    y=10 * x+5;
    return y;
}
```

A) int 　　　　　　　B) 不确定 　　　　　　C) void 　　　　　　D) float

10. 以下程序的输出结果是(　　　)。

```
fun(int x, int y, int z)
{
    z=x * y;
    return z;
}
main()
{
    int a=31;
    fun(9,20,a);
    printf("%d",a);
}
```

A) 0 　　　　　　　　B) 29 　　　　　　　　C) 31 　　　　　　　　D) 无定值

11. 设有以下函数:

```
int fun(int x)
{
    int y=2;
    static int z=3;
    y++; z++;
    return(x+y+z);
}
```

如果在下面的程序中调用该函数,则输出结果是(   )。

```
main()
{
    int a=2, i;
    for(i=0;i<3;i++) printf("%d\n",fun(a));
}
```

9	7	9	9
A) 9	B) 9	C) 10	D) 11
9	11	11	13

12. 对以下递归函数 f,调用 f(4),其返回值为(   )。

```
int f(int n)
{
    if(n) return f(n-1)+n;
    else return n;
}
```

    A) 10   B) 4   C) 0   D) 以上均不是

二、填空题

1. 静态内部变量的作用域是_____。

2. 函数形参作用域为 _____,外部变量和函数体内定义的内部变量重名时,_____变量优先。

3. 若自定义函数要求返回一个值,则应在该函数体中有一条_____语句,若自定义函数要求不返回值,则定义该函数时,应在函数名前加一个类型说明符_____。

4. 执行完下列语句段后,i 值为_____。

```
int i;
int f(int x)
{
    static int k=0;
    x+=k++;
    return x;
}
main()
{ i=f(f(1)); }
```

5. 以下程序的运行结果是_____。

```
#include <stdio.h>
int func(int,int);
main()
{
    int x=1,y=2,z;
    z=func(x,y);
```

```
        printf("%d,",z);
        z=func(x,y);printf("%d \n",z);
}
func(int a,int b)
{
        static int x=1, y=2;
        y*=x+2;
        x=y+a+b;
        return x;
}
```

6. 以下程序的运行结果是_____。

```
#include <stdio.h>
int fun(int);
main()
{
        int n=5;
        printf("%d,%d\n",fun(n),fun(++n));
}
int fun(int n)
{
        n=n+n;
        return n;
}
```

三、编程题

1. 编写三个函数,分别用来求两个实数的和、差、积,主函数中输入两个实数,之后调用上述函数分别计算二者的和、差、积并输出。

2. 编一个名为 days 的函数。要求如下。函数形参为:整数 y,m,d 分别表示年、月、日。函数功能是:计算该日是该年的第几天。函数返回值为:用整数表示的第几天。

3. 编写递归函数,求斐波那契数列第 n 项。

4. 编写函数,利用参数传入一个十六进制数,返回相应的十进制数。

5. 所谓完数就是它所有因子的和等于其自身的自然数,如 6＝1＋2＋3,6 就是一个完数。编写两个函数:函数 factor(n)用来判断 n 是否是完数,函数 PriFac(n)用来显示完数 n 的所有因子。在主函数中调用这两个函数,显示 1～30 000 的所有完数。

## 第7章

C 的 指 针

学习目标

理解指针的概念和基本运算。掌握如何用指针访问基本数据类型、做函数参数、处理字符串。初步掌握指针数组与数组指针、指针函数与函数指针以及用指针访问二维数组。了解命令行参数以及多级指针。

重点、难点

重点：指针概念，用指针访问基本数据类型，指针与字符串，指针做函数参数。

难点：指针与二维数组，指针做函数参数，main 函数的参数。

7.1　指针的概念、定义及基本操作

通过 6.5 节学习，我们知道 C 语言中变量有其相应的作用域。在某函数体内定义的变量，其作用域仅限于该函数体内。即仅在该函数体内可以对其进行访问，出了该函数体，便无法再对该变量进行访问。也说成是该变量仅在定义它的函数体内可见，在别处不可见。现就这个问题深入讨论。

图 7.1　a 与 b 的值成功交换

c7-1-1.c 中，主函数 main 内，定义了变量 a、b，输出后，通过语句"t=a,a=b,b=t;"对变量 a、b 的值进行交换，之后再次输出 a、b 的值，运行结果如图 7.1，图中可见变量 a、b 的值被成功交换。

【例 7.1】　交换变量的值。

```
//代码段 c7-1-1.c
#include <stdio.h>
main()
{
    int a=10, b=20,t;
    printf("交换前：a=%d,b=%d\n",a,b);
    printf("\n直接在 main 中交换\n");
```

```
        t=a,a=b,b=t;                     //将 a、b 的值互换
        printf("\n 交换后：a=%d,b=%d\n\n",a,b);
    }
```

上述代码段中,变量 a、b 是在 main 中定义,二者值的交换也是直接在 main 中进行。
为使 main 函数结构清晰,现将二者值的交换放在被调函
数中进行,即用 c7-1-2.c 来实现变量 a、b 值的交换,运行
结果如图 7.2。显然调用函数 swap 前后,a、b 的值没有
变化,即调用函数 swap 未能将 a、b 的值互换,很多初学
者对此不解。

图 7.2　a 与 b 的值未被交换

```
//代码段 c7-1-2.c
#include <stdio.h>
void swap(int x,int y)
{
    int t;
    t=x,x=y,y=t;                     //交换 x,y
}

main()
{
    int a=10,b=20;
    printf("调用前 a=%d,b=%d\n",a,b);
    printf("\n 调用 swap \n");
    swap(a,b);                       //调用 swap 函数
    printf("\n 调用后 a=%d,b=%d\n\n",a,b);
}
```

事实上,c7-1-2.c 的 swap 函数中,只是把变量 x、y 的值进行了交换。虽然调用 swap
时变量 a、b 的值分别被读取复制给变量 x、y,但**仅此而已**,函数 swap 中的内部变量 x、y
与主调函数 main 中的内部变量 a、b,各自拥有不同的内存空间,改变 x、y 的值,丝毫不会
影响 a、b 的值。故调用函数 swap 并不能将主调函数 main 中定义的实参变量 a、b 的值互
换。以下详细分析。

c7-1-2.c 的主函数中,执行"int a=10,b=20;"后,变量 a、b 分别被分配相应内存空
间,并分别被赋值为 10、20,执行"printf("调用前 a=%d,b=%d\n",a,b); printf("\n 调
用 swap \n");",输出图 7.2 中前 2 行,接着执行"swap(a,b);",调用函数 swap,实参为
a、b。函数调用发生时,系统首先记住调用后的返回地址,之后为形参 x、y 分配内存空间
(**注意**:形参与实参分别位于不同的内存单元,互不干扰),计算实参的值(**分别为 10、20**),
并将结果分别复制给被调函数的形参 x、y(**也即把实参的值传递给形参**),于是 x=10,y=
20,之后执行被调函数。

执行被调函数过程中,首先定义变量 t(**作用域仅限于 swap 函数体内**),接着执行
"t=x; x=y; y=t;",将被调函数的形参 x、y 的值互换(**互换后 x=20,y=10**),之后结束被调
函数的执行,返回主调函数,同时被调函数的形参 x、y 所占内存空间被释放,即变量 x、y 消

亡。上述过程中,互换的是 x、y 的值。由于形参 x、y 与实参 a、b 各自被分配在不同的内存单元,互不干扰,对变量 x、y 的值进行互换,丝毫不会影响主调函数 main 中的变量 a、b。

当从被调函数 swap 回到主调函数 main 后,执行语句"printf("\n 调用后 a=％d,b=％d\n\n",a,b);",输出如图 7.2 所示,可见调用 swap 的结果,只在被调函数 swap 中将形参 x、y 的值互换,对 main 内变量 a、b 的值无任何影响。

也有初学者设想,在被调函数中直接将主调函数内的 a、b 的值互换,即用 c7-1-3.c 将 main 中 a、b 的值交换。

```
//代码段 c7-1-3.c
#include <stdio.h>
void swap( )                    //试图交换 main 的内部变量 a,b 的值
{
    int t;
    t=a;
    a=b;
    b=t;
}
main()
{
    int a=10,b=20;
    printf("调用前 a=%d,b=%d\n",a,b);
    printf("\n 调用 swap \n");
    swap(a,b);                  //调用 swap
    printf("\n 调用后 a=%d,b=%d\n\n",a,b);
}
```

编译 c7-1-3.c,系统给出图 7.3 错误提示,其中"'a': undeclared identifier"、"'b':

图 7.3　提示 a、b 没有定义

undeclared identifier "指出变量 a、b 没有定义（**双击错误信息的第一行,编辑区的语句 "t＝a;"前便会出现实心箭头,表明此处出错**），初学者认为实心箭头处的 a、b 已在 main 中定义,为何说没定义?

这就是前述反复强调的变量作用域问题。函数内部定义的变量,其作用域为定义该变量的函数体,即便是在 main 函数体内定义的变量也不例外。变量 a、b 是在主调函数 main 中定义,它们只在 main 的函数体内有效,main 函数体外的任何地方均不可见。现在 swap 中,对不可见变量 a、b 进行访问,故出现上述错误。于是或有初学者又试图将 c7-1-3.c 改为 c7-1-4.c。

```c
//代码段 c7-1-4.c
#include <stdio.h>
main()
{
    void swap();
    int a=10,b=20;
    printf("调用前 a=%d,b=%d\n",a,b);
    printf("\n 调用 swap \n");
    swap(a,b);                   //调用 swap
    printf("\n 调用后 a=%d,b=%d\n\n",a,b);
}
void swap()                      //试图交换 main 的内部变量 a,b 的值
{
    int t, a, b;
    t=a; a=b; b=t;
}
```

程序运行结果如图 7.4,显见调用 swap 前后,主调函数 main 的内部变量 a、b 的值没有变化!

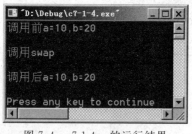

图 7.4   c7-1-4.c 的运行结果

为什么?**还是变量作用域问题!**被调函数中,执行语句"t＝a;a＝b;b＝t;",由于 main 中的 a、b 在 swap 中不可见,swap 内的 a、b 均不是 main 中的 a、b,而是 swap 中定义的 a、b,只不过它们的名字与 main 中的 a、b 同名而已。主调函数 main 的内部变量 a、b 与被调函数 swap 的内部变量 a、b 各自拥有不同的内存单元,被调函数 swap 中直接访问的 a、b,只能是 swap 的内部变量 a、b,即语句"t＝a;a＝b;b＝t;"交换的是 swap 的内部变量 a、b,与主调函数中的 a、b 无任何关系(**其实,编译时,系统提示警告信息"local variable 'a' used without having been initialized"、"local variable 'b' used without having been initialized",意即 a、b 没有初始化,双击警告信息,swap 函数体内的"t＝a; a＝b; b＝t;"前出现实心箭头,表明该语句中 a、b 没有被初始化,说明此处的 a、b 并非 main 中的 a、b**),故这种试图通过在被调函数内直接访问主调函数内部变量的做法是徒劳的!

实际上,C语言中在被调函数体内,无论如何您都无法直接访问主调函数中定义的内部变量,这就是内部变量只在定义它的函数体内可见的意义。直接不可以,那么间接呢,可以吗? 在被调函数体内,是否可以间接访问主调函数中的内部变量? 以下就此展开讨论。

图 7.5　c7-1-5.c 的运行结果

将 c7-1-2.c 改为 c7-1-5.c,图 7.5 是其运行结果。main 中并没互换 a、b,但调用了函数 swap。暂不考虑 swap 中如何执行,却见程序执行后,输出结果显示 a、b 值已互换,可见被调函数 swap 的执行过程中,成功将 main 的内部变量 a、b 的值互换,这说明被调函数体内,可以访问主调函数的内部变量,但注意是间接,不是直接(c7-1-5.c 的 swap 函数中并没直接出现变量 a、b)。这种对变量的间接访问,是通过**指针变量**实现的。为搞清变量的这种间接访问,下面先介绍指针及指针变量的相关基本知识,之后分析代码段 c7-1-5.c。

```c
//代码段 c7-1-5.c
#include <stdio.h>
void swap(int * x, int * y)    //形参为整型指针变量,用于接收实参 pa、pb 传来的值
{
    int t;
    t= * x;                    //读取 x 所指变量的值赋给 t
    * x= * y;                  //读取 y 所指变量的值赋给 x 所指的变量
    * y=t;                     //读取 t 的值赋给 y 所指的变量
}
main()
{
    int a=10,b=20;
    int * pa;                  //定义整型指针变量 pa
    int * pb;                  //定义整型指针变量 pb
    pa=&a;                     //给 pa 赋值为整型变量 a 的地址,即让 pa 指向 a
    pb=&b;                     //给 pb 赋值为整型变量 b 的地址,即让 pb 指向 b
    printf("调用前 a=%d,b=%d\n",a,b);
    printf("\n 调用 swap \n");
    swap(pa,pb);               //实参为 pa、pb,其值分别为 a、b 的地址
    printf("\n 调用后 a=%d,b=%d\n\n",a,b);
}
```

7.1.1　指针和指针变量

1. 指针和指针变量的概念

存储器中能够存放一个八位二进制数的区域称为一个字节或一个内存单元,内存是由许多个这样的单元组成。若要运行 C 源程序,程序代码以及程序中的变量都需要存放

到内存单元。为方便对内存单元的访问，每个内存单元都有一个编号，如同一个宾馆有许多间客房，每间客房都有一个编号一样。内存单元的编号也称为**地址**。根据内存单元的编号或地址可以方便地找到要访问的内存单元，故内存单元的编号也称为**指针**。

程序中定义的每一个变量，在程序运行时，都会被分配相应的内存单元，不同类型的变量分配不同数目的内存单元，相同类型变量分配的内存单元个数相同。例如，某编译器会为一个整型变量分配 4 个字节的存储空间，为一个字符型变量分配一个字节的存储空间(**不同编译器分配策略可能有所不同**)。可见，定义变量时说明其类型，不仅表明该变量以后可以参加何种类型的运算，同时也告诉编译器要为该变量分配多少字节的内存单元。

一个变量在内存中所占存储空间是连续的若干个内存单元，变量的地址就是这连续若干单元中第一个单元的地址，而这连续若干单元中的内容(**或数据**)就是变量的值。现在，有了变量的地址，程序中，我们对变量的访问，不仅可以通过它的名字直接进行(**程序中，通过变量名直接实现对变量的访问，称为对变量的直接访问。但其实程序在编译时，编译系统会确定变量名与变量地址之间的对应关系。对变量的直接访问，意味着在程序中，我们可以直接通过变量名访问变量而无视其他，但系统在具体实现这种访问时是要按照编译时确定的对应关系由名字找到相应的内存单元，再进行相关访问，该实现细节了解即可不必纠结，以后仅讨论程序中我们该如何做**)，也可通过变量的地址间接进行(**程序中，我们通过变量的地址，间接实现对变量的访问，称为对变量的间接访问，详情见后**)，下面先看变量的直接访问。

本章之前，对变量的访问都是直接访问。例如"x＝1;"是一个赋值语句，把常量 1 赋给一个变量。赋给哪个变量？赋给名为 x 的这个变量。程序中我们直接通过变量的名字对 x 进行访问，是对 x 的直接访问。是一次什么样的直接访问？是要把 x 所占内存单元中的内容改写为 1，是写操作，即本次操作是以直接访问的形式对变量 x 进行写操作。

再如"y＝x＋6;"也是一个赋值语句，是把表达式 x＋6 的值赋给变量 y。为计算 x＋6 的值，需要读取名为 x 的变量的值，即对 x 进行直接访问，不过这次不再是写操作，而是读取 x 所在内存单元的内容，是读操作(**注意**：无论对变量进行多少次读操作都不会改变变量的值，唯有对变量进行写操作才可改变变量的值)。把从 x 所在内存单元读来的值与常量 6 相加后的结果赋给一个变量，赋给哪个变量？赋给一个名为 y 的变量。同理，这是以直接访问的形式对 y 进行写操作。

而"x＋＋;"也是一个赋值操作(即"x＝x＋1;")。本次操作先后两次访问变量 x，两次都是直接访问。第一次是读操作，读取 x 所在内存单元的值，将读来的值与 1 相加。第二次是写操作，是将 x 所在内存单元的内容改写为相加后的结果。

不仅上述讨论的"x＝1;"、"y＝x＋6;"、"x＋＋;"等例子，之前的所有例子，凡涉及对变量的访问，全都是直接访问。而 c7-1-5.c 中，则是通过变量的地址对变量进行间接访问，从而实现在被调函数中将主调函数的内部变量 a、b 的值互换。在变量作用域内，变量可见，当然可用变量名对其直接访问。但在变量作用域之外，变量不可见，程序中我们无法再用变量名直接对其访问。若需访问不可见变量，就要通过变量的地址，对其进行间接访问。

如何实现变量的间接访问？前述已知，程序中变量的间接访问不再是通过变量的名字,而是通过变量的地址。假设现要以间接访问方式对整型变量 x 进行写操作（**把 1 赋给 x**），不能直接用"x＝1;"（**因 x 不可见,也即找不到**）,但可绕个圈子,想办法把 x 的地址找到,再把 1 放到这个地址的内存单元。于是我们设想事先已把变量 x 的地址保存在某个变量 p 中,这样读取 p 中的内容（**即 p 的值**）,就可得到 x 的地址,再把 1 放入该地址的内存单元,问题便解决。这个变量 p 虽也是变量,但不同于之前所学变量,它所占用的内存单元中存放的不是一般的数据,而是变量的地址,由于地址也称为指针,故称变量 p 为指针变量。

指针变量,也是变量,是变量就具备变量的共性。和之前学习的其他类型变量一样,指针变量也要先定义再使用,也有数据类型、存储类别、初始化等问题,也可被多次赋值,其值也总是最后一次赋予它的那个值,等等。但指针变量有其独特的个性,比如,**指针变量的值只能是指针也就是变量的地址**。

指针与指针变量是两个不同的概念,但人们常常把指针变量简称为指针,以至于初学者有时搞不清所言"指针"是指"指针"还是"指针变量",当理解了指针与指针变量的概念后,结合上下文环境,一般不难分辨二者。下面,介绍指针变量及相关知识。

2. 指针变量的定义、初始化、赋值

定义指针变量时要指明指针变量的名字、指针变量的**基类型**（**就是指针变量所指变量的类型,也称指针变量的类型**）以及指针变量的存储类别。对指针变量赋值,只能将变量的地址赋给它,而且只能把数据类型与指针变量基类型相同的变量的地址赋给该指针变量（**为何如此规定,学习指针变量的运算等相关内容后方可理解**）。同样,若定义指针变量时即对其赋值,称为指针变量的初始化。

定义指针变量的一般形式：

> 存储类别 基类型 ＊变量名 [＝初值]

其中：
① 存储类别是指所定义的指针变量的存储类别。
② 基类型是指所定义的指针变量将来所指变量（**或对象**）的数据类型。
③ 变量名即为所定义的指针变量的名字。

说明：
① 把一个变量的地址赋给一个指针变量,也说成将该指针变量指向这个变量,因此有人认为这是"指针"一词的由来。例如语句"pa＝&a;",是将整型变量 a 的地址,赋给整型指针变量 pa,也说成使 pa 指向变量 a。

再如语句"pb＝pa;"（**假设 pa、pb 都是整型指针变量,pa 已被赋值为整型变量 a 的地址,即 pa 已指向 a**）,是将 pa 的值赋给 pb,而 pa 的值是变量 a 的地址,于是整型变量 a 的地址被赋给了整型指针变量 pb,即 pb 也指向了变量 a。

② 定义变量时,若变量名前有＊,表明所定义的变量为指针变量。若同一个语句中定义多个基类型相同的指针变量,则每个指针变量名前都应有＊。例如,代码段 c7-1-5.c 中,可将以下两个语句：

```
    int * pa;                          //定义整型指针变量 pa
    int * pb;                          //定义整型指针变量 pb
```

改为如下一个语句：

```
    int * pa, * pb;                    //定义两个整型指针变量：pa、pb
```

但不可改为：

```
    int * pa,pb;                       //定义 pa 为整型指针变量,pb 则为整型变量(并非指针变量)
```

注意：

① 不能将不存在的变量的地址赋给指针变量！

例如，可将 c7-1-5.c 中，如下几个语句：

```
    int a=10,b=20;
    int * pa;
    int * pb;
    pa=&a;
    pb=&b;
```

改为一个语句"int a＝10,b＝20, * pa＝&a, * pb＝&b;"。该语句的执行,是先定义变量 a、b 并初始化,而后定义指针变量 pa、pb 并初始化(**使 pa 指向 a,pb 指向 b**),故不存在任何问题。

但不可改为"int * pa＝&a, * pb＝&b,a,b;",因为执行该语句时,是先定义 pa、pb 并初始化,初始化要使 pa 指向 a,pb 指向 b,但此时变量 a、b 尚未定义,导致出错。读者若将 c7-1-5.c 按这里所说进行修改,编译后将会出现如图 7.6 所示的错误信息,其中"'a'：undeclared identifier"、"'b'：undeclared identifier",表明变量 a、b 没有定义。

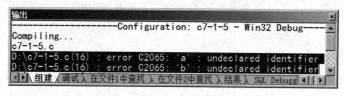

图 7.6 错误提示

② 对指针变量赋值时,只能将数据类型与指针变量基类型相同的变量的地址赋给指针变量。

例如,以下代码段：

```
    int a=1, * q, * p1=&a;    //定义整型变量 a,整型指针变量 q、p1,并初始化 p1 使指向 a
    float * p2;               //定义 float 型指针变量 p2
    q=p1;                     //q 为 int 型指针变量,指向与 p1 相同,也指向整型变量 a
    p2=p1;      //使 p2 指向与 p1 相同(p1 指向整型变量 a),而 p2 为 float 型指针变量,故出错(在
                    VC++6 中,会引发一个警告,程序可执行,但结果不对,请自编小程序上机验证)！
```

③ 指针变量必须先赋值,再使用(**见例 7.2**)。

C语言程序设计实用教程

【例7.2】 野指针示例。

```
//代码段 c7-2-1.c
#include <stdio.h>
main()
{
    int * p;                //定义整型指针变量 p
    * p=100;                //将100赋给 p 所指内存单元,此前 p 没有被赋值,故其指向不明
    printf("%d",* p);
}
```

例中,在并不清楚 p 指向哪个内存单元的情况下,就对其所指对象赋值,这样做非常危险! 如同一个枪手在不知枪口指向何方的情况下扳动扳机开枪一样! 虽然 p 没有被赋值,但它会有一个随机的值(如同没有瞄准的枪口一定会指向某个方向一样),没被赋值的指针变量 p 将随机指向内存的某个单元,谁也不知道 p 随机指向的到底会是内存中的哪个单元(这种随机性如同向地上丢硬币,硬币落地前,没人能知是正面还是反面朝上),而内存中有些单元的内容很重要,对其进行修改,或许导致不可想象的严重后果。这种没有被赋值的指针变量,被称为**野指针**。

为避免使用野指针,可在定义指针变量时将其初始化为**空指针常量 NULL**(使用 **NULL 必须包含相应的头文件**)。系统可以保证空指针不指向任何实际的对象或函数。反之,任何对象或函数的地址都不可能是空指针。这样做的目的是为了保护操作系统,因为通过指针可以访问任何一块内存单元,但若通过一个空指针去访问数据时,系统会提示非法。

C 的标准中并没有规定空指针到底指向内存的什么地方,即 NULL 值并非一定要定义为 0,只要定义在系统可保护范围的地址空间内,都能起到保护的作用。用哪个具体的地址值(比如是用 0x0 地址或是其他某一特定地址)表示空指针,则取决于系统的实现。考虑到移植性,普遍定义为 0(♯define NULL 0),也即常见的空指针一般指向 0 地址(**零空指针**),通过执行"p=0;"将 p 初始化为空指针(或 **int * p＝NULL;**)。但也有一些系统用一些特殊的地址值或者特殊的方式表示空指针(**非零空指针**)。虽然这有点麻烦,好在,实际编程中我们并不需了解所用系统空指针到底是零空指针还是非零空指针,只需了解一个指针是否为空指针即可。编译器会自动实现其中的转换,而屏蔽实现细节。

7.1.2 利用指针变量访问基本变量

给指针变量赋值,就是让指针变量指向内存中某个对象。目的是为了实现对指针变量所指对象进行间接访问。如前所述,这种通过指向变量的指针变量来访问该变量,就是变量的间接访问。

例如:

```
int x=1,y,z,* p=&x;     //定义变量,p 前有 *,表明 p 为指针变量
* p=x+2;     /* 先直接访问 x(读操作),将 x 值 1 读取与 2 相加得 3,再通过 * p 间接访问 x,把
```

3 赋给 x (这里 p 前的 * 为指针运算符,用来进行指针运算,p 指向 x, * p 就是 p 所指向对象,即 x) * /

z= * p * 10;　　/ * 通过 * p 间接访问 x(读取 * p 的内容就是读取 x 的内容,注意 x 已被重新赋值为 3),将 x 的值 3 乘以 10 后得 30,再直接访问 z,把 30 赋给 z(x 与 10 之间的 * 当然为乘法运算符) * /

* p=9;　　　　/ * 通过指向 x 的指针变量 p 间接访问 x, * 为指针运算符, * p 就是 p 所指对象。执行" * p=9;",把 9 赋给 p 所指对象,也即把 9 放入 p 所指对象 x 所在的内存单元,使 x 的值由之前的 3 变为 9。注意:变量的值将一直保持不变,直到重新被赋值 * /

y= * p+x+1;　　/ * * 为指针运算符,用来进行指针运算。p 指向 x, * p 为 p 所指对象,即读取 x 所在内存单元的内容 9,接着又直接访问 x,再次读取 x 所在内存单元内容 9,然后进行 9+9 得 18,再将 18+1,之后将结果 19,送到 y 所在内存单元,即给 y 赋值 19,实现对 y 的直接访问 * /

可见:

不同位置上的 * 含义不同。当出现在定义变量的语句中,它只是一个符号,表明紧跟其后的变量被定义为指针变量。当出现在函数 printf 的双引号内,则是作为输入输出格式控制字符串的非格式字符(* **还可出现在函数 scanf 的双引号内,其意义请读者总结**),用以原样输出等。其他情况一般都是作为运算符,有时作为指针运算符(**这时 * 通常位于指针变量前**),用来进行指针运算,实现变量的间接访问,有时则作为乘法运算符,用来进行两数相乘。对初学者,尤其要搞清何时表示定义指针变量,何时表示对变量的间接访问(如 **c7-1-5. c、c7-2-1. c、c7-1-6. c 等**)。

在了解了指针及指针变量的基本知识后,我们继续讨论例 7.1,分析代码段 c7-1-5. c,看如何借助指针,通过间接访问,实现变量值的交换。

```
//代码段 c7-1-5.c
#include <stdio.h>
void swap(int * x,int * y)      //形参为整型指针变量 x、y
{
    int t;
    t= * x;     //读取 x 所指变量的值(间接访问 x 所指变量),赋给 t(直接访问 t)
    * x= * y;   //读取 y 所指变量的值(间接访问 y 所指变量),赋给 x 所指变量(间接访问 x 所指变量)
    * y=t;      //读取 t 的值(直接访问 t),赋给 y 所指变量(间接访问 y 所指变量)
}
main()
{
    int a=10,b=20;
    int * pa, * pb;      //定义两个整型指针变量:pa、pb
    pa=&a;               //将 a 的地址赋给 pa,即让 pa 指向 a
    pb=&b;               //将 b 的地址赋给 pb,即让 pb 指向 b
    printf("调用前 a=%d,b=%d\n",a,b);
    printf("\n 调用 swap \n");
```

```
    swap(pa,pb);              //实参：pa、pb,分别指向整型变量 a、b
    printf("\n 调用后 a=%d,b=%d\n\n",a,b);
}
```

注意,取地址运算符 & 与指针运算符 * 互为逆运算。本例中,p、&a、&(*p)都是 a 的地址,即 p≡&a≡&(*p)(符号≡表示等价于)。

分析这段代码,关键在于理解函数调用过程。"swap(pa,pb);"为函数调用语句。其中,实参 pa、pb 为指针变量,它们的值分别是变量 a、b 的地址。函数调用发生时,系统记下将来从被调函数返回主调函数后的地址,接着为形参 x、y 分配相应内存单元(**注意:形参是用来接收从实参复制传过来的值,既然实参为整型指针变量,为能顺利接收从实参复制传来的值,故形参也为整型指针变量**),计算实参的值并将计算结果(**a 的地址、b 的地址**)分别复制给被调函数 swap 的形参 x、y,这样 x 的值便是变量 a 的地址,y 的值便是变量 b 的地址,即 swap 中形参 x、y 现已分别指向主调函数 main 的内部变量 a、b。

接下来执行被调函数 swap。在被调函数 swap 中先定义整型变量 t,再执行"t=*x;",读取形参 x 所指对象(**主调函数的内部变量 a**)的值(**间接访问 a**),赋给被调函数的内部变量 t(**直接访问 t**)。表面上看,*x 是对被调函数的形参 x 进行指针运算,而 x 指向的是主调函数的内部变量 a,*x 实质是对主调函数中的内部变量 a 的间接访问,故"t=*x;"就是读取主调函数的内部变量 a 的值赋给被调函数的内部变量 t。

执行"*x=*y;",读取形参 y 所指对象(**主调函数的内部变量 b**)的值(**间接访问 b**),赋给 x 指向的对象(**主调函数的内部变量 a**)(**间接访问 a**)。表面上看,*y 是对被调函数的形参 y 进行指针运算,而 y 指向主调函数的内部变量 b,故 *y 实质是对**主调函数的内部变量 b** 的间接访问。同理,*x 是对 x 所指对象的间接访问,"*x=*y;"就是把主调函数的内部变量 b 的值,赋给 x 所指的对象,x 指向的是主调函数的内部变量 a,所以执行"*x=*y;",就是将**主调函数的内部变量 b 的值赋给主调函数的内部变量 a**。

执行"*y=t;",将被调函数的内部变量 t 的值(**注意:执行"t=*x;"后,t 的值已被赋为主调函数的内部变量 a 的值**),赋给形参 y 所指对象(**主调函数的内部变量 b**),从而将主调函数的内部变量 a 的值赋给了主调函数的内部变量 b。至此,在被调函数中,成功实现将主调函数的内部变量 a、b 的值互换。

最后,被调函数执行完毕返回主调函数,被调函数的形参 x、y 以及被调函数体内定义的 auto 型内部变量 t 均已消亡,但主调函数中的变量 a、b 仍旧存在,并且它们的值自从在被调函数 swap 中被改变后,便再也没有被重新赋值。故返回主调函数,执行"printf("\n 调用后 a=%d,b=%d\n\n",a,b);",输出的结果当然是 a、b 互换后的情况。通过以上分析,读者是否初步体会到指针的意义?

深入分析,我们重新改写c7-1-2.c 为c7-1-6.c,看看运行c7-1-6.c 后,能否将主调函数的内部变量 a、b 的值互换?

```
//代码段 c7-1-6.c
#include <stdio.h>
void swap( int x, int y )        //形参 x、y 为 int 型变量
{
```

```
        int t;
        t=x; x=y; y=t;              //将 x、y 的值互换
    }
main()
    {
        int a=10,b=20;
        int * pa=&a, * pb=&b;
        printf("调用前 a=%d,b=%d\n",a,b);
        printf("\n 调用 swap \n");
        swap( * pa, * pb);           // * pa、* pb 分别为 a、b 的值
        printf("\n 调用后 a=%d,b=%d\n\n",a,b);
    }
```

c7-1-6.c 中,函数调用语句"swap(* pa, * pb);"中,两个实参分别为 * pa、* pb,pa 指向 a,pb 指向 b, * pa 就是 a 的值, * pb 就是 b 的值。所以"swap(* pa, * pb);"等效于 "swap(a,b);"。函数调用发生时,计算两个实参的值,并将计算结果(**变量 a、b 的值**)传 递给形参 x、y。在被调函数中,执行语句"t=x; x=y; y=t;",使形参 x、y 的值互换。接 下来,遇到被调函数最后一个右},被调函数调用结束,返回主调函数 main。

返回 main 后,接着执行"printf("\n 调用后 a=%d,b=%d\n\n",a,b);",输出结 果,结束整个程序的运行。

可见,被调函数的执行过程中,并没有对 main 的内部变量 a、b 重新进行赋值。故运 行本代码段,不能将主调函数 main 中的内部变量 a、b 的值互换。

此类例子很多,关键要清楚:

- auto 型变量,只在定义它的函数体内可见。可见时,对其既可直接访问也可间接 访问。
- auto 型变量,在定义它的函数体外不可见。不可见,就不可直接访问,但可间接 访问。
- 被调函数体内,可以访问主调函数的内部变量(**auto 型或 static 型,见 7.7 节的 例 7.24**),读也行,写也行,但只能通过间接方式。
- 变量可被多次赋值(**无论哪种变量,auto 型变量也如此**),但任何一个瞬时,变量都 只有一个唯一的值,这个值就是最后一次赋给它的值。
- 在变量生存期内,给变量赋值后,这个值将一直保持,直到重新给它赋值,即变量 生存期内,只有对变量重新赋值才可改变其值。
- 对变量的访问,可能是读操作(**读取变量的值**),也可能是写操作(**给变量赋值**)。
- 对变量的读操作(**无论是间接访问还是直接访问**),都不会改变其值。要想改变变 量的值,唯有对其进行写操作。对变量一旦进行写操作(**无论间接访问还是直接 访问**),都可改变其值。

事实上,对有参函数的调用,无论是地址传递还是值传递其实质一样:发生函数调用 时,都要计算实参的值并传递给被调函数的相应形参。实参向形参传递的是实参的计算 结果。计算结果为数值,传给形参的就是数值,结果为地址,传给形参的就是地址。无论

形参接收来的是数值还是地址,执行被调函数时,均按被调函数代码段的具体情况进行分析即可。

所谓地址传递,其实是提供了这样一种可能:在变量作用域以外,对不可见变量进行间接访问。例如,在被调函数体内,间接访问主调函数的内部变量(如 **c7-1-5.c**),或是在主调函数中,间接访问被调函数的静态内部变量(**当然是在变量的生存期内,如 7.7 节例 7.22 的 c7-22-1.c**)。

有初学者以为:"对有参函数,只要是地址传递,就是双向传递,主调函数内部变量的值就会随着被调函数的执行而被改变",这种说法是错误的。**地址传递,只是使得在被调函数中可以用间接访问方式改变主调函数内部变量的值,但是否改变,取决于被调函数体内是否对主调函数的内部变量重新赋值。**例如,分析下面的 c7-1-7.c 运行后能否实现将主调函数的内部变量 a、b 的值互换?

```
//代码段 c7-1-7.c
#include <stdio.h>
void swap( int * p1, int * p2)      //形参为整型指针变量 p1、p2
{
    int * p;                        //定义 p 为整型指针变量
    p=p1;                           //让 p 指向 p1 所指变量(p1 指向 main 中的 a)
    p1=p2;                          //重新为 p1 赋值,使指向同 p2(p2 指向 main 中的 b)
    p2=p;                           //重新为 p2 赋值,使指向同 p(p 指向 main 中的 a)
}
main()
{
    int a,b;
    int * pa=&a, * pb=&b;
    printf("\n 请输入 a,b 的值(以空格分隔): ");
    scanf("%d%d",pa,pb);            //等效于 scanf("%d%d",&a, &b);
    printf("调用前 a=%d,b=%d\n",a,b);
    printf("\n 调用 swap \n");
    swap(pa,pb);                    //实参 pa、pb,分别指向整型变量 a、b
    printf("\n 调用后 a=%d,b=%d\n\n", * pa, * pb);
                                    //等效于 printf("a=%d,b=%d",a,b);
}
```

c7-1-7.c 中,执行"swap(pa,pb);",调用 swap 时,实参为整型指针变量 pa、pb(**分别指向 main 的 a、b**),形参 p1、p2 为整型指针变量,形参 p1 与实参 pa 同类型,形参 p2 与实参 pb 同类型。

函数调用时,形参 p1、p2 出现,并被分配相应内存单元。接着计算实参 pa、pb 的值(实参值的计算顺序各编译器规定不尽相同,有的从右向左,有的则相反。本书按从右向左,这与第 3 章的 printf 函数中各输出项的计算顺序问题类似),并分别复制给形参 p1、p2(于是 **p1、p2 分别指向 main 的内部变量 a、b**)。执行"p=p1;",使 p 指向与 p1 相同,于是 p 指向 main 内的 a。执行"p1＝p2；"，使 p1 指向与 p2 相同，于是 p1 指向 main 内的 b。执行"p2＝p；"，使 p2 指向与 p 相同（**p 现指向 main 内的 a**），于是 p2 指向 main 内的 a。显然，这些操作只是对指针变量 p、p1、p2 赋值，而非对它们所指变量赋值，结果改变的只是指针变量 p、p1、p2 的指向，并没有改变它们所指对象（**main 的内部变量 a、b**）的值。接下来，遇到被调函数最后的右}，被调函数调用结束，返回主调函数 main。

返回后，执行"printf("\n 调用后 a＝%d,b＝%d\n\n", ＊pa, ＊pb)；"，输出结果，结束整个程序的运行。

本例说明，并非只要实参是地址（**即所谓的地址传递**），主调函数内部变量的值就一定会在被调函数内被改变。程序运行结果具体如何，不能凭想象，而应具体分析。无论实参是什么，只要按调用规则一步一步进行分析，都一样没问题，此所谓以不变应万变。

还有，若被调函数之外的 auto 型变量的地址没有传给被调函数的形参，则通常无法实现在被调函数体内访问该 auto 型变量，除非在被调函数体内使用外部指针变量，且在函数调用发生前，该指针变量已指向该 auto 变量，详见如下代码段的执行。

```
//代码段 c7-1-8.c
#include <stdio.h>
int *pa;                    //定义外部整型指针变量 pa
int *pb;                    //定义外部整型指针变量 pb
main()
{
    int a=1,b=2;
    void swap();            //声明 swap 函数
    pa=&a;     //使 pa 指向 a(a 在 main 内定义,此处可见,pa 是外部变量,main 之前定义,
               此处可见)
    pb=&b;     //使 pb 指向 b(分析同上)
    printf("调用前 a=%d,b=%d\n",a,b);
    printf("\n 调用无参函数 swap \n");
    swap();    //调用 swap,此前外部指针变量 pa、pb 已分别指向 main 内的 a、b
    printf("\n 调用后 a=%d,b=%d\n\n",a,b);
}
void swap()
{
    int t;
    t=*pa;    //读取 pa 所指变量的值,赋给 t(a 不可见,但 pa 可见,通过指向 a 的 pa,间接
              访问 a)
    *pa=*pb; /* 读取 pb 所指变量的值,赋给 pa 所指变量(b 不可见,但 pb 可见,通过指向 b
              的 pb,间接读取 b;同理,a 不可见,但 pa 可见,通过指向 a 的 pa,间接改写
              a) */
    *pb=t;   /* 读取 t 的值(直接访问 t),赋给 pb 所指变量 b(b 是 main 的内部变量,此处
              不可见,但 pb 可见,通过指向 b 的 pb,间接访问 b,本次访问为写操作,对 b
              重新赋值) */
```

}

c7-1-8.c 中，首先定义 pa、pb 两个整型指针变量（**定义之处不在任何函数体内，故 pa、pb 为外部变量，作用域为从定义点开始至程序结束**）。main 中调用 swap 前，已将 pa、pb 分别指向 main 的内部变量 a、b，之后调用无参函数 swap。

函数调用发生时，因是无参调用，记好函数调用结束后的返回地址，便去执行被调函数。执行被调函数，首先定义 auto 类整型变量 t。执行"t= * pa;"，读取 pa 所指对象（**main 内的 a**）的值赋给被调函数的内部变量 t。执行" * pa= * pb;"，读取 pb 所指对象（**main 内的 b**）的值，赋给 pa 所指对象（**main 内的 a**），于是 a 被重新赋值。执行" * pb= t;"，读取 t 的值赋给 pb 所指对象（**main 内的 b**），于是 b 被重新赋值。至此在被调函数体内，成功将主调函数内 a、b 的值交换。

接下来，遇到被调函数最后的右}，结束被调函数的执行，返回主调函数 main。随着被调函数的结束，swap 内的 auto 型内部变量 t 随之消亡。返回 main 后，接着执行"printf("\n 调用后 a=％d,b=％d\n\n",a,b);"，输出结果，结束整个程序的运行。

本例中，并非通过函数形参，将主调函数内部变量的地址传给被调函数，来实现在被调函数体内对主调函数内部变量的间接访问。而是在被调函数体内，通过外部指针变量 pa、pb，间接访问主调函数的内部变量 a、b（**分别重新赋值**），从而实现二者值的交换。可见，无论通过何种方式，只要知道不可见变量的地址就可对其间接访问。

最后，再给一个代码段 c7-1-9.c，请读者自行分析程序，看运行后能否将 main 内的 a、b 的值互换，并上机验证结果。

```c
//代码段 c7-1-9.c
#include <stdio.h>
void swap(int * x,int * y)
{
    int t;
    t= * x;
    * x= * y;
    * y=t;
}

main()
{
    int a,b;
    printf("\n 请输入 a,b 的值(以空格分隔): ");
    scanf ("%d%d",&a,&b);
    printf("调用前 a=%d,b=%d\n",a,b);
    printf("\n 调用 swap \n");
    swap(&a, &b);
    printf("\n 调用后 a=%d,b=%d\n\n",a,b);
}
```

7.2　用指针变量访问一维数组元素

7.2.1　指针变量的关系运算、算术运算

通过使用指针变量对基本变量进行间接访问,使得我们可在被调函数内,访问被调函数内并不可见的主调函数的内部变量。实际问题中常用到数组,可否在被调函数内访问主调函数中的数组,回答是肯定的,以下讨论如何用指针变量访问数组元素(**注意:用指针变量访问数组元素当然是对数组元素的间接访问。数组元素可见时,既可用直接方式也可用间接方式访问,但数组元素不可见时,则只能用间接方式访问,即只能通过指针变量对数组元素进行访问**)。

我们知道,数组是一组具有相同数据类型变量的集合。同一数组中的所有元素是顺序存储在内存一块连续的空间,只要找到数组的第一个元素在内存中的位置(**即该元素所在内存单元的编号或地址**),便可顺藤摸瓜一步步向下找到该数组内的所有元素,进而对它们逐一进行访问。

设有"int A[80], * p;",则数组 A 的诸元素按 A[0]、A[1]、…、A[79]顺序存放在内存某个连续区域内。现将 p 指向 A[0](只要执行"**p＝&A[0];**"或"**p＝A;**"即可。**C 规定:数组名表示数组的首地址。数组元素被分配内存单元后,在其生存期内,系统对数组元素内存单元的分配便不会再改变,故数组名是常量**)。

设想指针变量 p"长了腿",可以挪动。但应保证每挪一步,刚好指向 p 当前指向元素的下一个元素。这样,p 每挪一步指向下一个元素,将 p 一步一步不停地挪,就可对一个又一个的数组元素进行处理,直到最后一个元素处理完毕,从而实现用指针变量访问整个数组。

如何挪动指针变量?又如何判断指针变量是否已指向数组的最后一个元素?为此,我们引入指针变量的算术运算和关系运算。指针变量的算术运算,是指将指针变量加上或是减去一个正整数 n。其中,**＋n 表示将指针变量向后移动 n 步**,**－n 表示将指针变量向前移动 n 步**。

例如,设有"int a[20], * p＝&a[8];",指针变量 p 现在指向数组元素 a[8],若执行"p＝p－1;",p 将向前移动 1 步,即指向 a[7]。若接着再执行"p＝p－3;",p 将再向前移动 3 步,指向 a[4]。若再执行"p＋＋;",p 又将向后移动 1 步,指向 a[5]。

注意,指针变量的这种移动仅限于数组元素所在的内存区域,否则没有意义(**想想引入指针变量算术运算的本意,便可理解**)。即仅当指针变量指向某个数组元素时,才能对其进行算术运算,并且要保证,运算后指针变量指向的数组元素没有越界(**比如,当指针变量指向数组第一个元素时,便不可再对其进行减运算而只能进行加运算,同样当指针变量已指向数组最后一个元素时,便不可再对其进行加运算而只能进行减运算**),以下操作都是错误的:

```
int a[20], * p=&a[19];p++;          //p已指向数组最后一个元素,此时 p 可以前移不应后移
int a[20], * p=a;p--;               //p已指向数组第一个元素,此时 p 可以后移不应前移
int a[8], * p=a;p=p+8;              //p指向 a[0],执行"p=p+8;"后将指向 a[8],越界!
int a, * p=&a; p=p+2;              //p指向 a,而 a 不是数组元素,此时不应对 p 进行算术运算
```

  C 语言中,指针变量的关系运算,表面上看是比较两个指针变量,实质上是比较它们所指向元素的地址值。指针变量的大小取决于其所指向元素地址的大小(**同一个数组中,下标小的元素的地址小于下标大的元素的地址,当两个指针变量指向同一个元素时,则二者相等**),故指针变量关系运算的前提,是进行关系运算的指针变量应指向同一个数组内的元素。

  不要用整数(**0 除外**)与指针变量作关系运算。例如,若有"int a, * p=&a;",不要进行p==100 的关系运算。但第 7.1 节曾介绍,通常将空指针 NULL 定义为 0,故可用 **p==0** 或用 **p==NULL** 来判断 p 是否为空指针(**若使用 NULL,应包含相应头文件**)。指针变量的算术与关系运算见例 7.3。

  【例 7.3】 指针变量的算术运算、关系运算。

```
//代码段 c7-3-1.c
#include <stdio.h>
#define N 80
main()
{
    int A[N]={0};            //定义整型数组 A [80],并将所有元素初始化为 0
    int * p1=A, * p2=&A[10]; //定义整型指针变量 p1、p2,并使 p1、p2 分别指向 A[0]、A[10]
    p1=A+3;                  //使 p1 向后挪动 3 步,指向 A[3]
    p1--;                    //使 p1 向前挪一步,指向 A[2]
    * p1=10;                 //将 10 赋给 p1 所指对象 A[2]
    p2=p2-8;                 //使 p2 向前挪 8 步指向 A[2]
    * p2=20;                 //将 20 赋给 p2 所指对象 A[2]
    printf("\n%d,%d,%d\n",&A[0]<&A[1],p1<=&A[N-1],p1<=p2);  //输出:1,1,1
    printf("\nA[0],A[1],A[2],A[3],A[4]为:\n");
                             //输出:"A[0],A[1],A[2],A[3],A[4]为:"(之后换行)
    printf("%d,%d,%d,%d,%d\n",A[0],A[1],A[2],A[3],A[4]);    //输出:0,0,20,0,0
}
```

7.2.2　用指针变量访问一维数组元素

  利用指针变量可以间接访问一维数组元素。假设程序设计基础 C 阶段考试后,为鼓励大家更好学习,现决定对全班 80 位同学按成绩发放奖学金:成绩为 $60\sim70$,奖金为成绩开平方根后乘以 10 的整数部分;成绩为 $70\sim80$,奖金为成绩加 20;成绩为 $80\sim90$,奖金为成绩加 35;成绩为 $90\sim100$,奖金为成绩加 60;成绩在 60 分以下,奖金为 0。

  【例 7.4】 根据成绩计算奖金,并统计获奖同学占学生总数的比例。

```
//代码段 c7-4-1.c
#include <stdio.h>
#include <math.h>        //库函数 sqrt 的原型在头文件 math.h 中
#define N 80
main()
{
    int i=0,A[N],B[N]={0},c=0;
    int * p=A, * q=B;    //等效于 int * p=&A[0] , * q=&B[0];
    while(p<=&A[N-1])    //只要 p 指向数组 A 的某个元素,此条件表达式的值即为真
    {
        scanf("%d",p);   //p 依次指向数组中从 A[0]开始的不同元素,直到 A[N-1]
        p++;             //使 p 向后挪 1 步,以指向下一个元素
    }
    p=A; /* 与"p=&A[0];"等效,将 p 重新指向数组首地址(此前的循环中反复执行"p++;",使
        p 的指向不断发生变化,执行本条语句前,p 已指向数组最后一个元素之后的内存单元,
        而题意,接下来需从 A[0]开始对数组元素遍历,故将 p 重新指向数组首地址) * /
    while(p<=&A[N-1])    //等效于 while(p<=A+N-1)
    {
        if( * p>=60&& * p<70)
            * q=(int)floor(sqrt( * p) * 10);
                                //将 p 所指对象的值开根乘 10(每次 p 所指对象皆不同)
        else if( * p>=70&& * p<80)
            * q= * p+20;
        else if( * p>=80&& * p<90)
            * q= * p+35;
        else if( * p>=90&& * p<=100)
            * q= * p+60;
        else if( * p>=0&& * p<60)
        {
            * q=0;
            c++;         //对未获奖学生计数
        }
        p++;
        q++;
    }
    p=A;q=B;             //将 p、q 重新指向数组 A、B 的首地址
    printf("\nresult: \nA[0]…A[N-1]\n");
    while(p<=A+N-1)      //等效于 while(p<=&A[N-1])
    {
        printf("第%d 位学生:成绩%d,奖金%d\n",i+1, * p, * q);
        p++;
        q++;
        i++;
    }
```

```
        printf("\n获奖同学占比：%f%%\n",(80-c) * 1.0/N * 100);
```
//若将输出项写为：(80-c)/N * 100,是否可以？为什么？
```
    }
```

上述代码段中,第一个 while 循环对数组 A 各元素逐一赋值以输入学生成绩(**对数组所有元素逐一进行某种处理,称为数组元素的遍历**)。第二个 while 循环,逐一检查数组 A 各元素的值,并据此对数组 B 的相应元素按题意要求赋值。第三个 while 循环用以输出。本例每个循环都是对数组所有元素进行遍历,故每次循环前,要将相关指针变量指向相关数组的**首地址(即数组第一个元素的地址)**,以使遍历从数组的第一个元素开始。循环内的"p++;"或"q++;",是使相关指针变量每循环一次向后挪动一步,指向下一个元素,为下次循环做好准备。循环的条件是指针变量的指向没有超出数组的最后一个元素。

初学者往往忘记,第二个循环开始前的"p＝A;"以及第三个循环开始前的"p＝A; q＝B;",结果导致数组元素的越界(**详见代码段中相应注释语句**)。

特别提醒：使用指针变量时,要注意对其进行的运算,必须十分清楚指针变量当前的指向。

7.2.3　指针变量的基类型必须与所指变量的类型一致

7.1.1 节已经介绍："对指针变量赋值时,只能将类型与指针变量基类型相同的变量的地址赋给指针变量。"也即：指针变量基类型必须与所指变量类型一致。多数初学者对此不解,下面看看这其中的原因。

事实上,指针变量向前或向后挪动一步,并不只是向前或向后移动一个内存单元,而是移动 $1×n$ 个内存单元。这样才能保证指针变量挪动后,依然能够正确指向当前所指向数组元素的前一个或下一个数组元素(**当然指针变量移动后的指向不能越界**)。一个数组元素就是一个变量,同一个数组内的所有元素的类型相同,系统为不同类型变量分配的内存单元的个数 n 不同(**比如某个编译器中,为一个字符型变量分配 1 个内存单元,为一个整型变量分配 4 个内存单元**)。为保证指针变量向前(或向后)移动一步后,能够正确指向当前指向元素之前(或之后)的那个元素,必须是向前或向后移动 n 个内存单元(**按前述假设,对字符型变量而言,n＝1;而对整型变量而言,n＝4**)。

指针变量移动时,系统首先根据指针变量的基类型决定 n 的取值(**当然 n 也可能为 1,若指针变量是 char 型,n 的值为 1**),之后将指针变量移动 n 个内存单元。只有指针变量基类型(**也称为指针变量类型**)与所指类型一致,才能保证指针变量移动后,仍然能够正确指向相应的变量。需要说明的是,相同类型变量,在不同编译器中所分配的内存单元的个数可能不同,即对相同类型变量而言,不同编译器中,n 的取值可能不同。

假设某编译器中,给一个 int 型变量分配 2 个字节,一个 float 型变量分配 4 个字节,一个字符型变量分配 1 个字节。若有"float A[10];",则系统会为数组 A 分配 $10×4＝40$ 个连续的内存单元,其中每个元素分配 4 个连续的内存单元,4 个连续单元中第 1 个单元的地址即为该元素的地址。例如,假设为 A[0] 分配 3000H、3001H、3002H、3003H 4 个内存单元。则 A[0] 的地址,即为 3000H,而 A[1] 分配的内存单元就应分别为 3004H、3005H、3006H、3007H,同样 A[1] 的地址为 3004H,依次类推。若有一个整型指针变量

p 现指向 A[0](也即指向 **3000H 号单元**),若执行"p++";,使 p 向后挪 **1** 步,则实际 p 应指向 A[1]的地址(**第 3004H 号内存单元**),故 p 这一步跨幅应该是 4(**这里的跨幅即前述 n**),便刚好指向第 3004H 单元,亦即刚好指向 A[1],当对其所指对象(**即 A[1]**)进行操作时,系统从所指单元第 3004H 号开始连续选取 4 个单元(**已假设一个 float 型变量占用 4 个内存单元**),这 4 个单元里存放的刚好是 A[1]的值。假设跨幅不是 4 而是 1,那么 p 向后挪 1 步,指向第 3001H 号单元,当对其所指对象操作,系统便从第 3001H 号单元开始,选取第 3001H、3002H、3003H、3004H 这 4 个单元里的内容,这 4 个单元显然不是 A[1]。实质上这 4 个单元不代表数组 A 的任何一个元素,所以指针变量不能做如此的移动,如此移动后它的指向无任何意义。故指针变量每向前或向后挪 1 步,实际是向前或向后移动 n 个单元(**若 p 向前或向后挪动了 m 步,则实际是向前或向后挪动 m×n 个单元**)。对同一编译器而言,n 取决于指针变量的基类型,系统将根据指针变量的基类型决定 n 的取值。前述假设的编译器中,若 p 为 int 型,则 n=2;若 p 为 float 型,则 n=4;若 p 为 char 型,则 n=1 等。讲到这里,读者应该明白:为何指针变量的基类型定义为何种,将来就只能指向该种类型的变量,如果无此规定,就无法保证指针变量进行算术运算而发生移动后,用它还能取来想要取的值。

7.3 指针变量做函数参数

指针变量做函数参数,在 c7-1-5.c 就已介绍。指针变量既可做函数形参,也可做函数实参,但指针是变量的地址,是常量,故指针只能做实参,不能做形参(**C 规定,形参只能是变量,而实参可为表达式或表达式的特例:一个变量或一个常量**)。数组名是数组首地址,是地址常量,故数组名可做实参。数组名做实参时,被调函数的形参应为同类型的数组(**不需指定大小**),或为同类型的指针变量(**如例 7.6**)。

例 7.5 中,利用指针变量访问数组元素。访问是在被调函数中进行,而被访问的数组是在主调函数内定义,数组元素在被调函数内不可见。函数调用时,将数组的首地址传到被调函数。在被调函数中,通过指针变量,得以间接访问主调函数中的数组元素。例中实参、形参皆为指针变量。通过调用 sub 将主调函数的数组 A 中所有大于等于 75 的元素重新赋值(**开平方根后乘以 10**)。

【**例 7.5**】 分析以下程序的运行结果。

```c
//代码段 c7-5-1.c
#include <stdio.h>
#include <math.h>
#define N 80
sub(int *ps)        //形参为整型指针变量 ps
{
    int *t=ps;      //定义整型指针变量 t,并使其指向 ps 所指的内存单元
    while(t<=ps+N-1)    //不可写为 while(t<=&A[N-1]),为何?
    {
```

```
            if(*t>=75)
                *t=(int)(sqrt(*t)*10);
            t++;
        }
    }
main()
{
    int A[N];
    int *p=A;
    while(p<=&A[N-1])        //可否为：while(p<=A+N-1)?
    {
        scanf("%d",p);
        p=p+1;
    }
    p=A;
    sub(p);                  //实参为整型指针变量 p,此句可否写为"sub(A);"?
    printf("\nresult:\nA[0]…A[N-1]\n");
    while(p<=A+N-1)          //可改为 while(p<=&A[N-1])
    {
        printf("%d ",*p);
        p=p+1;
    }
    printf("\n\n--end--\n");
}
```

无论具体代码段如何不同,函数调用遵循的规则始终相同。上述代码段的执行,仍然从 main()开始,先是进行相关变量的定义与初始化,其中数组元素的赋值通过循环进行,每循环一次,p 向后挪 1 步。赋值结束退出循环后,p 已指向数组最后一个元素之后的内存单元,故执行"p=A;"将 p 重置,使 p 重新指向 A[0]。

执行语句"sub(p);",发生函数调用,系统记下返回 main 后的地址,为被调函数形参 ps 分配内存单元。计算实参的值(**实参为 p,其值为 A[0]的地址**)并将实参的值复制给形参 ps,于是 ps 所在内存单元的内容就是主调函数中 A[0]的地址,或说 ps 指向主调函数中的 A[0]。

接着执行被调函数 sub,定义变量 t 并初始化,使 t 与 ps 指向相同,于是 t 指向 main 的 A[0],第一次计算 while(t<=ps+N−1),结果为真,进入循环。根据表达式 *t>= 75 的结果(***t 为 t 所指向对象的值,即 main 中 A[0]的值**),决定是否执行语句"*t=(int)(sqrt(*t)*10);"(***t 依旧是 A[0]的值**),接下来执行"t++;",使 t 后挪 1 步,指向 A[1]。之后回到循环头再次计算 while(t<=ps+N−1),此时 ps 依旧指向 A[0],但 t 已指向 A[1],表达式 t<=ps+N−1 依旧为真。继续循环,接着对 A[1]的处理与 A[0] 类似,如此反复,至到将 A[N−1]处理完毕,再次执行"t++;",使 t 指向 A[N−1]之后的内存单元,再次回到循环头时,表达式 t<=ps+N−1)的值为假,结束循环,继而结束被调函数 sub 的运行(当然,形参 ps 以及自动类变量 t 也随之消亡)。

返回 main，从“printf("\nresult：\nA[0]…A[N−1]\n")；”开始向下执行，输出数组 A。显然，被调函数执行过程中，主调函数 main 内的数组 A 实实在在地被遍历。以下讨论：

① 本例主调函数中的“sub(p)；”为何也可写为“sub(A)；”？

执行“sub(p)；”前，已执行“p=A；”。函数调用时，实参为 p（**指向数组 A 的首地址**），要传给形参的是数组 A 的首地址，无论实参形式如何，只要能达目的即可。若直接用数组 A 的名字，这个地址常量做实参，则函数调用时系统会将数组 A 的首地址复制给形参，故可将“sub(p)；”写为“sub(A)；”。

② 不可将被调函数中“while(t<=ps+N−1)”写为“while(t<&A[N−1])”，为何？

数组 A 是在主调函数 main 中由“int i，A[N]；”定义，其作用域仅限于 main 函数中。即数组 A 仅在 main 函数中可见，在被调函数中不可见，故被调函数中直接使用数组 A 的做法 while(t<&A[N−1]) 不可行。但数组 A 的生存期是从定义的那一刻开始，直到主函数执行结束。因执行被调函数的过程中，主调函数的执行并没结束只是暂停，故这段时间数组 A 在内存中一直存在，既然存在我们就可访问（**静态外部变量除外**），但因不可见，故只能间接访问，while(t<=ps+N−1)正是通过指向数组元素的指针变量 ps 间接访问数组元素。

③ 主函数最后一个循环用来输出数组 A 的所有元素，为何进入循环前，没用“p=A；”将 p 指向数组 A 的首址？

main 函数中调用函数前，已执行“p=A；”将 p 指向数组 A 的首地址，之后直到进入循环前，p 的值再没被改变，即进入循环前，p 仍指向数组 A 首地址，故没必要执行“p=A；”。程序中，对一个指针变量是否需要重置其值，取决于该指针变量当前的指向是否为程序代码此刻的需要，而非凭想象或硬套。

④ 例中被调函数的函数头可改为 sub(int ps[])，它与 sub(int ＊ ps) 等效。若数组名或指针变量做函数实参，对应形参可为指针变量，也可为同类型的数组，且形参数组不需指定大小（**C 编译器对形参数组大小不作检查，会将其当作一个同类型的指针变量**），但形参类型必须和相应实参类型相同（**实参可为数组名或指向数组元素的指针变量或值为数组元素地址的表达式，比如 &A[0]、&A[1]等**），且实参和形参应分别在主调和被调函数中定义（**例见 c7-6-1.c、c7-4-2.c 及 7.7 节的例 7.24**）。

【例 7.6】 数组名做函数实参。

```
//代码段 c7-6-1.c
#include <stdio.h>
#include <math.h>
main()
{
    int A[10],n, * p=A;
    void Print(int * a);
    void In(int * a);
    void sub(int ps[],int n);
    printf("请输入数组 A 各元素:\n");
```

```
        In(A);
        Print(A);
        printf("\n\n请输入 n:\n");
        scanf("%d",&n);
        sub(p,n);
        printf("从 A[%d]起>=75 的被开根后乘 10\n",n);
        Print(&A[0]);
        printf("\n\n");
    }
    void In(int a[])              //可改为 void Print(int * a)
    {
        int * p=a;
        for(;p<=a+9;p++)
        {
            scanf("%d",p);
        }
    }

    void Print(int * a)          //可改为 void Print(int a[])
    {
        int i=0;
        printf("\nA[0]…A[9]\n");
        for(;i<=9;i++)
            printf("%d ",a[i]);
    }
    void sub(int ps[],int n)      //第一个形参为整型数组 ps,int ps[]可改为 int * ps
    {
        int * t=ps+n;             //定义整型指针变量 t,并初始化为 ps+n
        while(t<=ps+9)            //不可写为 while(t<=&A[9])
        {
            if(* t>=75)
            * t=(int)(sqrt(* t) * 10);
            t++;
        }
    }
```

图 7.7 是 c7-6-1.c 的一次运行情况,请分析执行过程和运行结果(**注意注释语句所提问题**)以及程序功能。

⑤ 若两个指针变量,指向同一数组的两个元素,则该两指针变量可进行相减算术运算,结果表示两个指针变量所指向的两个元素间相隔几个元素(**例见 c7-7-1.c**),显然不能将该两指针变量进行相加算术运算,因为没有实际意义。

⑥ 若指针变量 p 指向一维数组首地址 A,则数组元素 A[i]也可表示为 p[i](一般地,若指针变量 p 指向一维数组的第 n+1 个元素 A[n],n 为正整数,且 0≤n≤数组元素的个数−1,则 p[i]就是 A[n+i],i 为正整数且 0≤i≤数组元素的个数−1−n,二维及多维数

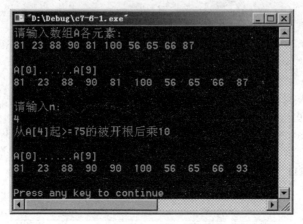

图 7.7　c7-6-1.c 的运行情况

组情形与此类似,例见 c7-7-1.c)。

【例 7.7】　分析以下程序的运行结果,并讨论各种等效情况。

```
//代码段 c7-7-1.c
#include <stdio.h>
main()
{
    int i,sum=0,A[10]={0},B[2][2][3]={1,2,3,4,5,6,7,8,9,10,11,12};
    int * p1=&A[1], * p2=&A[9], * p=A, * q1=&B[0][0][1], * q2=&B[1][0][2];
    printf("p2-p1=%d\n",p2-p1);      /* 输出结果:p2-p1=8,表明 p2、p1 所指两元素间相
                                        隔 8 个元素。因 p1 指向 A[1],p2 指向 A[9]。数
                                        组 A 各元素在内存的存储顺序为 A[0]、A[1]、
                                        A[2]、A[3]、A[4]、A[5]、A[6]、A[7]、A[8]、A[9],
                                        A[1]和 A[2]之间相隔 1 个元素,A[1]到 A[3]相隔
                                        2 个元素,…,A[1]到 A[9]相隔 8 个元素 */
    printf("q2-q1=%d\n",q2-q1);      /* 输出结果:q2-q1=7,表明 q2、q1 所指两元素间
                                        相隔 7 个元素。数组 B 各元素在内存的存储顺
                                        序为 B[0][0][0]、B[0][0][1]、B[0][0][2]、
                                        B[0][1][0]、B[0][1][1]、B[0][1][2]、
                                        B[1][0][0]、B[1][0][1]、B[1][0][2]、
                                        B[1][1][0]、B[1][1][1]、B[1][1][2],现在 q1
                                        指向 B[0][0][1],q2 指向 B[1][0][2],故二者所
                                        指向的元素间相隔 7 个元素 */
    printf("q2>q1=%d\n",q2>q1);      //输出结果:1
    for(i=0;i<=9;i++)
        scanf("%d",&p[i]);           //等效于"scanf("%d",p+i);"或"scanf("%d",&A[i]);"
    printf("\n");
    for(i=0;i<=9;i++)
        printf("A[%d]=%d, ",i,A[i]); //输出数组 A 各元素
    for(i=0;i<=9;i++)
```

```
        printf("A[%d]=%d, ",i,*(A+i));    //输出数组 A 各元素,*(A+i)等效于 A[i]
    for(i=0;i<=9;i++)
        printf("A[%d]=%d, ",i,p[i]);    //输出数组 A 各元素,p[i]等效于 A[i]
    for(i=0;i<=9;i++)
        sum+=*(p+i);                     //将数组 A 各元素值累加至 sum,等效于 sum+=A[i];
    printf("\n");
    printf("\nsum=%d\n\n",sum);
    p=&A[5];                             //注意 p 的指向!
    for(i=0;i<=10-1-5;i++)
        printf("p[%d]=%d,A[%d]=%d\n",i,p[i],5+i,A[5+i]);  /*此时 p[0]不是 A[0],而
                                                             是 A[5],p[1]是 A[6],
                                                             p[2]是 A[7],…,p[4]
                                                             是 A[9] */
    p=&B[0][1][1];                       //①注意 p 的指向;②p 不是多级指针,而是一级指针
    for(i=0;i<=(2*2*3-1)-(5-1);i++)      //按数组元素的存储顺序,B[0][1][1]是数组
                                         B 的第 5 个元素
        printf("p[%d]=%d\n",i,p[i]);  /* p[0]是 B[0][1][1](而非 B[0][0][0]),
                                         p[1]是 B[0][1][2],p[2]是 B[1][0][0],
                                         p[3]是 B[1][0][1],p[4]是 B[1][0][2],
                                         p[5]是 B[1][1][0],p[6]是 B[1][1][1],
                                         p[7]是 B[1][1][2] */
    for(i=0;i<=(2*2*3-1)-(5-1);i+=5)
        printf("p[%d]=%d;",i,*(p+i));    //*(p+i)与 p[i]等效,输出:p[0]=5;p[5]=10;
}
```

7.2.2 节中例 7.4 的 c7-4-1.c,所有功能都在 main 函数中实现,程序可读性差,现改为函数调用实现(见 c7-4-2.c)。

【例 7.8】 用函数调用实现例 7.4(根据成绩计算奖金,并统计获奖同学占学生总数的比例)。

```
//代码段 c7-4-2.c
#include <stdio.h>
#include <math.h>
#define N 80
main()
{
    void Print(int * p,int * q,int * c);       //声明函数 Print
    void Calculale(int * a,int * q,int * c);   //声明函数 Calculale
    void Input(int * p);                        //声明函数 Input
    int A[N],B[N]={0}, * p=A, * q=B,c=0;
    Input(A);                                   //调用 Input,输入成绩
    Calculale(A, B,&c);                         //调用 Calculate,计算奖学金
    Print(A, B, &c);                            //调用 Print,输出相关结果
}
```

```c
void Input(int * a)
{
    int * p=a;          //使 p 指向形参 a 指向的内存单元
    while(p<=a+N-1) //亦可为 while(p<=&a[N-1])
    {
        scanf("%d",p);
                    //间接访问 main 函数中数组 A 各元素(p 依次指向 main 内数组 A 的各元素)
        p++;            //使 p 后挪 1 步,指向下一个元素
    }
}
void Calculale(int * a,int * q,int * c)
                                //亦可为 void Calculale(int a[],int q[],int * c)
{
    int * p=a;
    while(p<=a+N-1)        //亦可为 while(p<=&a[N-1])
    {
        if(* p>=60&&* p<70)
            * q=(int)(sqrt(* p)* 10);
        else if(* p>=70&&* p<80)
            * q= * p+20;
        else if(* p>=80&&* p<90)
            * q= * p+35;
        else if(* p>=90&&* p<=100)
            * q= * p+60;
        else if(* p>=0&&* p<60)
        {
            * q=0;
            (* c)++;   //统计未获奖学生数
        }
        p++;
        q++;
    }
}
void Print(int * p,int * q,int * c)
{
    int * a=p,i=0;
    printf("\nresult:\nA[0]…A[N-1]\n");
    while(a<=p+N-1)        //亦可为 while(a<=&p[N-1])
    {
        printf("第%d 位学生:成绩%d,奖金%d\n",i+1,* a,* q);
        a++;
        q++;
        i++;
    }
```

```
        printf("\n获奖同学占比:%f%%\n",(N-(*c))*1.0/N*100);
}
```

c7-4-2.c 中,数组 A、B 以及相关变量都在 main 函数中定义,通过有参函数的调用,将相关地址传至被调函数的形参,被调函数中间接访问主调函数内的数组及变量。而 c7-4-3.c 中,将相关变量(包括数组)的定义放在函数体外,通过无参函数的调用实现上述代码段的功能。

```
//代码段 c7-4-3.c
#include <stdio.h>
#include <math.h>
#define N 80
int A[N],B[N]={0},c=0;
main()
{
    void Print();            //声明函数 Print
    void Calculale();        //声明函数 Calculale
    void Input();            //声明函数 Input
    Input();                 //调用 Input,输入成绩
    Calculale();             //调用 Calculate,计算奖学金
    Print();                 //调用 Print,输出相关结果
}
void Input()
{
    int * p=A;               //使 p 指向数组 A 的首地址
    while(p<=A+N-1)          //可否为 while(p<=&A[N-1])?
    {
        scanf("%d",p);       //间接访问数组 A 各元素(p 依次指向数组 A 的各元素)
        p++;                 //使 p 后挪 1 步,指向下一个元素
    }
}
void Calculale()
{
    int * p=A, * q=B;
    while(p<=&A[N-1])       //可否为 while(p<=A+N-1)?
    {
    if(*p>=60&&*p<70)
        *q=(int)floor(sqrt(*p)*10);
    else if(*p>=70&&*p<80)
        *q=*p+20;
    else if(*p>=80&&*p<90)
        *q=*p+35;
    else if(*p>=90&&*p<=100)
        *q=*p+60;
```

```
        else if(* p>=0&& * p<60)
        {
            * q=0;
            c++;                    //统计未获奖学生数
        }
        p++;
        q++;
    }
}

void Print()
{
    int * p=A, * q=B,i=0;
    printf("\nresult:\nA[0]…A[N-1]\n");
    while(p<=A+N-1)       //可否为 while(a<=&A[N-1])?
    {
        printf("第%d位学生:成绩%d,奖金%d\n",i+1,* p,* q);
        p++;
        q++;
        i++;
    }
    printf("\n 获奖同学占比:%f%%\n",(N-c) * 1.0/N * 100);
}
```

c7-4-1.c、c7-4-2.c、c7-4-3.c 分别采用所有代码均在 main 函数中、main 函数中定义相关变量后进行有参调用、定义外部变量后进行无参调用三种不同方法解决同一问题,实际中采用结构化编程,一般不会像 c7-4-1.c 那样,而是用第二、三种方法,或二者相结合,具体采用哪种方法,需具体问题具体分析(**若被调函数需返回不止一个值,可使用外部变量的方法,或使用多个指针变量做形参的方法,或使用自定义结构体的方法**)。

【例 7.9】 用指针变量实现,将含 20 个元素的 float 型数组 a 中各元素逆序后输出。
具体分析如下:
① 逆序是要改变数组元素的值,而非仅按 a[19]、a[18]、…、a[0]的顺序输出。
② 定义相关变量并初始化:

float a[20], * p1=a, * p2;

③ 为数组元素赋值:

```
{   while (p1<=a+19)
    {scanf("%f",p1);p1++;}
}
```

④ 逆序前将指针定位:使 p1、p2 分别指向数组第一、最后一个元素

p1=a;p2=&a[19];

⑤ 逆序:互换 p1、p2 所指元素值,之后 p1 后移一步,p2 前移一步,再互换 p1、p2 所

指元素值,再移动 p1、p2,直到 p1≥p2,退出循环,不再互换。

⑥ 输出结果。

根据以上分析,写出以下代码段 c7-8-1.c。

```
//代码段 c7-8-1.c
#include <stdio.h>
main()
{
     float a[20],*p1=a,*p2,t;
     while (p1<=a+19)
     {
         scanf("%f",p1);
         p1++;
     }
     p1=a,p2=&a[19];
     for(;p1<p2;p1++,p2--)              //循环条件不能错!否则互换次数错,结果则错!
         t=*p1,*p1=*p2,*p2=t;
     for(p1=a;p1<=a+19;p1++)
         printf("%f ",*p1);
     printf("\n");
}
```

7.4　用指针处理字符串

C 语言中,没有字符串型变量,学习指针前,我们处理字符串是用字符型数组(**如例 c7-9-1.c 所示**),现在有了指针,也可用字符型指针变量处理字符串,例如代码段 c7-9-2.c。

```
//代码段 c7-9-1.c
#include <stdio.h>
main()
{  char str[]="I love China!";
   printf("%s\n",str);  //输出为:I love China!
   printf("%s\n",str+7);//输出为:China!
}
```

c7-9-1.c 中,用字符型数组 str 存储及输出字符串。printf 函数中格式字符%s 用以输出字符串。其后相应的输出项给出的,实质是一个**地址**(**该地址可以是字符串的首址,如 c7-9-1.c 中的第 1 个 printf**,也可是字符串的中间某个字符所在内存单元的地址,如 **c7-9-1.c 中的第 2 个 printf**)。从该地址开始逐个向后读取内存单元中的字符,直到内存单元的内容为字符'\0'(**字符串结束标志**)为止。以上代码段功能,可用字符型指针变量实现。

```
//代码段 c7-9-2.c
#include <stdio.h>
```

```
main()
{
    char * str="I love China!";    //定义 char 型指针变量 str,并指向串的第一个字符'I'
    printf("%s\n",str);            //输出:"I love China!",之后光标移至下行行首
    while( * str!='\0')
                //'\0'为串结束标志,仅当 str 指向'\0',表达式" * str!='\0'"的值才为假
    {
        putchar( * str);           //每次输出一个字符(putchar 输出后不换行)
        str++;
    }
    putchar('\n');
}
```

c7-9-2.c 中,执行语句"char * str = "I love China!";",定义指针变量 str,并指向串"I love China!"的开始(字符'I')。进入循环,此时循环头 while(* str! = '\0')中的 * str 的值是 str 所指对象的内容(字符'I'),关系表达式 * str! = '\0'的值为真,进入循环,执行语句"putchar(* str);",输出字符'I',之后执行"str + +;",使 str 后挪 1 步,指向'I'后的空格字符(**空格是字符串的有效字符,与串结束标志\0'完全是两码事**),之后回到循环头while(* str! = '\0'),重新计算 while 后括号中表达式的值,此时 * str 为有效字符空格,表达式 * str! = '\0'的值为真,再次执行循环体,输出空格后 str 再后移 1 步指向下一个字符'l'。如此反复,直到输出最后一个字符'!',str 再后移一步,指向'\0'(**字符串结束标志**),然后回到循环头 while(* str! = '\0'),此时 * str 为'\0',于是 * str! = '\0'值为假,退出循环。

【例 7.10】 将字符数组 a 的第 5 个字符起的所有字符复制到字符数组 b。

分析:以下分别用字符型数组(c7-10-1.c)、字符型指针变量(c7-10-2.c)编程实现。c7-10-1.c 中,所有代码均在 main 函数中,可改用函数完成字符复制,main 函数中调用该函数。请读者改写程序。

```
//代码段 c7-10-1.c
# include <stdio.h>
# include <string.h>
# include <stdlib.h>
main()
{
    char a[20],b[20];
    int i=0,j=0;
    gets(a);                       //为字符数组 a 赋值
    puts("\nnow, array a is:");
    puts(a);
    if(strlen(a)<5)                //库函数 strlen 的原型在头文件<string.h>中
    {
        printf("\n 串长度小于 5,无法继续!\n");
        exit(1);                   //非正常退出,不再运行到 main 的最后
    }
```

```
    while(a[i]!='\0')           //若 a[i]为'\0',则结束循环
    {
        if(i<4)                 //跳过数组 a 的前 4 个字符不复制
        {
            i++;
            continue;
        }
        b[j]=a[i];              //将 a[i]的值复制给 b[j]
        i++;
        j++;
    }
    b[j]='\0';                  //为数组 b 添加字符串结束标志'\0'
    puts("\nLater, array b is:");
    puts(b);
}
```

图 7.8 是其一次运行结果（**第一行为用户输入**）。

如何用指针变量实现上述代码段的功能？编程思路没变，但要注意字符串的结束标志等问题。一般地，用指针变量处理字符串需考虑如下几点。

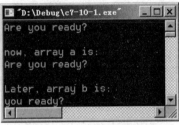

图 7.8 c7-10-1.c 的运行结果

① 定义相关指针变量并对其初始化。

② 按题意将指针变量定位（**如本例将指针变量定位于串的第 5 个字符，即指向串的第 5 个字符**）。

③ 指针变量定位后，按题意对字符串进行处理（**或计数、或复制、或转换等，本例为复制**）。处理过程中，注意按题意移动指针变量，以指向串中不同字符。通常，利用循环对串中字符逐一处理，直到遇到字符串结束标志'\0'终止循环，根据题意，有时也可利用 if 语句提前结束循环。

④ 密切关注指针变量当前的指向，考虑是否需要重新为其赋值。

⑤ 考虑是否需要为相关字符串加上结束标志'\0'。

⑥ 输出结果。

按题意，根据上述分析，便可写出 c7-10-2.c。

```
//代码段 c7-10-2.c
#include <stdio.h>
#include <string.h>
#include <stdlib.h>
main()
{
    char a[80],b[80];
    char * pa=a, * pb=b;        //定义字符指针变量 pa、pb,并分别指向 a[0]、b[0]
    int i=0;
    gets(pa);                   //可否改为"gets(a);"?
    puts("\nnow, array a is:");
```

```
        puts(pa);                           //可否改为"puts(a);"?
        if(strlen(pa)<5)                    //可否改为"if(strlen(a)<5)"?
        {
            printf("\n串长度小于 5,无法继续!\n");
            exit(1);
        }
        while(* pa! ='\0')                  //pa 所指对象为'\0'时结束循环
        {
            if(i<4)
            {
                i++;
                pa++;                       //若无此语句,将会如何?
                continue;
            }
            * pb= * pa;                     //将 pa 所指字符复制给 pb 所指的单元
            pa++;
            pb++;
        }
        * pb='\0';                          //为 pb 所指对象赋值'\0'
        puts("\nLate, array b is:");
        pb=b;                               //将 pb 重新指向 b[0],必须如此吗?为何?
        puts(pb);                           //可否改为"puts(b);"?
        puts("\n");
    }
```

关于 c7-10-2.c,以下讨论两个问题:

① 若循环体的 if 语句内,没有"pa++;",程序运行结果如何?

若循环体的 if 语句内,没有"pa++;",则进入循环前,pa 指向 a[0],4 次循环后,pa 仍指向 a[0]。第 5 次进入循环体时,i=4,直接跳过 if 语句,执行"* pb= * pa;",因 pa 指向 a[0],故将 a[0] 的值复制给 b[0]。执行"pa++;",pa 向后挪一步,指向 a[1],执行"pb++;",pb 向后挪动一步,指向 b[1],回到循环头进行判断,假设 a[1] 不为'\0',则再次进入循环,又把 a[1] 的值复制给 b[1],之后 pa,pb 皆向后挪一步,再次回到循环头进行判断,以此类推,直到 pa 指向'\0',退出循环。所以若循环体的 if 语句内,没有"pa++;",则运行的结果是将数组 a 的所有字符复制给数组 b,显然不合题意。

② 代码段最后部份,语句"puts(pb);"之前的语句"pb=b;",必须要有吗?

"pb=b;"的作用是将 pb 指向 b[0],该语句必须要有。否则执行到语句"puts(pb);"时,由于其前语句"* pb='\0';"的执行,使 pb 指向'\0',导致"puts(pb);"无任何输出便将光标移至下行行首(**puts 输出后自动将光标移至下行行首**)。这是因为"puts(pb);"输出的是从 pb 所指字符开始、直到'\0'为止的字符串。现在 pb 就指向'\0',故什么也不输出,由于用的是 puts 函数,故光标移至下行行首。若将"puts(pb);"改为"puts(b);",则"pb=b;"便不再需要,因 b 为数组名,为地址常量,其值就是 b[0] 的地址,无论 pb 指向如何,"puts(b);"执行的结果都是输出数组 b 中的从 b[0] 开始直到'\0'结束的所有元素。

请读者针对以上各种情况以及注释语句中提出的问题,运行、验证、分析程序,以加深理解。

若将代码段 c7-10-2.c 中字符复制功能改用函数调用实现,其余工作在主函数中完成,要求函数参数为指针变量,如何修改代码段?

其他分析同前,现只考虑实现被调函数时的相关细节。主函数中定义的两个用来存放字符串的字符数组,在被调函数中不可见,无法在被调函数中直接访问它们。但题目却要求在被调函数中访问它们,故只能通过指针变量间接访问它们。为此,要将它们的首地址传到被调函数,如何传?当然通过实参,为能成功接收实参传来的地址,被调函数的形参就应是与实参同类型的指针变量(或与实参同类型的数组)。分析至此,已不难给出实现前述要求的 c7-10-3.c,其中,形参与实参皆为字符型指针变量(**也称 char 型指针变量,或称字符指针变量**)。

```c
//代码段 c7-10-3.c
#include <stdio.h>
#include <string.h>
#include <stdlib.h>
void mycopy(char * p1,char * p2) //形参为字符型指针变量 p1、p2
{
    int i=0;
    if(strlen(p1)<5)                   //可否改为 if(strlen(a)<5)或 if(strlen(pa)<5)?
    {
        printf("\\n串长度小于 5,无法继续!\n");
        exit(1);
    }
    while(* p1!='\0')              //p1 所指对象为'\0'时结束循环
    {
        if(i<4)
        {
            i++;
            p1++;
            continue;
        }
        * p2= * p1;                    //将 p1 所指字符复制给 p2 所指的单元
        p1++;
        p2++;
    }
    * p2='\0';                     //为 p2 所指对象赋值'\0'
}
main()
{
    char a[80],b[80],* pa=a,* pb=b;
    gets(pa);
    puts("\nnow,array a 为:");
```

```
        puts(pa);
        mycopy(pa,pb);
        puts("\nLater,array b 为:");
        puts(pb);                         //可否改为"puts(b);"?
        puts("\n");
    }
```

　　程序运行时(当然是从主函数 main 开始)，执行到 main 内的"mycopy(pa,pb);"，调用被调函数 mycopy(实参为字符型指针变量 **pa、pb**，分别指向字符数组 **a、b** 的首地址)，系统保护好现场，之后计算实参的值并分别复制传递给相应形参(**两实参的计算结果分别为 main 函数中数组 a、b 的首地址，分别被传给形参 p1、p2**)。于是被调函数中，p1、p2 分别指向 main 函数内的数组 a、b 的首址，即 p1、p2 分别指向此处不可见的 a[0]、b[0]。被调函数循环体中，先将 p1 按题意定位到第 5 个字符，之后将 p1 指向的字符复制给 p2 指向的元素，通过对 p1、p2 的＋＋运算，使 p1、p2 向后挪动，以分别指向两数组中的当前元素的下一元素，并逐一进行操作，直到数组 a 的元素为'\0'。当然被调函数的最后，应考虑是否需要为数组 b 加上串结束标志'\0'。当被调函数执行结束，返回主调函数，虽被调函数的形参 p1、p2 及局部变量 i 皆已消亡，但主调函数中的数组 a、b 依然存在，最后输出的数组 b 便是按要求复制所得。

　　请思考：

　　① c7-10-3.c 的主调函数 main 中，执行语句"puts(pb);"前，为何没有用"pb＝b;"，将 pb 重新指向数组 b 的首地址？

　　② 以下代码段 c7-10-4.c 的功能是什么？

//代码段 c7-10-4.c
```
#include<stdio.h>
#include<string.h>
#include<stdlib.h>
void mycopy(char p1[],char p2[])
{
    int i=0;
    char * q1=p1, * q2=p2;
    if(strlen(p1)<5)              //可否改为 if(strlen(q1)<5)?
    {
        printf("\n 串长度小于 5,无法继续!\n");
        exit(1);
    }
    while(* q2!='\0')
    {
        q2++;
    }
    while(* q1!='\0')
    {
```

```
        if(i<4)
        {
            i++;
            q1++;
            continue;
        }
        * q2= * q1;
        q1++;
        q2++;
    }
    * q2='\0';
}
main()
{
    char a[60],b[255];
    puts("输入字符串(不超过 50 个字符):");
    gets(a);
    puts("输入字符串(不超过 50 个字符):");
    gets(b);
    puts("\nnow,array a is:");
    puts(a);
    mycopy(a,b);
    puts("\nLater,array b is:");
    puts(b);
    puts("\n");
}
```

思考:若将 c7-10-4.c 的 if 语句中的 4 改为变量 n(n 为大于零的正整数),并且 n 在主函数中定义,程序运行时键盘输入其值,如何改写代码段?

【例 7.11】 先将第 1 个串 s1 的左起前三个字符连接在第 2 个串 s2 的后面(**若 s1 串长度小于 3,则将 s1 的全部字符连接到 s2 的后面**),再将第一个串 s1 的右起前三个字符连接在新的串 s2 的后面(**若 s1 串长度小于 3,则将 s1 的全部字符连接到 s2 的后面**)。

例如,若 s1 为 abcde,s2 为 Q68q,则最终的 s2 为 Q68qabcedc,若 s1 为 ab,s2 为 Q68q,则最终的 s2 为 Q68qabba。

根据前所述需考虑的几点,对本例分析如下:

① 定义相关变量:

char s1[30],s2[100], * ps1, * ps2; int i=0;

② 为相关变量赋初值:

gets(s1); gets(s2); ps1=s1; ps2=s2;

③ 按题意定位:
第一次连接时,使 ps2 指向 s2 的尾部,使 ps1=s1。

第二次连接时，使 ps2 指向 s2 的尾部，使 ps1 指向 s1 的右起一个字符。

④ 连接：

第一次连接时，反复执行 { * ps2 = * ps1; ps2 ++; ps1 ++; i ++; }，当 { * ps1 != '\0') && (i<3)}

第二次连接时，反复执行 { * ps2 = * ps1; ps2 ++; ps1 --; i ++; }，当 {i < strlen (s1)) && (i<3)}

⑤ 检查是否需加串结束标志 '\0'。

⑥ 输出相关结果。

据此写出代码段 c7-11-1. c，相关说明以注释形式给出，请读者自行分析。

```
//代码段 c7-11-1.c
#include <stdio.h>
#include <string.h>
main()
{
    char s1[30],s2[100],* ps1=s1,* ps2=s2;
    int i=0;
    gets(ps1);                       //为 s1 赋值
    gets(ps2);                       //为 s2 赋值
    printf ("\nNow\ns1 为:%s\n", s1); //输出第 1 个串 s1
    printf ("s2 为:%s\n", s2);        //输出第 2 个串 s2
    while(* ps2!='\0')
        { ps2++; }                   //为 ps2 定位,使其指向 s2 的 '\0'
    while( (* ps1!='\0') && (i<3) )   //搞不清运算优先级时,可加括号
    {
        * ps2= * ps1;
        ps2++;
        ps1++;
        i++;
    }
    ps1=s1;
    while(* ps1!='\0')
    {
        ps1++;
    }
    ps1--;                           //若无此语句,则 ps1 指向 s1 的结束标志 '\0'
    i=0;
    while( (i<strlen(s1)) && (i<3) )  //搞不清运算优先级时,可加括号
    {
        * ps2= * ps1;
        ps2++;
        ps1--;
        i++;
```

```
    }
    *ps2='\0';              //因*ps1=='\0'时便退出循环,故退出循环后,应把'\0'加至新串后
    printf ("\nLater\ns1为:%s\n", s1);//输出第1个串s1
    printf ("s2为:%s\n", s2);        //输出连接后的第2个串s2
}
```

思考:若在被调函数中完成串的连接,其余在 main 函数中完成,如何改写上述代码段?

7.5　指针的其他应用

7.5.1　指针数组和数组指针

1. 指针数组

指针数组是一个数组,这个数组中的所有元素是一组具有相同类型的指针变量。若掌握了数组、指针,那么指针数组的掌握也就不成问题。若只需一两个整型变量,我们就直接定义简单变量,但若需要定义很多个相同类型的变量,我们就定义一个数组。同样,若需定义很多个类型相同的指针变量,我们就定义指针数组。

指针数组的定义:

> 存储类别 数据类型 * 数组名[长度];

其中,存储类别是指针数组的存储类别。以下两例为指针数组应用(**相关说明见注释语句**)。

【例 7.12】　利用指针数组实现对三个整数按从小到大顺序进行输出。

```
//代码段 c7-12-1.c
#include <stdio.h>
main()
{
    int a[3],i,* t;
    int * p[3]; //定义整型指针数组p[3](含p[0]、p[1]、p[2]三个元素,皆为整型指针变量)
    for(i=0;i<3;i++)
        p[i]=&a[i];                    //将p[i]指向a[i]
    for(i=0;i<3;i++)
        scanf("%d",p[i]);              //与"scanf("%d",&a[i]);"等效
    if(* p[0]> * p[1])                 //若p[0]所指对象>p[1]所指对象
        t=p[0],p[0]=p[1],p[1]=t;       //交换p[0]、p[1]的指向
    if(* p[0]> * p[2])                 //若p[0]所指对象>p[2]所指对象
        t=p[0],p[0]=p[2],p[2]=t;       //交换p[0]、p[2]的指向
    if(* p[1]> * p[2])                 //若p[1]所指对象>p[2]所指对象
```

```
            t=p[1],p[1]=p[2],p[2]=t;            //交换 p[1]、p[2]的指向
        printf("三整数按原大小顺序为：%d,%d,%d",a[0],a[1],a[2]);
        printf("\n 三整数按从小到大顺序为：%d,%d,%d\n",*p[0],*p[1],*p[2]);
    }
```

【例 7.13】 利用指针数组实现对字符串按从小到大的顺序输出。

```
//代码段 c7-13-1.c
#include <stdio.h>
#include <string.h>
main()
{
    char *d[]={"qin","hua","fu","hong", "cai"};   /*定义 char 型指针数组 d,并使
                                                      d[0]、…、d[4]分别指向串
                                                      "qin"、"hua"、"fu"、"hong"、
                                                      "cai" */
    char *t;           //定义字符型指针变量 t
    int i,j,k;
    puts("Before: \n");
    for(i=0;i<5;i++)
        puts(d[i]);        //输出排序前的字符串
    for (i=0;i<4;i++)
    {
        k=i;
        for(j=i+1;j<5;j++)
            if (strcmp(d[k],d[j])>0)   //此时 d[k]、d[j]分别指向第 k、j 个字符串
                k=j;
        if (k!=i)
            t=d[k],d[k]=d[i],d[i]=t;  //互换 d[k]、d[i]的指向
    }
    puts("\nAfter: \n");
    for(i=0;i<5;i++)
        puts(d[i]);                    //输出排序后的字符串
    putchar('\n');
}
```

2. 数组指针

数组指针是一个指针变量。与其他指针变量不同的是,数组指针变量(简称数组指针)指向的是一个数组,通常用于处理二维数组,让其指向二维数组的某一行,数组指针的定义如下：

存储类别 数据类型 (*变量名)[长度];

说明：

① 长度是数组指针所指一维数组的元素个数。因数组指针用于指向二维数组中的

一维数组。所以定义数组指针时,其长度应与将来要指的(**二维数组中的**)一维数组的元素个数相同,也即其长度应与要指向的二维数组的列数相同(**例见 c7-14-1.c**)。

② 定义中的括号()不能少。例如,"int(＊p)[5];"是定义一个数组指针变量(**存储类别省略,表明该指针变量的存储类别为 auto**),该指针变量用于指向一个含有 5 个元素的一维整型数组。而"int ＊a[5];"是定义一个指针数组,该数组含有 5 个元素,每个元素都是一个整型指针变量。

【例 7.14】 用数组指针访问二维数组元素。

```
//代码段 c7-14-1.c
#include <stdio.h>
main()
{
    int i,j;
    float a[3][4]={ {1,3,5,7}, {9,2,4,6}, {8,10,8,9} };
    float (＊p)[4];      /＊定义 p 是一个指针变量,用于指向含 4 个 float 型元素的一维数
                            组。若执行"p++;",则移动一个由 4 个 float 型元素组成的一维
                            数组。即若 p 现指向 a[0][0],则 p++后,p 将指向 a[1][0],而非
                            指向 a[0][1]。若再次"p++;",p 将指向 a[2][0],这里 p 的一步
                            为二维数组的一行 ＊/
    for(p=a,i=0;i<3;i++,p++)
    {
        for(j=0;j<4;j++)
            printf("%f  ", ＊(p+j) );/＊  ＊p 为 a[i],即 &a[i][0],＊p+j 为
                                        &a[i][j],＊(＊p+j)为 a[i][j] ＊/
        printf("\n");              //每行输出 4 个元素
    }
    printf("\n");
}
```

代码段 c7-14-1.c 中:

① 数组指针 p 是一个指向一维数组(**元素个数为 4**)的指针变量。

② 数组 a 为二维数组,其第二维元素个数为 4,故定义数组指针 p 时,其长度应为 4。

③ 二维数组的降维理解。

就本例而言,二维数组 a[3][4]由 3 行组成,每行含有 4 个元素,而每一行的 4 个元素构成一个维数为 4 的一维数组,每个一维数组可看成一个元素 a[i],即:将第一行的 4 个元素 a[0][0]、a[0][1]、a[0][2]、a[0][3]视为一个整体 a[0],第二行的 4 个元素 a[1][0]、a[1][1]、a[1][2]、a[1][3]视为一个整体 a[1],第三行的 4 个元素 a[2][0]、a[2][1]、a[2][2]、a[2][3]视为一个整体 a[2],于是二维数组 a[3][4]便可视为由 a[0]、a[1]、a[2]三个元素构成的一个一维数组,此即所谓二维数组的降维。

a 为二维数组的名字,是二维数组的首地址,也是降维后的一维数组的首地址。对含有 a[0]、a[1]、a[2]这三个元素的一维数组而言,a 是其第一个元素 a[0]的地址,即:a＝&a[0],故有 ＊a＝a[0]。

对二维数组而言,数组名 a 和数组指针 p 一样(**但 p 是变量,而 a 是常量**),是行指针。所谓行指针,是指对其进行算术运算后,得到的地址是该行指针当前指向行的之前(**或之后**)若干行的地址。称 a 为二维数组的行指针,意即 a 指向二维数组的第 0 行,a+1 则指向第 0 行的下一行,即第一行,也即 a[1],同理 a+2 则指向第 0 行的下二行,即第二行,也即 a[2]。是一行一行地指,而非一列一列地指,故称为行指针。同理,本例中的数组指针 p 也是行指针。a 指向 a[0],a+1 指向 a[1],a+2 指向 a[2],即:a+i=&a[i],故有: *(a+i)=a[i]。

而 a[0]、a[1]、a[2] 又分别是一个一维数组,它们分别是一维数组的首地址,即:a[0]= &a[0][0]、a[1]=&a[1][0]、a[2]=&a[2][0],故有:a[i]=&a[i][0]。

a[i] 为二维数组的列指针。所谓列指针,是指对其进行算术运算后,得到的地址是,该列指针当前指向列的之前(**或之后**)若干列的地址,也即列指针是一列一列地指。a[0]、a[1]、a[2] 分别为一维数组名,皆为列指针。a[i] 指向 a[i][0],a[i]+j 则指向第 i 个一维数组中的第 j 个元素,即:a[i]+j=&a[i][j],故有: *(a[i]+j)= a[i][j],而 a[i]= *(a+i),故又有: *(*(a+i)+j)= a[i][j]。

总之,将二维数组名 a 理解为行指针,a[i] 理解为列指针。行指针的指向(**从 a 到 a+i**),是从此一行(**第 0 行**)到彼一行(**第 i 行**),而列指针的指向(**从 a[i] 到 a[i]+j**),是从第 i 行的此一列(**第 0 列**)到彼一列(**第 j 列**)。行指针是一行一行地指,而列指针是一列一列地指。注意,二维数组虽然相当于一个二级指针,但不能将二维数组名赋值给普通的二级指针变量,只能赋值给数组指针,因为 a+1 的一步是要挪一行,而非一列。

例 7.15 是用指向数组元素的指针变量访问二维数组元素。代码段中,关键之处已用注释说明。请仔细阅读 c7-14-1.c、c7-15-1.c、c7-16-1.c,加深对二维数组行指针、列指针的理解。

【例 7.15】 用指向元素的指针变量遍历二维数组元素。

```c
//代码段 c7-15-1.c
#include <stdio.h>
main()
{
    float a[3][4];
    float * p;                        //定义 p 为 float 型指针变量
    for(p=&a[0][0];p<=&a[2][3];p++)
        scanf("%f",p);
    for(p=a[0];p<a[0]+3 * 4;p++)
                    //"a[0]"可为"&a[0][0]","p<a[0]+3 * 4"可为"p<=&a[2][3]"
    {
        if((p-a[0])%4==0)
                    //每行输出 4 个元素,p 为当前指向元素的地址,a[0]为 a[0][0]的地址
            printf("\n");
        printf("%f ", * p);
    }
    printf("\n\n");
```

```
        }
```

【例 7.16】 分别用元素下标、指针变量、数组指针和二维数组名输出二维数组元素。

```c
//代码段 c7-16-1.c
#include <stdio.h>
main()
{
    int a[3][4]={{1,2,3,4},{5,6,7,8},{9,0,1,2}};
    int (*p)[4];                            //定义数组指针
    int *q, i,j;
    printf("\n");
    for(i=0;i<3;i++)                        //用下标法输出
    {
        for(j=0;j<4;j++)
        printf("%4d",a[i][j]);
        printf("\n");
    }
    printf("\n");
    for(i=1,q=&a[0][0];q<=&a[2][3];q++,i++)    //用指针变量输出
    {
        printf("%4d", *q);
        if(i%4==0)
            printf("\n");
    }
    printf("\n");
    p=a;
    for(i=0;i<3; i++)                       //用数组指针输出
    {
        for(j=0;j<4;j++)
            printf("%4d", *(*(p+i)+j));
        printf("\n");
    }
    printf("\n");
    for(i=0;i<3;i++)
    {
        for(j=0;j<4;j++)
            printf("%4d", *(*(a+i)+j) ); //用数组名输出
        printf("\n");
    }
    printf("\n");
}
```

7.5.2　指针与函数

指针与函数的关系，一是说指针做函数的参数，二是说函数的返回值是指针，三是说

可以定义一个指向函数的指针变量。第一个问题前面已经讨论,下面简单介绍后两个问题。指向函数的指针变量,称为函数指针。返回指针的函数,称为指针函数。例 7.17 中,被调函数的返回值便是指针(**例中函数返回值是数组元素的地址**)。

1. 返回指针的函数

定义:

> 数据类型 * 函数名(形参表){函数体}

说明:

① 函数名前的 * 表明函数的返回值是指针。

② 数据类型:函数返回值的类型,也即返回的指针类型。

③ 数据类型前可加关键字 static 或 extern 用于指定函数可见范围(**若为前者,则仅在定义的文件内可被调用。若为后者,其他文件中亦可调用该函数**)。

【**例 7.17**】 指针函数示例。

```
//代码段 c7-17-1.c
#include <stdio.h>
int * f(int * pc)          //f前的 * 表明函数返回值是指针,最前面的 int 表明返回整型指针
{
    int * m=pc, * p;
    for(p=pc;p<=pc+7;p++)
        if( * m< * p)
            m=p;
    return m;
}
main()
{
    int c[8], * p, * q;
    for(p=c;p<=c+7;p++)
    scanf("%d",p);
    q=f(c);
    printf("\n最大值地址:%p,其值为:%d\n",q, * q);
}
```

2. 指向函数的指针变量

定义:

> 存储类别 数据类型 (* 指针变量名)();

说明:

① 存储类别:函数指针的存储类别。

② 数据类型:函数返回值的数据类型。

③ 指针变量名用于存放函数在内存中的入口地址,可指向返回值类型相同的不同函数(但函数指针变量所指向的函数要有函数说明)。

函数的地址(也即函数的指针),用函数名表示,是函数在编译时被分配的入口地址(程序运行时,函数也存储在内存,函数的第一条指令在内存中的地址便是函数的入口地址)。

④( )不能省,因 **int (* p)( )** 与 **int * p( )** 不同。

⑤ "p=max;"为对函数指针变量 p 赋值,使其指向函数 max,即让 p 指向函数 max 的入口地址。函数指针的应用见例 7.18。

【例 7.18】 函数指针应用示例。

```
//代码段 c7-18-1.c
#include <stdio.h>
int he(int * p,int n)        //求数组前 n 个元素的和
{
    int i,sum=0;
    for(i=0;i<n;i++)
    sum+=p[i];
    return sum;
}

main()
{
    int a[10], i,n, ( * q)();
    printf("\n 请输入数组元素: ");
    for(i=0;i<10;i++)
        scanf("%d", a+i );
    printf("\n 请输入 n(<10): ");
    scanf("%d", &n );
    q=he;
    printf ("sum(a[0]~a[%d])=%d,  ", n-1,q(a,n) );     //q(a,n)与 he(a,n)等效
    printf ("\n\n" );
}
```

7.5.3 多级指针

指针变量也是变量,在内存中也要占用内存单元(**否则指针变量的值放于何处?**),所以指针变量也有地址,若要保存指针变量的地址,应保存在什么样的变量中?因要存放指针变量的地址,所以这个变量还得是指针变量。但不同的是,之前定义的指针变量存放的是一般变量的地址(**称之前定义的指针变量为一级指针变量**),而现在要定义的指针变量,用于存放的是一级指针变量的地址,称之为**二级指针变量**。类似地,用于存放二级指针变量地址的指针变量称为三级指针变量。以此类推,用于存放 $n-1$ 级指针变量地址的指针变量,称为 n 级指针变量。

二级指针变量的定义:

类似的,定义 n 级指针变量,指针变量名之前就有 n 个 ＊ 。以下是二级指针应用的一个示例,其他多级指针的应用与二级指针类似。

【例 7.19】 多级指针应用示例。

```
//代码段 c7-19-1.c
#include <stdio.h>
main()
{
    int a=5, * p=&a, * * q=&p;
    printf("%d--%d--%d",a, * p, * * q);      //输出为:5--5--5
    printf("\n");
}
```

7.6 main 函数的参数

C 语言中,可在 main 函数中调用其他函数,而不能在其他函数中调用 main 函数。不同书上或同一本书上不同处,main 函数写为 main()｛…｝、void main()｛…｝、void main(void)｛…｝、int main()｛…｝、int main(void)｛…｝等。正是因为别的函数不能调用它,不需要传递参数,也不需要返回值,所以通常,main 函数是无参无返回值函数(**因不需返回值给某个函数,故将其函数类型写为 int 也可,省略不写则默认为 int。另,main 函数后面的()内,什么都没有和写有 void 一样,都表示无参**)。

但是,可以在操作系统命令行方式下,通过命令行方式直接执行由 C 语言源文件经编译生成的 exe 文件,相当于操作系统调用该文件,故 main 函数也可有形参,用于接收操作系统在执行该文件时,从命令行传来的实参(**如例 7.20 和例 7.21**)。

函数 main 可有两个形参,带参数的 main 函数的形式:

main(int argc,char * argv[ ])

｛ … ｝

其中:

① 第一个形参为整型,是命令行中实参的个数(**包含命令名本身,即命令名本身也被视为一个实参**),形参名也可为其他合法标识符(**一般习惯用 argc**),但类型必须为 int 型。

② 第二个形参为字符型指针数组,数组维数与 argc 相同,每个元素为一个字符型指针变量,分别指向命令行实参中各字符串首址,形参名也可为其他合法标识符(**一般习惯用 argv**),但类型必须如此。

假设操作系统命令行方式下,键入: copy. exe source. c temp. c ↵(**加下划线部分为用户的键盘输入,下同。其中,↵表示回车**),因命令行中有 3 个实参,故 argc 值为 3,数组 argv 有 3 个元素 argv[0]、argv[1]和 argv[2],分别指向字符串 copy. exe、source. c 和 temp. c 的第一个字符。

③ 命令行中的第一个参数,必须是即将执行的.exe 文件名,其中后缀.exe 可省略。例如,上例中也可键入 copy source. c temp. c ↵,但所键入命令的第一部分,必须是 copy. exe 或 copy,具体例子见下。

【例 7. 20】 将命令行输入的参数显示在屏幕上。

/代码段 **c7-20-1.c**

```
#include<stdio.h>
main( int argc,char * argv[ ] )
{
    int i;
    for(i=1;i<argc;i++)
    printf("%s ", argv[i] );
    printf("\n");
}
```

将上述代码段以 c7-20-1. c 为名存盘,对其编译连接,并成功生成 c7-20-1. exe(设生成的 c7-20-1. exe 位于 d:\debug)。则操作系统命令行方式键入"**d:\debug**\c7-20-1. exe Good-moring,Guo-bin,Welcome! ↵"或"d:\debug\c7-20-1 Good-moring,Guo-bin,Welcome! ↵",屏幕显示命令执行结果为:"Good-moring,Guo-bin,Welcome!"。

请思考:

① 若操作系统命令行方式键入:"d:\debug\c7-20-1 Hello,Welcome! ↵",结果如何?

② c7-20-1. c 中,将 for(i=1;i<argc;i++)改为 for(i=2;i<argc;i++),重新存盘编译连接,在操作系统命令行方式键入:"d:\debug\c7-20-1 Hello, Welcome! ↵",结果如何? 为什么?

【例 7. 21】 出一道两个整数的加法题并计算。

//代码段 **c7-21-1.c**

```
#include<stdio.h>
#include<stdlib.h>
main( int argc,char * argv[ ] )
{
    int x,y,z;
    x=atoi(argv[1]);        //实参传给形参的是字符串,函数 atoi()将串转换为整数
    y=atoi(argv[2]);        //标准库函数 atoi()的原型在头文件 stdlib.h 中
    printf("\n%d+%d=",x,y);
    scanf("%d",&z);
    if(x+y==z)
        printf("\nRight!");
    else
        printf("\nWrong!");
    printf("\n");
}
```

说明:将上述代码段以 c7-21-1. c 为名存在 d:\debug 目录中,生成的 c7-21-1. exe 位

于 d：\debug 中。设操作系统当前目录为 c：\users\administrator,在操作系统命令行方式键入c7-21-1.exe 3 36 ↵,屏幕显示"'c7-21-1'.exe 不是内部或外部命令,也不是可运行的程序或批处理文件"(如图 7.9 所示),表明命令未能成功执行,这是因为命令行中 c7-21-1.exe 之前没有指定 c7-21-1.exe 所在的路径 d：\debug,系统只在当前目录中寻找 c7-21-1.exe。寻找未果便显示上述提示信息。若将 c7-21-1.exe 保存在当前目录或将 c7-21-1.exe 所在路径 d：\debug 设为当前目录(**本例是将当前目录设为 d：\debug,如图 7.9 所示**),则在操作系统命令行方式键入c7-21-1.exe   3   36 ↵,便可成功运行命令(**运行时,输入未必是 3 和 36,其他整数也可**)。另,无论.exe 文件是否在当前目录,命令行中将其带上路径皆可成功运行(如图 7.9 所示)。

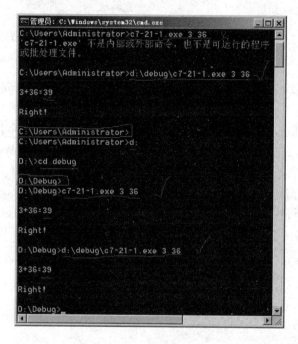

图 7.9 操作系统命令行方式执行 c7-21-1.exe

7.7 应 用 举 例

【例 7.22】 静态变量、指针变量、指针函数综合应用示例。

```c
//代码段 c7-22-1.c
#include <stdio.h>
int * h();                    //函数声明
main()
{
    int i, * q;
    for(i=1;i<=3;i++)
    {
```

```
        q=h();                        //不可写为"q=h;"
        printf("主调函数 main 中通过间接访问得知,被调函数 h 内部静态变量 i 此刻=%d
        \n", * q);
        * q= * q * 10;                //在 main 中间接访问函数 h 的静态内部变量 i,先读后写
    }
    printf("\n");
}
int * h()
{
    static int i;                     //定义静态整型内部变量 i
    static int * p=&i;                //定义基类型为整型的静态内部指针变量 p
    i++;
    return p;
}
```

运行结果如图 7.10,相关分析留给读者完成。

图 7.10   c7-22-1.c 的运行结果

【例 7.23】 分析以下程序的运行结果。

//代码段 c7-23-1.c
```
#include <stdio.h>
main()
{
    int a[]={5,8,7,1,2,7},i;
    int y, * p=&a[1], * q=a, * t=&a[3];   //使 p 指向 a[1],q 指向 a[0],t 指向 a[3]
    y= ( * --p)++;                         //注意运算符的优先级、结合性
    printf("y=%d\n",y);                    //输出结果:y=5
    printf("a[0]=%d\n",a[0]);              //输出结果:a[0]=6
    for(i=0;i<6;i++)
        printf("q[%d]=%d, ",i,q[i]);
                          //输出结果:q[0]=6,q[1]=8,q[2]=7,q[3]=1,q[4]=2,q[5]=7
    printf("\nt[0]=%d, t[1]=%d\n",t[0],t[1]);          //输出结果:t[0]=1,t[1]=2
}
```

例中 a[0]、a[1]、a[2]、a[3]、a[4]、a[5] 的初始值分别为 5、8、7、1、2、7,p 起初指向
a[1]。语句"y=(* --p)++;"为赋值语句,把表达式(* --p)++的值赋给 y,表达
式(* --p)++的计算是问题的关键。指针运算符 * 与自减运算符--同级,结合性
皆为从右至左,故先执行--p,使 p 向前挪一步指向 a[0],再进行指针运算符 * 的运算
(**取指针所指对象的内容,即取 a[0] 的值**),又因++在括号之后而非之前(**即为后缀写
法**),故接下来先进行赋值操作,再进行++操作,即:先读取 a[0] 的值 **5** 赋给变量 y,之

后再对 a[0] 自加,使 a[0] 的值变为 **6**。

【**例 7.24**】 百位同学抽奖:百位同学顺序领取兑奖号码(**0~99,不重复**),计算机当场随机抽取正整数 m、n(**0≤m≤97,1≤n≤3**),对兑奖号码从 m 号开始(**包括第 m 号**)的 n 位同学重奖每人 3000 元,其余同学奖励每人 100 元。

分析:以下将领取兑奖号码、抽取 m 和 n 的值、发放奖金、公布结果 4 个环节分别用 4 个函数完成,main 函数中进行相关变量的定义与初始化、函数的声明及函数的调用。4 个函数均不复杂,main 函数中代码更是简单,但需注意形参、实参的正确使用。

```c
//代码段 c7-24-1.c
#include <stdio.h>
#include<stdlib.h>
#include<time.h>
main()
{
    int A[100],B[100],* p=A,m,n;
    void Qvhao(int * q);
    void Yaohao(int * m, int * n);
    void Procsss(int * a,int * b,int m,int n);
    void Print(int * a,int * b);
    Qvhao(A);
    Yaohao(&m,&n);
    printf("\n 摇号结果:第%d 号开始的%d 位同学获奖\n",m,n);
    Procsss(A,B,m,n);
    Print(A,B);
}
void Qvhao(int * q)                        //可否改为 void Qvhao(int q[])?
{
    int * p=q,i=0;
    for(;p<=&q[99];i++,p++)                 //可否改为 for(;p<=q+99;i++,p++)?
    {
        * p=i;                              //可否改为 q[i]=i;?
    }
}
void Yaohao(int * p, int * q)
{
    while(1)
    {
        srand(time(NULL));
        * p=rand()%100;
        if(* p<=97)
            break;
    }
    * q=rand()%3+1;
}
void Procsss(int * a,int * b,int m,int n)
{
```

```
        int * p=a;
        for(;p<=a+99;p++)                    //可否改为 for(;p<=&a[99];p++)?
        {
            if(m<= * p&& * p <m+n)            //可否改为 if(m<= * p <m+n)?
            {
                b[ * p]=3000;
            }
            else
            b[ * p]=100;
        }
}
```

void Print(int * a,int * b)
```
{
        int * p=a,* q=b;
        printf("\nresult:\n");
        for(;p<=a+99;p++,q++)                //可否改为 for(;p<=&a[99];p++,q++)?
        {
            printf("第%d位同学,获奖%d\n", * p, * q);
        }
        printf("\n\n--end--\n");
}
```

请思考:

① 代码段中注释语句中所提问题。

② 若题目改为"共设奖金 9000 元,在被抽中的 n 人中平均分配,其余同学不得奖",其他不变,如何修改代码段?

③ 若题目改为"共设奖金 9000 元,一、二、三等奖各一名,各奖 5000、3000、1000 元。通过调用相关函数决定获奖者,要求三个获奖者号码按第一、第二、第三的顺序,分别独立产生(**每调用一次产生一个获奖号,第一、第二、第三次调用分别产生一、二、三等奖号码**)",其他不变,如何修改代码段?

④ 其他要求同③,但要求一、二、三等奖的三个号码不得重复,如何修改代码段?

本 章 小 结

一、知识点

知 识 点	注　　意
指针与指针变量的概念	① 尽管常把指针变量简称指针,但指针与指针变量是完全不同的两码事。指针是内存单元的编号,是变量的地址,而指针变量是用于存放上述地址的一个变量。 ② 引入指针变量,目的是通过变量地址间接访问变量(变量只要存在,就有地址,并且生存期内其地址一直唯一且不变)

知　识　点	注　　意
用指针操作基本变量	① 不同位置 * 意义不同。定义变量时出现,表明其后变量定义为指针变量;作为指针运算符时,位于指针变量名前的 * 表示取其后的指针变量所指对象的内容。 ② 变量可见时,对其即可直接访问也可间接访问。变量不可见时,则只能对其间接访问,有了变量的地址,方可对其间接访问
指针变量的算术与关系运算	① 仅当指针变量指向数组元素,才进行 +n 和 −n 运算。 ② 仅当两指针变量指向的对象为同一数组内的元素,才进行 − 运算和关系运算
用指针遍历一维数组元素	① 进入循环前,指针变量的指向(通常指向数组首地址,但非必须)。 ② 循环体内,指针变量的值是否需要改变、如何改变。 ③ 用指针遍历数组元素,应时刻关注指针变量的指向,不可越界
指针与函数	① 指针或指针变量做函数参数:无论实参是否为地址,函数调用规则不变。被调函数中,要想改变主调函数内变量的值,不仅需知道该变量地址,同时要切实对其重新赋值。 ② 指针函数与函数指针:前者是函数(返回值为指针),后者为指针(指向一个函数)
指针与数组	① 指针数组与数组指针:前者是数组(数组元素皆为指针变量),后者为一个指针变量(指向一个一维数组)。 ② 数组指针是行指针,以行为单位移动,它指向的一维数组通常是二维数组的某一行。 ③ 对二维数组元素的遍历,既可通过数组指针,也可通过一个指针变量。前者以行为单位移动,后者以列为单位移动
多级指针	理解指针变量,才能理解多级指针变量
main 函数的参数	① 理解 main 函数参数的意义。 ② 了解使用带参 main 函数的意义

二、常见错误

错误 1　指针变量定义出错。

实例:

`int a,b, * p=&a,q=&b;`

分析:定义多个相同类型指针变量时,每个指针变量名前都要有 * 。将 q 改为 * q。

错误 2　指针变量指向出错。

实例 1.

`int * p=&a, * q,a;`

分析:将 p 指向一个尚未定义的变量,改为"int a, * p＝&a, * q;"。

注意："int ＊p＝&a,＊q,a;"是先定义指针变量 p 并初始化,再定义指针变量 q,再定义变量 a。而"int a,＊p＝&a,＊q;"是先定义变量 a,再定义指针变量 p 并初始化,再定义指针变量 q。

实例 2.

int a,＊p=&a; float ＊q=p;

分析:p 为 int 型指针变量(**指向整型变量 a**),q 为 float 型,只能指向 float 型变量,但却将其初始化为 p,让其指向 int 型变量 a。可改为"int a,＊p＝&a; float ＊q;"

注意:指针变量只能指向变量类型与指针变量基类型相同的变量。

实例 3.

```
void sub()
{
    int a;
    static int ＊p=&a;
    ...
}
```

分析:a 存储类别为 auto,p 存储类别为 static。static 型指针变量不能指向 auto 型变量(**a 的生存期随着所在函数 sub 被调用而开始,随着 sub 的结束而终止,但 p 的生存期从定义时刻起,到程序结束。这样,便会出现 a 不存在而 p 却存在,导致 p 指向一个不存在的变量**)。可将"static int ＊p＝&a;"改为"int ＊p＝&a;",或将"int a;"改为"static int a;"。

注意:auto 类指针变量可以指向 static 类变量。当然指针变量可指向存储类别与其相同的变量。但无论如何指针变量的基类型,必须与所指变量的类型相同。

实例 4.

int a,＊p=1000;

分析:p 为指针变量,只能赋值为变量地址,不能赋值为整数(**0 除外**),若暂时不用,可将其指向零指针。可改为"int a,＊p＝NULL;"。

错误 3   对指针变量的操作不当。

实例:

```
void sub()
{
    int a,＊p;
    ＊p=100;
    ...
}
```

分析:典型的野指针操作。虽然编译连接均无错。p 是 auto 类指针变量,虽没被赋值,但其有个随机值(**即 p 的指向随机**),此时对其所指向对象赋值 100,可能会引起严重后果,也可能并没什么影响。

> **错误4　不清楚指针变量指向的变化。**

实例:

```
main()
{
    int a[20],i,* p=&a;
    for(;p<=a+19;p++)              //输入数组各元素的值
        scanf("%d",p);
    for(;p<=a+19;p++)              //输出数组各元素的值
        printf("%d,",* p);
}
```

分析:编译连接均无错,运行后无任何结果输出。第一个循环结束后,p 已指向 a[19]的后一个内存单元,使得刚进入第二个 for 循环,表达式"p<=a+19"就为假,退出循环。所以第二个循环前,应将 p 重新指向数组 a 的首址。将第二个"for(;p<=a+19;p++)"改为"for(p=a;p<=a+19;p++)"。

习　题　7

一、填空题

1. 若 d 是已定义的双精度变量,再定义一个指向 d 的指针变量 p 的语句是_____。

2. & 后跟变量名,表示该变量的 _____,* 后跟指针变量名,表示该指计变量_____,& 后跟指针变量名,表示该指针变量的_____。

3. 设有"int a[4],* p=a;",则对 a[i]的引用也可以是 p[_____]、_____和 *(p_____)。

4. 请说明以下定义的是什么指针变量。

```
int * p; _____
int * p[n]; _____
int (* p)[n]; _____
int * p() ; _____
int * * p ; _____
```

5. 设有"char * a="ABCD";",则"printf("%s",a);"的输出是_____;而"printf("%c",* a);"的输出是_____。

6. C 语言中,数组名是一个_____常量,不能对它进行_____和_____运算。

7. * 称为_____运算符,& 称为_____运算符。

8. 若两个指针变量指向同一个数组,可进行减法运算和_____运算,否则没有意义。

9. 以下程序功能是从键盘上输入若干个字符(**以回车键结束**)组成一个字符串存入一个字符数组,然后输出该字符数组中的字符串,请填空。

```c
#include "stdio.h"
#include "ctype.h"
main()
{
    char str[81],*sptr;
    int i;
    for(i=0;i<80;i++)
    {
        str[i]=getchar();
        if (str[i]=='\n')
        break;
    }
    str[i]=_____;
    sptr=str;
    while(*sptr)
        putchar(*sptr_____);
}
```

10. 以下程序从输入的 10 个字符串中找出最长的那个串并求该串的长度,请填空。

```c
#include <stdio.h>
#include <string.h>
main()
{
    char str[10][80],*sp;
    int i;
    for(i=0;i<10;i++)
    gets(str[i]);
    sp=str[0];
    for(i=0;i<10;i++)
    if(strlen(sp)<strlen(str[i]))
        _____;
    printf("输出最长的那个串:%s\n",_____);
    printf("输出最长的那个串的长度:%d\n",_____);
}
```

11. 设有"int a[4]={2,4,6,8};int *p[4]={a,a+1,a+2,a+3};",则 * *(p+2)的值是_____,*(p+1)的值是_____。

12. 代码段"int c[]={1,7,12},*k=c;printf("k is %d",*++k);"的输出应为_____。

二、选择题

1. 对于基类型相同的指针变量,不能进行(   )运算。

A) +   B) −   C) =   D) ==

2. 若已定义 a 为 int 型变量,则对 p 的说明和初始化正确的是(　　)。

    A) int * p=a;　　　B) int * p= * a;　　　C) int p=&a;　　　D) int * p=&a;

3. 若 x 为整型变量,pb 是基类型为整型的指针变量,则正确的赋值表达式是(　　)。

    A) pb=&x　　　　B) pb=x　　　　C) * pb=&x　　　　D) * pb= * x

4. 设有定义"int a=3,b, * p=&a;",则下列语句中,不能使 b 为 3 的语句是(　　)。

    A) b= * &a;　　　B) b= * p;　　　C) b=a;　　　D) b= * a;

5. 若有说明"int * p[3],a[3];",则正确的赋值是(　　)

    A) p=a　　　　B) * p=a[0]　　　　C) p=&a[0]　　　　D) p[0]=&a[0]

6. 设 p1 和 p2 都是整型指针变量,且已指向相应变量,k 是整型变量,下列不正确的是(　　)。

    A) k= * p1+ * p2;　　　　　　　　　B) k= * p1 * (* p2);

    C) p2=k;　　　　　　　　　　　　　D) p1=p2;

7. 若有"int i,j=7, * p=&i;",则与语句"i=j;"等价的是(　　)。

    A) i= * p;　　　B) * p= * &j;　　　C) i=&j;　　　D) i= * * p;

8. 若有"int a[]={1,2,3,4,5}, * p=a,i;",且 0<=i<5,则对数组元素错误的引用是(　　)。

    A) * (a+i)　　　B) a[p−a]　　　C) p+i　　　D) * (&a[i])

9. 若有说明语句"int a[5], * p=a;",对数组元素的正确引用是(　　)。

    A) a[p]　　　B) p[a]　　　C) * (p+2)　　　D) p+2

10. 若有"int a[]={1,2,3,4,5}, * p=a,i;",且 0<=i<5,则对数组元素地址的正确表示是(　　)。

    A) &(a+i)　　　B) a++　　　C) &p　　　D) &p[i]

11. 下面各语句中,能正确赋字符串操作的是(　　)。

    A) char s[5]={"ABCDE"};　　　　　B) char s[5]={'A','B','C','D','E'};

    C) char * s; s="ABCDE";　　　　　D) char * s; scanf("%s",&s);

12. 执行以下程序后,a 的值是(　　)。

```
main()
{
    int a,k=4,m=6, * p1=&k, * p2=&m;
    a=p1==&m;
    printf("a=%d",a);
}
```

    A) −1　　　B) 1　　　C) 0　　　D) 4

13. 以下程序中调用 scanf 函数给变量 a 输入数值的方法是错误的,原因是(　　)。

```
main()
{
    int *p,a;
```

```
        p=&a;
        printf("\ninput a:");
        scanf("%d",*p);
    }
```

A) *p 表示的是指针变量 p 的地址

B) *p 是变量 a 的值,而不是变量 a 的地址

C) *p 表示的是指针变量 p 的值

D) *p 只能用来说明 p 是一个指针变量

14. 变量的指针,其含义是指变量的(　　)。

    A) 值　　　　　　　B) 地址　　　　　　　C) 名　　　　　　　D) 一个标志

15. 若有"int *p,m=5,n;",以下代码段正确的是(　　)。

    A) p=&n;　　　　　　　　　　　　B) p=&n;

        scanf("%d",&p);　　　　　　　　　　scanf("%d",*p);

    C) scanf("%d",&n);　　　　　　　　D) p=&n;

        *p=n;　　　　　　　　　　　　　　*p=m;

16. 代码段"char *s="abcde";s+=2;printf("%c",*s);"的输出结果是(　　)。

    A) cde　　　　　　　　　　　　　　B) 字符'c'

    C) 字符'c'的地址　　　　　　　　　D) 无确定的输出结果

17. 若有"char s[10];",下面不表示 s[1]地址的是(　　)。

    A) s+1　　　　　　B) s++　　　　　　C) &s[0]+1　　　　　D) &s[1]

18. 以下程序的输出结果是(　　)。

```
#include<string.h>
main()
{
    char str[][20]={"Hello","Beijing"},*p=str;
    printf("%d\n",strlen(p+20));
}
```

    A) 0　　　　　　　B) 5　　　　　　　C) 7　　　　　　　D) 20

19. 以下程序的输出结果是(　　)。

```
main()
{
    int a[3][3],*p,i;
    p=&a[0][0];
    for(i=0;i<9;i++)
    *(p+i)=i+1;
    printf("%d \n",a[1][2]);
}
```

    A) 3　　　　　　　B) 6　　　　　　　C) 9　　　　　　　D) 2

20. 以下函数的返回值是(　　)。

```
fun(int * p)
{return * p;}
```

A) 不确定的值   B) 形参 p 中存放的值

C) 形参 p 所指存储单元中的值   D) 形参 p 的地址值

21. 语句"char a[10]={"qbcd"}, * p=a+2;a[1]='\0';printf("%s-%s\n",a, p);"的输出是( )。

     A) "qbcd-cd"   B) "q-cd"   C) '\0'   D) "qbcd-qbcd"

22. 若有"int w[3][4]={{0,1},{2,4},{0,1}},(* p)[4]=w;"定义,则数值为 4 的表达式是( )。

     A) * w[1]+1   B) p++, * (p+1) C) w[2][2]   D) p[1][1]

23. 若有"int * pp, * p,a=10,b=20;pp=&p;p=&a;p=&b;printf("%d,%d\n", * p, * * pp);",则输出结果是( )。

     A) 10,20   B) 10,10   C) 20,10   D) 20,20

三、分析以下程序的运行结果

1.

```
# include <stdio.h>
main()
{
    char a[20]="C Langaue",b[20];
    char * pa=a, * pb=b;
    a[5]=0;
    while( * pb++= * pa++);
    puts(b);
}
```

2.

```
# include <stdio.h>
main()
{
    char a[100]="Good morning\0,everybody!",b[50]="Glad to meet you!.", * pa=a,
    * pb=b;
    while ( * pa!='\0')
    pa++;
    b[5]='\0';
    while ( * pb)
    * pa++= * pb++;
    * pa='\0';
    b[5]='T';
    puts(a);
    puts(b);
}
```

3.

```c
#include <stdio.h>
main()
{
    int i,num=0;
    char str[255];
    gets(str);
    for(i=0;str[i]!='\0';i++)
    {
        if(isalp(str[i]))
        num++;
    }
    puts(str);
    printf("字母字符个数:%d\n", num);
}
int isalp(char c)
{
    if(c>='a'&&c<='z'||c>='A'&&c<='Z')
        return(1);
    else
        return(0);
}
```

4.

```c
#include <stdio.h>
main()
{
    char str[255];
    int countalp(char c[]);
    gets(str);
    puts(str);
    printf("字母字符个数:%d\n", countalp(str));
}
int countalp(char c[])
{
    int i,num=0;
    for(i=0;c[i]!='\0';i++)
    {
        if( c[i]<='z'&&c[i]>='a' || c[i]<='Z'&&c[i]>='A' )
            num++;
    }
    return num;
}
```

5.

```
#include <stdio.h>
int S;
main()
{
    void find(int * p,int * M,int * m,int n);
    int i,max,min,n,a[10]={18,76,51,69,3,31,12,29,32,98};
    for(i=0;i<10;i++)
        printf("%4d",a[i]);
    printf("\n请输入正整数 n(0<n≤10)");
    while(1)
    {
        scanf("%d",&n);
        if(n>10||n<=0)
        {
            printf("\n不对,请重输");
            continue;
        }
        break;
    }
    find(a,&max,&min,n);
    printf("\n前%d个数中\n",n);
    printf("\n max:%d,min:%d,sum:%d\n\n",max,min,S);
}
void find(int * p,int * M,int * m,int n)
{
    int i;
    S= * M= * m= * p;
    for(i=1;i<n;i++)
    {
        if(* (p+i)> * M)
            * M= * (p+i);
        else if(p[i]< * m)
            * m=p[i];
            S+=p[i];
    }
}
```

6.

```
void sub(int a[],int n)
{
    int * p=a;
    for(;p<=a+n;p++)
```

```
    * p= * p * 10;
}
#include <stdio.h>
main()
{
    int i,n,sco[5]={1,2,3,4,5}, * p=sco, av;
    for(i=0;i<5;i++)
        p[i]--;
    p=&sco[2];
    for(i=0;i<3;i++)
        p[i]+=10;
    sub(sco+1,3);
    for(i=0;i<5;i++)
        printf("%d \n", sco[i]);
}
```

7.

```
#include <stdio.h>
int * findmax(int * p);
main()
{
    int a[10], i, * q;
    printf("\n请输入 10 个元素值:");
    for(i=0;i<10;i++)
        scanf("%d", a+i );
    q=findmax(&a[0]);
    printf("\n\nMax=%d,存于%p 单元\n", * q,q);
}
int * findmax(int * p)              //函数返回值为 int 型指针
{
    int i,max,k;
    max=p[0], k=0;
    for(i=1;i<10;i++)
        if(p[i]>max)
            max=p[i], k=i;
    return (p+k);
}
```

四、编程题(用指针方法)

1. 输入 10 个实数存入一维数组,查找其中的最小值,并将该元素与数组第一个元素的值互换。要求输出互换前后数组各元素的值。

2. 输入一个 4×5 的二维整型数组,输出其中最大值、最小值以及它们所在行和列的下标。

3. 编写函数：删除字符串 s 中的所有数字字符。

4. 编写函数：strcat(s,t)，将字符串 t 复制到字符串 s 的末端，并且返回字符串 s 的首地址。

5. 编写函数：返回字符串 s 中的指定字符 c 的出现次数。

6. n 个人围坐一圈，顺序编号，从第 1 个人开始报数，从 1 报到 5，凡报到 5 的人退出圈子，编程求出最后留下的是原来编号为几的那个人？（此题选做）

要求：

(1) 用函数实现报数并退出。

(2) n 的值由 main 函数输入并通过实参传给该函数，最后结果由 main 函数输出。

7. 有一个数列含 20 个整数，编写函数，要求能够对从指定位置开始的 n 个数按相反顺序重新排列，并在 main 中输出新的数列。（此题选做）

例如，原数列为：

$$1,2,3,4,5,6,7,8,9,10$$

若要求对从 3 个数开始的 5 个数进行逆序处理，则处理后的新数列为：

$$1,2,7,6,5,4,3,8,9,10$$

8. 在 main 函数中定义一个含 N 个元素的一维整型数组（N 为符号常量），编写下列各子函数。（此题选做）

(1) 函数 sr：为该数组各元素赋值（要求调用随机函数为各数组元素赋值）。

(2) 函数 sc：打印该数组各元素，要求每行打印 m 个数，其中 m 作为形参传递。

(3) 函数 js：求该数组元素的最大值和最小值，最大值和最小值通过参数传递返回主调函数。

(4) 编写函数 px：实现对数组的排序。

(5) 编写 main 函数，main 中分别调用以上函数，验证各子函数的功能。

五、思考题

1. 如何理解"共享内存，双向传递"？运行以下代码段，能否将变量 a、b 的值互换？为什么？

```
#include <stdio.h>
void s(int * p1,int * p2)
{ int * t;
  if( * p1> * p2)
      t=p1,p1=p2,p2=t;
}
void main()
{ int a=3,b= 1;
  printf("\n Now: \n");
```

```
        printf("a=%d,b=%\n\n",a,b);
        s(&a,&b);
        printf("Later: \n");
        printf("\n a=%d, b=%d\n",a,b);
}
```

2. 总结本章所学内容,谈谈本章学习的感想与体会。

第8章

构造数据类型：结构、共用和枚举

学习目标

掌握结构体、共用体、枚举、链表和动态存储的概念和定义，掌握结构体成员的引用，掌握结构体数组和结构体指针的应用。掌握共用体、枚举类型的简单应用及链表的基本操作，理解动态存储分配、自定义类型的意义。

重点、难点

重点：结构体成员的引用，结构体指针，结构体数组。

难点：结构体指针，动态内存分配，链表。

8.1 结 构 体

8.1.1 概述

C 语言的数据类型非常丰富，除基本数据类型（**整型**、**实型**、**字符型**）、指针型、空类型外，还有一类构造类型。构造类型是在上述类型的基础上根据需要构造出的一种数据类型，构造数据类型通常是多个相同数据类型或不同数据类型元素的集合体。第 5 章介绍的数组就是一种构造类型，它是相同数据类型元素的集合，在程序中用于存储和解决多个相同类型的数据运算问题。但是，程序设计中也会经常遇到关系密切而数据类型不同的一些数据，例如超市新进一批商品，现要将商品的相关信息录入计算机以方便管理，商品信息和数据类型如表 8.1 所示。

表 8.1　商品信息及数据类型

编　号	品　名	数量	单价	类别	进货时间	备　注
字符型数组	字符型数组	整型	实型	字符型	整型	字符型数组

表 8.1 中数据的类型各不相同，但对每个商品而言，这些数据又是一个整体。为处理方便，我们把这些数据组织起来集中处理，并将这个集合体命名为结构体。

在结构体中,构成结构体的各个数据称为结构体成员(**或称为结构体元素**),每个结构体成员都有自己的名字和数据类型,结构体也有一个统一的名称,将所有成员组织在该结构体中。结构体类型通常用来解决类似记录形式的数据问题,一般使用结构体处理数据的步骤是①定义结构体类型;②定义结构体变量;③引用结构体变量。下面分别进行介绍。

1. 结构体类型的定义

结构体类型是自定义的数据类型,使用之前这个数据类型在计算机中并不存在(**这点不同于基本数据类型**),因此使用前必须对该数据类型进行定义,这就是结构体类型的定义。定义的目的是告诉编译器该类型的结构特点以及内部由哪些数据类型的成员组成。结构体类型定义的一般形式为:

```
struct 结构体名
{
    类型名 结构体成员名 1;
    类型名 结构体成员名 2;
      ⋮
    类型名 结构体成员名 n;
};
```

其中,关键字 struct 是结构体类型的标志,结构体名和结构体成员名都是用户定义的标识符,它们的命名规则与一般变量的命名规则相同。

对上述商品信息可定义一个名为 goods1 的结构体类型:

```
struct goods1
{
    char num[7];           //编号
    char name[10];         //商品名称
    int amount;            //商品数量
    float price;           //商品单价
    char kind;             //商品类别,主要是食品类(F)和日用品类(C)
    int date;              //商品进货时间,用整型表示年份
    char remarks[20];      //备注
};
```

上述定义中,goods1 是结构体名,num、name、amount、price、kind、date 和 remarks 都是结构体成员,并且有各自的类型。定义了结构体类型后,就可用它来定义结构体类型的变量了。

定义结构体类型时应注意:

① 每个结构体成员的数据类型既可以是基本数据类型、数组和指针类型,也可以是已定义过的结构体或共用体等类型。当结构体成员类型也是结构体类型时,称为结构体的嵌套定义。如上例中的日期应该有年月日,所以可重新定义上述结构体类型如下:

```
struct date
{
    int year;
    int month;
    int day;
};
struct goods2
{
    char num[7];
    char name[10];
    int amount;
    float price;          //定义 price 为 float 型
    char kind;
    struct date jhrq;     //用 struct date 定义 jhrq 为结构体类型,即结构体嵌套
    char remarks[20];
};
```

② 在结构体类型定义中,允许嵌套定义,即成员类型也是结构体,但必须是已定义的结构体,不允许是当前结构体,也就是说,不允许递归定义(**但可定义当前类型的结构体指针,详见 8.4.2 节**),例如以下做法错误。

```
struct goods3
{
    char num[7];
    char name[10];
    int amount;
    float price;
    char kind;
    struct good3 new;     //递归定义 new 变量,错误!
    char remarks[20];
};
```

③ 结构体中有多个相同类型的成员,可将它们放在一起定义,中间用逗号隔开。结构体成员的名称可与程序其他变量同名,也可与其他结构体的变量同名,它们不会相互混淆。上例定义也可写成:

```
struct goods4
{
    char kind,num[7],name[10],remarks[20];
    int amount;
    float price;
    struct date jhrq;
};                        //不要忘了这个分号!
```

④ 结构体定义可放在函数内部,也可放在函数外部。函数内部定义的结构体仅在函

数内部有效,函数外部定义的结构体从定义点开始到文件结尾的范围内均有效。

⑤ 结构体定义结束后,在}后要用分号结束。

2. 结构体变量的定义

结构体变量的定义有三种方法。

① 先定义结构体类型,再定义结构体变量。例如:

```
struct goods4
{
    char kind,num[7],name[10],remarks[20];
    int amount;
    float price;
    struct date jhrq;
};
struct goods4 comm1,comm2;     //struct goods4 必须作为一个整体使用
```

② 定义结构类型时就定义结构体变量。例如:

```
struct goods4
{
    char kind,num[7],name[10],remarks[20];
    int amount;
    float price;
    struct date jhrq;
}comm1,comm2;
```

③ 定义结构体类型时就定义结构体变量,但省略了结构体名。例如:

```
struct
{
    char kind,num[7],name[10],remarks[20];
    int amount;
    float price;
    struct date jhrq;
}comm1,comm2;
```

上述三种定义方式在程序中都可使用,但有所区别。前两种方法定义类型时,给定了结构体类型名,后面程序中可根据需要用该类型继续定义其他变量。而第三种方法,定义结构体类型时,没有给出结构体类型名,后续程序中就无法再用该类型定义新的变量。

从结构化程序设计的角度来说,前两种方法有利于将结构体类型定义方式延伸到其他的源程序中,有利于结构化编程。一般情况下,建议采用前两种方法。

3. 结构体变量

(1) 结构体变量的内存空间

定义结构体类型时系统并不给该类型分配内存空间,定义结构体变量时,系统开始为

各个结构体变量分配内存空间。在 C 中，基本数据类型的变量的空间是固定的。例如整型变量，所有整型变量的内存空间都是 4 个字节，但结构体变量的内存空间不固定，这是因为不同结构体类型中，成员数和成员变量的类型都不固定。例如，用结构体类型 struct goods1 定义的变量在内存中的存储形式如表 8.2 所示。

表 8.2　结构体成员所占的内存空间

num[7]	name[10]	amount	price	kind	date	remarks[20]
7	10	4	4	1	4	20

表 8.2 中，上面一行为结构体成员名，下面一行为各成员变量所占的内存空间。结构体变量所占内存空间是其各成员所占内存空间的总和，若有定义"struct goods1 s1;"，则 s1 需占用 50 字节内存空间（**为提高读写效率，编译器会做边界对齐，实际分配的常大于此理论值。标准库函数 sizeof**（变量名或类型名）**可返回对应变量或类型所占内存空间大小**）。如果结构体又嵌套结构体变量，则总的内存空间大小也包括嵌套的结构体内存空间大小。表 8.3 为用结构体类型 struct goods2 定义的变量在内存中的存储形式。

表 8.3　含嵌套结构的结构体成员所占的内存空间

num[7]	name[10]	amount	price	kind	date			remarks[20]
					year	month	day	
7	10	4	4	1	4	4	4	20

（2）结构体变量的初始化

和其他变量一样，定义结构体变量时，将各成员变量的初始值按顺序放在一对花括号内，并用逗号隔开，即可完成对变量成员的初始化，一般形式为：

```
struct 结构体名
{
    类型名 结构体成员名 1;
    类型名 结构体成员名 2;
        ⋮
    类型名 结构体成员名 n;
}结构体变量名={初始化数据};
```

或者：

```
          struct 结构体名 结构体变量名={初始化数据};
```

例如：

```
struct goods1 food1={"F00100", "cake",50,4.5,'F',2012,"food"};
```

对结构体内嵌套结构体的变量的初始化，可仿照多维数组的初始化方式，用{}将内部的结构变量值括起来，例如：

```
struct goods2
{
    char num[7];
    char name[10];
    int amount;
    float price;
    char kind;
    struct date jhrq;
    char remarks[20];
}c2={"C10101","towel",100,3.0,'C',{2011,5,10},"commodity"};
```

对结构体变量初始化时应注意：

① 初始化数据个数要和结构体成员变量个数相同。

② 初始化数据类型要和结构体成员变量类型一致。

（3）结构体变量成员的引用

结构体变量成员的引用是指对结构体变量的成员变量（**简称成员**）进行读取或赋值操作，有整体引用和部分引用。

① 整体引用。例如：

```
struct point
{
    float x;
    float y;
}p1,p2= {2.5,4};
p1= p2;                          //整体引用
```

整体引用时，相同数据类型的结构体变量的相应成员之间相互赋值，属于一种整体赋值，只能进行简单赋值运算，像 p1＝p2＋1.0 这样的写法是错误的。另外，整体引用只能在相同数据类型之间（**即进行整体引用的结构体变量必须属于同一种结构体类型**）。若数据类型不同，即使结构体内部成员变量的类型、数量和顺序一致，也不可进行整体引用。

② 部分成员变量的引用。

部分成员变量的引用，是指对结构体变量的单个成员进行读写运算，主要有两种方式。

- 使用成员运算符.（**该运算符的优先级最高，和其他符号一起运算时要注意优先级别，必要时可加括号**）。一般形式为：

结构体变量名.结构体成员名

- 使用结构体指向运算符—＞（**该运算符由英文半角字符—和＞组成，但二者是一个整体，中间不能加空格**）。一般形式为：

结构体指针变量名->成员名

设有如下定义：

```
struct goods1 food1;
```

```
struct goods2  c1, * p1, c2 = { " C10101"," towel", 100, 3. 0, ' C ', {2011, 5, 10 },
"commodity"};
p1=&c2;
```

则以下引用正确：

```
c2.price=3.5;                    //使用成员运算符
c1=c2;                           //相同类型的整体赋值(c1、c2 属同一个结构体类型)
strcpy(c2.name,"pen");           //对结构体内的字符数组赋值要用函数
p1->amount=200;                  //用结构体指向运算符赋值
(* p1).kind='F';                 //用指针运算符表示法赋值
c2.jhrq.year=2000;
p1->jhrq.month=10;               //嵌套结构体的引用可以两种方法结合使用
(* p1).jhrq.day=10;
```

而以下引用错误：

```
c1=food1;                        //不同类型变量不能整体赋值(c1、food1 属两个不同结构体类型)
c1.num="C10500";                 //不能对数组整体赋值
* p1.kind='F';                   //应为"(* p1).kind='F';"
p1->jhrq->year=2000;             //错误使用->
(* p1).jhrq->month=5;            //错误使用->
```

【例 8.1】 定义一个商品的结构体（**其结构成员变量参考表 8.1**），从键盘输入该商品信息后，输出商品编号、名称、类别和总价。

分析：表中没有总价，但总价＝单价＊数量，注意输入和输出的形式，程序代码如下。

//代码段 c8-1-1.c
```
#include "stdio.h"
struct goods
{
    char num[7];
    char name[10];
    int amount;
    float price;
    char kind;
    int date;
    char remarks[20];
};
main()
{
    struct goods c1;
    float total;
    printf("输入编号、品名、数量、单价、类别、进货日期(年份)、备注\n");
    scanf("%s%s%d%f%c%d%s",c1.num,c1.name,&c1.amount,&c1.price,&c1.kind,&c1.
    date,c1.remarks);
```

```
total=c1.amount * c1.price;
printf("编号:%s,品名:%s,类别:%c,总价:%.2f",c1.num,c1.name,c1.kind,total);
}
```

输入时应注意,因为是连续输入,前面变量输入时用空格分隔,但输完单价变量的值后,**不能加空格**而是直接在单价值后输入类别字符值(**因 kind 是字符变量**)。

8.1.2 结构体数组

一个结构体变量只能存储一条记录信息,当程序中要对多条记录进行存储操作时,就要使用结构体数组。结构体数组是结构体与数组的结合,每个数组元素都是同一个结构体类型的变量,而每一个结构体类型的变量又由多个成员组成。

1. 结构体数组的定义和初始化

结构体数组的定义和一般数组的定义相似,例如,"int x;"是定义一个名为 x 的整型变量,而"int x[10];"是定义一个名为 x 的整型数组。同理,可定义结构体数组如下:

```
struct goods1
{
    char num[7];
    char name[10];
    int amount;
    float price;
    char kind;
    int date;
    char remarks[20];
}c[5];
```

或者,"struct goods1 **c[5]**;"也是定义一个结构体数组 c,该数组有 5 个元素,分别为c[0]、c[1]、c[2]、c[3]、c[4]。

对多维数组初始化时,常用{}来区分各行数据,结构体数组中每个变量由多个成员组成,为避免混淆也可用{}来区分各个变量。如:

```
struct goods1
{
    char num[7];
    char name[10];
    int amount;
    float price;
    char kind;
    int date;
    char remarks[20];
}c[5]={{"C00101","towel",100,3.0,'C',2010,"commodity"},{"F00100","cake",50,
4.5,'F',2012, "food" },{"F00200", "bread", 80, 2.5, 'F', 2012, "food"},{"C00102",
```

"cup",200,5.0,'C',2011, "commodity"},{ "F00300","milk",50,3.0,2012,
"food"}};

或者：

```
struct goods1 c[5]={{"C00101", "towel", 100, 3.0, 'C', 2010, "commodity"},
{"F00100", "cake", 50,4.5,'F',2012,"food"},{"F00200","bread",80,2.5,'F',2012,
"food"}, {"C00102","cup",200,5.0,'C', 2011,"commodity"},{"F00300","milk",50,
3.0,'F',2012,"food"}};
```

2. 结构体数组的使用

结构体数组的使用，指的是结构体数组元素成员的引用。结构体数组元素成员的引用和结构体变量成员的引用相似，将结构体变量名更换为结构体数组元素即可，一般形式为：

结构体数组名[下标].结构体成员名

【例 8.2】 参考表 8.1 的结构，其中类别为'C'的为日用品，类别为'F'的为食品。根据类别统计日用品的总价值和食品的总价值。

分析：本例是多条记录的操作，故用结构体数组编程。循环中通过比较结构体数组元素的 kind 成员来确定类别，分别进行价格和数量上的累加，最后输出结果。

```
//代码段 c8-2-1.c
#include "stdio.h"
main()
{
    struct goods1
    {
        char num[7];
        char name[10];
        int amount;
        float price;
        char kind;
        int date;
        char remarks[20];
    } c[5]={{"C00101","towel",100,3.0,'C',2010,"commodity"},{"F00100", "cake",
        50,4.5, 'F', 2012, "food"}, {"F00200","bread",80,2.5,'F',2012,"food"},
        {"C00102","cup",200,5.0,'C',2011,"commodity"},{"F00300","milk",50,3.0,
        'F',2012,"food"}};
    int i;
    float s1,s2;
    s1=s2=0;
    for(i=0;i<5;i++)
    {
        if(c[i].kind=='F')
            s1=s1+c[i].price*c[i].amount;
```

```
        else if(c[i].kind=='C')
            s2=s2+c[i].price * c[i].amount;
    }
    printf("食品类的总价值为: %f\n日用品类的总价值为%f\n",s1,s2);
}
```

8.1.3 结构体指针变量

1. 结构体指针变量的定义

指针可指向任何变量,包括整型、实型、数组等,甚至可指向其他的指针变量,同样指针也可指向结构体变量,这样的指针变量就称结构体指针变量。结构体指针变量的内容是其所指向结构体变量的首地址,结构体指针变量定义的一般形式为:

> struct 结构体名 * 结构体指针变量名

例如:

```
struct goods1
{
    char num[7];
    char name[10];
    int amount;
    float price;
    char kind;
    int date;
    char remarks[20];
}c1, * p1;
p1=&c1;
```

或者:

```
struct goods1 * p2, * p3;
p2=&c1;
```

注意: 结构体指针和其他类型指针一样,定义后必须经过初始化或赋值后才能使用,并且只能指向同一结构体类型的变量。完成结构体指针的赋值后,就可通过指向运算符—>来引用结构体变量的成员。

2. 结构体指针变量与结构体数组

利用结构体指针变量指向结构体数组,使得处理批量记录时更加高效和简洁,如例8.3所示。

【**例8.3**】 结构体参考例8.2,统计商品中总价值最高的日用品和总价值最低的食品,并输出该商品的名称和总价值。

分析：该题用结构体指针来实现相对要简洁些。定义一个结构体指针变量 ps，用于对结构体数组元素的遍历（**循环开始时指向结构体数组的首地址**）。再定义两个同类型的结构体指针变量 maxid、minid，分别指向满足条件的（**最大价值日用品和最小价值食品**）两个数组元素，再定义两个实型变量分别保存最大总价值和最小总价值。循环中，用指针的递增实现对数组元素的遍历。程序代码如 c8-3-1.c。

```
//代码段 c8-3-1.c
#include "stdio.h"
main()
{
    struct goods1
    {
        char num[7];
        char name[10];
        int amount;
        float price;
        char kind;
        int date;
        char remarks[20];
    }c[5]={{"C00101","towel",100,3.0,'C',2010,"commodity"},{"F00100","cake",
    50,4.5,'F',2012,"food"},{"F00200","bread",80,2.5,'F',2012,"food"},
    {"C00102","cup",200,5.0,'C',2011,"commodity"},{"F00300","milk",50,3.0,
    'F',2012,"food"}};
    struct goods1 *ps, *maxid, *minid;
    float max,min,total;
    for(ps=c,max=0,min=0;ps<=c+4;ps++)
    {
        if(ps->kind=='C')
        {
            total=(ps->amount)*(ps->price);
            if(max<total) maxid=ps, max=total;
        }
        if(ps->kind=='F')
        {
            total=(ps->amount)*(ps->price);
            if(min==0) minid=ps,min=total;   //可否改为"if(min==0) min=total;",为何？
            if(min>total) minid=ps, min=total;
        }
    }
    printf("总价值最大的日用品是：%s, 总价值为%.2f\n",maxid->name,max);
    printf("总价值最小的食品是：%s, 总价值为%.2f\n",minid->name,min);
}
```

注意：

① 例 8.3 中定义 ps 是一个基类型为 struct goods1 的结构体类型指针变量，它只能

指向同类型的结构体变量(**包括同类型结构体数组元素,例如"ps＝&c[0];"**),或指向同类型结构体数组的首地址(**例如"ps＝c;"**),但不能指向结构体数组元素的某个成员(**例如"ps＝c[0]．name;"是错误的,编译时系统给出警告信息"程序类型不匹配"**)。若确需将某个成员的地址赋予结构体指针,可使用强制类型转换,例如"ps＝(struct goods1 ＊)c[1]．name;",则 ps 的值为 c[1]．name 成员的起始地址,此时若执行"ps＋＋;",ps 将向后挪动一个 struct goods1 结构体的长度,而指向 c[2]．name 的地址。

② 程序中执行"ps＋＋;",表示 ps 往后递增一个结构体数组元素(**而非一个结构体变量成员**)。注意,＋＋、－－和－>的优先级别,－>的优先级大于＋＋,使用时要加括号,例如"(＋＋ps)－>name;"或"(ps＋＋)－>name;"。但为避免错误,一般建议避免＋＋和－>同时使用。

3. 结构体指针变量与函数

结构体变量和其他变量一样,在函数中也存在数据传递问题。结构体变量在函数间进行数据传递主要有三种方法:①结构体变量的成员做函数参数;②结构体变量做函数参数;③结构体指针或结构体数组做函数参数。

前两种方法和普通变量做函数参数一样,属于值传递。第三种方法传递的是地址,可将被调函数的数据返回主调函数,使用较为广泛。

结构体变量不但可做函数参数,还可做函数返回值,例如,"struct goods1 compute (struct goods1 c[]);",这里函数形参是一个结构体数组,而函数的类型是一个结构体类型,即函数返回一个结构体变量。

【例 8.4】 定义一个含 10 个元素的结构体数组来存储商品信息,统计食品类中单价低于食品类平均单价的食品名称和食品种类个数,并输出这些商品的编号、名称、单价和食品种类个数。

分析:本例采用模块化编程,利用结构体数组或结构体指针做参数进行数据传递。输入函数中,利用结构体数组接收实参传来的数组首地址,输入结构体数据,之后返回主调函数。计算单价平均值函数返回单价平均值(**参数为结构体指针**)。输出函数,输出满足条件的结构体。主函数完成对各个函数的调用从而实现整体功能。程序代码如下。

```
//代码段 c8-4-1.c
#include "stdio.h"
#define N 10
struct date
{
    int year;
    int month;
    int day;
};
struct goods2
{
    char num[7];
    char name[10];
```

```
        int amount;

        float price;

        char kind;

        struct date jhrq;

        char remarks[20];

    };

    void inputdata(struct goods2 c[]);          //完成结构体数据输入

    float price_ave (struct goods2 * p);        //计算单价的平均值并返回主调函数

    void outputdata(struct goods2 * p);         //输出满足条件的结构体变量成员

    main()

    {

        int k=0;

        float ave;

        struct goods2 c[N], * p;

        p=c;

        inputdata(c);

        ave=price_ave(p);

        for(p=c;p<c+N;p++)

        {

            if(p->kind=='F' && p->price<ave)

            {

                outputdata(p);

                k++;

            }

        }

        printf("\n低于食品平均价格的商品种类有%d个",k);

    }

    void inputdata(struct goods2 c[])

    {

        int i;

        printf("请输入商品编号、品名、数量、单价、种类、进货年份、月份和日\n");

        for(i=0;i<N;i++)

        {

            printf("请输入第%d种商品\n",i+1);

            scanf("%s%s%d%f%c%d%d%d", c[i].num, c[i].name, &c[i].amount, &c[i].
                price, &c[i].kind, &c[i].jhrq.year, &c[i].jhrq.month, &c[i].jhrq.
                day);

        }

    }

    float price_ave (struct goods2 * p)

    {

        struct goods2 * p1;

        float ave,total=0;

        int n=0;
```

```
        p1=p+N;
        for(;p<p1;p++)
        {
            if(p->kind=='F')
            {
                total=total+p->price;
                n++;
            }
        }
        ave=total/n;
        return ave;
}
```

void outputdata(struct goods2 * p)

```
{
        printf("编号为%s,品名为%s,单价为%f\n", p->num, p->name, p->price);
}
```

8.2 共 用 体

8.2.1 概述

日常生活中,人们对多记录处理时发现,某一列的数据类型可能会随着记录的变换而变化。例如8.1节新进商品的记录,当商品类别为食品类时,备注字段存储的是商品的保质期(**整数**)。而商品类别为日常用品时,备注字段存储的是商品的品质(**如耐用品或非耐用品,字符数组**),这就需要用到一种新的数据类型——共用体。

共用体又叫联合体,它是几个类型不同的变量共同占用一段内存区域的构造数据类型。从同一地址开始存放,系统利用覆盖技术使得在任一时刻只有一个变量起作用。

1. 共用体的类型定义、变量定义

共用体类型定义的一般形式:

```
union 共用体名
{
    类型名 共用体成员名 1;
    类型名 共用体成员名 2;
       ⋮
    类型名 共用体成员名 n;
};
```

其中,union 是关键字,共用体类型的定义形式和结构体类型定义形式相似。但共用体单

独使用的较少,通常和结构体嵌套使用。如本节开始所要求,对食品类商品的备注为整型,而日用品商品的备注为字符型,可以这样进行类型定义:

```
union remarks
{
    int bzq;
    char pinz[8];
};
struct date
{
    int year;
    int month;
    int day;
};
struct goods
{
    char num[7];
    char name[10];
    int amount;
    float price;
    char kind;
    struct date jhrq;
    union remarks spbz;
};
```

或者在类型声明时直接将嵌套语句放入主结构体,和结构体变量定义一样,主结构体内的嵌套结构体名 date 和共用体名 remarks 可省略:

```
struct goods
{
    char num[6];
    char name[10];
    int amount;
    float price;
    char kind;
    struct date                          //结构体类型名 date 可省
    {
        int year;
        int month;
        int day;
    }jhrq;
    union remarks                        //共用体类型名 remarks 可省
    {
        int bzq;
        char pinz[8];
```

```
        }spbz;
    };
```

共用体变量的定义和结构体变量的定义类似,可参考结构体变量定义,这里不再叙述。

2. 共用体变量的成员引用和赋值

共用体的成员引用和结构体相似,有下列三种形式:

① 共用体变量名.成员名
② 共用体指针变量名->成员名
③ (*共用体指针变量名).成员名

共用体变量成员的赋值和结构体相似,例如相同类型的共用体变量可整体赋值、每个成员变量的赋值等。但也有所不同,例如,共用体变量的初始化只能对其第一个成员变量进行。在上面定义的共用体中,若有"union remarks spbz={4};"那么 spbz.bzq 的值将被赋为 4,但若写成"union remarks spbz={"耐用品"}",则只能将错误的值赋给 spbz.bzq。另外,由于共用体的成员共用一块存储空间,计算机采用数据覆盖技术,因此对共用体成员赋值时,只有最后一次赋值才有意义。若引用前面赋值结果,将会得到无法预料的错误数据。例如:

```
spbz.bzq=4;                   //成员 pbz.bzq 被赋值为 4
strcpy(spbz.pinz,"耐用品");    //成员 spbz.pinz 被赋值为"耐用品"
printf("%d\n",spbz.bzq);       //pbz.bzq 与 spbz.pinz 共用同一块内存,故输出不是 4
printf("%s\n",spbz.pinz);      //输出正确,结果为:耐用品
```

虽然 C 语言编译器编译时不报错,但程序执行会得到错误的结果。

3. 共用体和结构体的共同点和不同点

(1) 共同点

共用体和结构体都是构造数据类型,都是将不同类型的数据集中在一起的用户自定义类型。都涉及类型定义、变量定义和变量引用等问题,并且它们的类型定义格式、变量定义方法和引用形式都相同。使用中,二者还可相互嵌套。

(2) 不同点

虽然共用体和结构体有很多相似,但它们之间有着本质的区别。主要表现在内存的存储形式上,结构体变量的每个成员在内存中,各自单独占有内存空间,故结构体变量占用的内存大小就是该变量所有成员变量所占用内存空间之和,而共用体变量的所有成员变量在内存中共享内存空间,故共用体变量占用的内存空间,就是其所有成员中占用内存空间最大的那个成员变量所占用的内存空间。图 8.1 是共用体变量 spbz 的两个成员变量的存储情况。

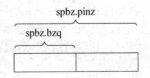

图 8.1　共用体变量 spbz 各成员变量的存储情况

共用体和结构体不仅有着本质区别,二者在形式上也不同:

① 程序运行过程中,结构体变量每个成员变量的类型和长度都固定不变。而共用体变量在程序运行过程中,所占用的内存空间在不同时刻可能会是不同数据类型和不同长度的数据,在某个确定的时刻,只有一个成员有意义。

② 结构体变量可对其所有成员初始化,而共用体变量只能对其第一个成员初始化。

③ 共用体变量比结构体变量节省内存,但访问速度比结构体慢。由于大容量存储器的出现,共用体现已很少使用。

8.2.2 应用举例

【例 8.5】 键盘输入超市 10 个商品信息(**编号、品名、数量、单价、类别和备注**)。若商品类别为食品类(**F**),则输入该商品的保质期;若商品类别为日用品类(**C**),则输入该商品的品质(**耐用品或非耐用品**),最后输出这些信息。

分析:本题需要结构体和共用体嵌套使用,备注字段可能是整型,也可能是字符型,因此用共用体来表示。输入和输出都要根据类别来对共用体字段进行读写。程序代码如下。

```
//代码段 c8-5-1.c
# include "stdio.h"
# define N 10
struct goods
{
    char num[7];
    char name[10];
    int amount;
    float price;
    char kind;
    union
    {
        int bzq;
        char pinz[8];
    }spbz;
}c[N];
main()
{
    struct goods * p1;
    printf("请输入商品编号、品名、数量、单价、类别和备注\n");
    for(p1=c;p1<c+N;p1++)
    {
        printf("请输入第%d 条记录\n",p1-c+1);
        scanf("%s%s%d%f%c",p1->num, p1->name, &p1->amount, &p1->price, &p1->kind);
```

```
        if(p1->kind=='F')
            scanf("%d",&p1->spbz.bzq);
        else if(p1->kind=='C')
            scanf("%s",p1->spbz.pinz);
        else
            printf("input error!!\n");
    }
printf("the output data:\n");
for(p1=c;p1<c+N;p1++)
{
    printf("编号:%s,品名:%s,数量:%d,单价:%f,类别:%c,",p1->num,p1->name,p1->
    amount, p1->price,p1->kind);
    if(p1->kind=='F')
        printf("保质期: %d\n", p1->spbz.bzq);
    else
        printf("商品品质: %s\n", p1->spbz.pinz);
}
}
```

8.3 枚　　举

先看以下例子。

【例 8.6】 某地有电信大厦、联通大厦、移动大厦和政府大厦四座大楼（**楼的高度互不相同**）。现有 A、B、C、D 四人，关于楼的高度问题发表意见如下（**已知每人仅说对一个**），请编程给出四座大楼的高低。

A 说：电信大厦最高，政府大厦最低，联通大厦第三高。

B 说：政府大厦最高，电信大厦最低，联通大厦第二高，移动大厦第三高。

C 说：政府大厦最低，电信大厦第三高。

D 说：联通大厦最高，移动大厦最低，政府大厦第二高，电信大厦第三高。

分析：四座大厦分别取最高、第二高、第三高和最低四个值。分别验证四人回答的情况，当每人都有一条答对时，这种组合就是正确的。理论上说，这是穷举法的一种，可用四重循环来完成，但取值不是连续的，而是一个一个离散的值（**现实中有很多这样的例子，例如一周的取值从周一到周日七个值，一年的月份有 12 个值**）。为解决此类问题，C 中提供了一种特殊的数据类型——枚举，这种类型变量的数据只能取一些离散的值，而且定义时就将可能遇到的值一一列举出来。

1. 枚举类型的定义

枚举类型定义的一般形式：

enum 枚举类型名{元素 1,元素 2,…,元素 n};

例如，"enum week{Sun，Mon，Tue，Wed，Thu，Fri，Sat}；"，和结构体一样，该语句只是定义了一个枚举类型，系统并没有为该类型分配内存空间。

2．枚举类型变量的定义

枚举类型变量的定义和结构体、共用体相似，也有三种形式。

（1）先定义枚举类型再定义变量

例如：

```
enum week{Sun, Mon, Tue, Wed, Thu, Fri, Sat};      //定义枚举类型
enum week week1,week2;                //定义枚举变量 week1、week2
```

（2）定义枚举类型时定义变量

例如：

```
enum week{Sun,Mon,Tue,Wed,Thu,Fri,Sat}week1,week2;
```

（3）无枚举名的类型定义和变量定义

例如：

```
enum{Sun,Mon,Tue,Wed,Thu,Fri,Sat}week1,week2;
```

3．枚举应用注意事项

① C 语言程序编译中，枚举元素作为常量处理，称为枚举常量，不能对它们进行赋值。

② 枚举元素被处理成一个整型常量。一般来说，枚举元素的值取决于定义时各枚举元素排列的先后顺序。例如，"enum week{ Sun，Mon，Tue，Wed，Thu，Fri，Sat}week1；"，上述枚举元素的值分别为 $0，1，2，3，4，5，6$。但也可由用户在定义时指定，例如"enum week{ Sun＝7，Mon＝1，Tue，Wed，Thu，Fri，Sat}week1；"，后面的依次递增。

③ 只能把枚举元素赋给枚举变量，不能将整数直接赋给枚举变量。例如，可用"week1＝Sun；"，给枚举变量 week1 赋值，而不能用"week1＝7；"（**尽管该语句在 VC 中可以执行，甚至连警告都不出现**）。整数和枚举变量属于不同类型，若一定要将整数赋给枚举变量，则要进行强制转换（**例如，"week1＝（enum week）3；"，相当于"week1＝Wed；"**）。

④ 枚举元素不是字符常量，也不是字符串常量，使用时不加单、双引号。

⑤ 枚举变量使用时，可使用整数值，也可使用枚举元素值，还可直接进行判断比较操作。

有了上面的介绍，再看例 8.6，可通过下列方法将问题分解：

- 定义 yd、lt、dx、zf 四个枚举变量分别代表移动、联通、电信和政府大厦，通过多重循环将它们的取值一一列举，再看 A、B、C、D 说对的情况。
- 每句话为一个判断表达式，三句话就是三个表达式，对的值为 1，错的值为 0，每人只有一句话是对的，那么这个人的表达式加起来为 1。
- 大厦排名互不相等，故四个枚举变量的取值互不相等。若逐个变量进行比较，很

麻烦,因四个变量取值固定,它们互不相等的组合唯一,可让这四个互不相等的变量进行某种运算,再考查运算所得的结果来解决问题。本例定义四个枚举元素(值分别为 **1、2、3、4**),四个枚举变量各自使用其中一个数,它们相乘应等于 24,并且相加应等于 10。

```c
//代码段 c8-6-1.c
#include "stdio.h"
main()
{
    enum building{Max=1, Sec, Thi, Min};
    enum building yd, lt, dx, zf;
    int a,b,c,d,flag1,flag2;
    for(yd=Max; yd<=Min; yd++)
    {
        for(lt=Max; lt<=Min; lt++)
        {
            for(dx=Max; dx<=Min; dx++)
            {
                for(zf=Max; zf<=Min; zf++)
                {
                    a=(dx==Max)+(zf==Min)+(lt==Thi);
                    b=(zf==Max)+(dx==Min)+(lt==Sec)+(yd==Thi);
                    c=(zf==Min)+(dx==Thi);
                    d=(lt==Max)+(yd==Min)+(zf==Sec)+(dx==Thi);
                    flag1=(int)yd * (int)lt * (int)zf * (int)dx;
                    flag2=(int)yd+ (int)lt+ (int)zf+ (int)dx;
                    if(a==1&&b==1&&c==1&&d==1&&flag1==24&&flag2==10)
                    {
                        switch(yd)
                        {
                        case 1: printf("移动大厦最高\n");break;
                        case 2: printf("移动大厦第二高\n");break;
                        case 3: printf("移动大厦第三高\n");break;
                        default: printf("移动大厦最低\n");
                        }
                        switch(lt)
                        {
                        case 1: printf("联通大厦最高\n");break;
                        case 2: printf("联通大厦第二高\n");break;
                        case 3: printf("联通大厦第三高\n");break;
                        default: printf("联通大厦最低\n");
                        }
                        switch(dx)
                        {
                        case 1: printf("电信大厦最高\n");break;
```

```
            case 2: printf("电信大厦第二高\n");break;
            case 3: printf("电信大厦第三高\n");break;
            default: printf("电信大厦最低\n");
        }
        switch(zf)
        {
            case 1: printf("政府大厦最高\n");break;
            case 2: printf("政府大厦第二高\n");break;
            case 3: printf("政府大厦第三高\n");break;
            default: printf("政府大厦最低\n");
        }
      }
    }
   }
  }
 }
}
```

思考：上述判断变量互不相等的方法,若缺少相加或相乘任何一个条件,能得到四个变量互不相等的结论吗,为什么？

8.4 动态存储分配及链表

8.4.1 动态存储分配

前面章节介绍的各种数据类型的变量或数组,在内存所占空间大小都是在定义时就定好的,而且一旦定义,在其生存期内不会改变。这种分配方案称为"静态存储分配"。但实践中,存在无法预知变量或数组到底需要多少内存的情况,为此,C 提供了另一种内存分配方案——"动态存储分配"。

1. 动态存储的概念和意义

C 语言中,各种类型变量在内存中的存储形式分为以下几种。

① 全局变量(外部变量和静态内部变量),存储在内存的静态存储区域,程序结束由系统统一释放。

② 非静态局部变量(**包括形参**)存储在名叫"栈"(**stack**)的内存区域,由编译器自动分配释放。

③ 内存中还有一块特殊的自由存储区域叫"堆"(**heap**),它由程序员分配释放,若程序员不释放,程序结束时由系统回收。

所谓动态存储分配,是指在程序执行过程中,由程序员根据需要动态地向"堆"区域申请或者回收存储空间。动态内存分配不需要预先分配存储空间(**而数组等所采用的静态**

内存分配方案则是预先分配存储空间），由系统根据程序需要即时分配，分配的大小就是程序所要求的，并且在不需要时，及时回收。

动态存储分配的意义在于可有效管理数据，程序根据需要申请和释放内存空间，优化程序，节约内存，这对内存空间小而又要处理大量数据的情况尤为重要。

2. 动态存储分配方法

（1）malloc 函数

一般形式：

```
void * malloc(unsigned int size)
```

函数功能：向系统申请一块长度为 size 的连续内存空间。形参 size 的类型为无符号整型。函数返回值为新分配内存空间的首地址，若没有足够大的内存空间则返回 NULL，表示内存分配失败。

例如：语句"struct goods * p;p＝(struct goods *)malloc(n * sizeof(struct goods));"，申请了 n 个结构体变量的内存空间，并将空间的首地址赋给结构体指针变量 p。

（2）calloc 函数

一般形式：

```
void * calloc(unsigned n,unsigned size)
```

函数功能：向系统申请一块大小为 n 个 size 长度的连续内存空间，函数返回内存空间的首地址，若分配失败，返回 NULL。和 malloc 不同的是，calloc 有两个参数，而且会初始化申请到的内存空间，而 malloc 只有一个参数并且不会初始化申请到的内存空间。

例如：语句"p＝calloc(50,4);"，申请 50 个元素的一维数组，每个元素 4 个字节，共申请 200 个字节的内存空间，并做了清零。

（3）realloc 函数

一般形式：

```
void * realloc(void * p,unsigned int size)
```

函数功能：重新分配由 malloc 或 calloc 所分配的动态内存空间的大小。按照 **size（通常应使 size 大于原来由 malloc 或 calloc 所分配的内存空间的大小，即通常应使新分配的内存区块比原来分配的内存区块要大，否则会导致数据丢失）** 指定的大小重新分配空间，将原有数据从头到尾复制到新分配的内存区域，释放 p 原先所指内存区域，同时返回新分配内存区域的首地址。若分配失败则返回空指针 NULL，同时原来 p 所指存储块的内容不变。

例如：语句"realloc(p,300);"，申请为 p 指向的内存区块重新分配 300 字节的空间。

（4）free 函数

一般形式：

```
void free(void * p)
```

函数功能：释放指针 p 指向的动态内存空间，使这部分空间能被其他变量重新使用。例如："free(p);"

注意：上述 4 个函数的原型都在 stdlib.h 头文件中。函数 calloc、malloc、realloc 的基类型都是 void 类型，只提供一个地址，是一种不指向任何具体类型的指针(**也称无类型指针**)。若要使它们指向具体类型变量，则要做强制转换。例如："int * p; p=(int *)malloc(500);"。

3. 动态存储应用举例

【例 8.7】 定义一个整型数组(**数组长度由用户输入**)，为数组元素输入整型数据，并统计元素的总和、奇数的个数和偶数的个数。

分析：数组长度程序运行时由用户输入决定，而非程序员编程时决定，需采用动态存储技术。

```
//代码段 c8-7-1.c
#include "stdio.h"
#include "stdlib.h"
main()
{
    int n, * p, * p1;
    int sum, num1, num2;
    sum=num1=num2=0;
    printf("请输入要输入整数的个数:\n");
    scanf("%d", &n);
    p=(int * )malloc(n * 4);
    printf("请输入%d个整数:\n",n);
    for(p1=p; p1<p+n; p1++)
    {
        scanf("%d", p1);
        sum+= * p1;
        if( * p1%2==0) num1++;
        else    num2++;
    }
    printf("总和等于%d,偶数个数等于%d,奇数个数等于 %d\n",sum,num1,num2);
}
```

8.4.2 链表

程序中经常需要对内存空间中不连续的数据进行操作。例如内存中有多条记录，经过数次删除或通过动态存储分配产生了新的记录，这些记录在内存的存储就不连续，用传统的结构体和数组无法解决这个问题，需要用到下面介绍的链表。

1. 链表的概念

链表是一种常见的重要的数据结构，它不是传统的顺序结构体，而是用链式结构来存储,是结构体和指针的一个应用。图 8.2 为简单的链表结构。

图 8.2　简单链表结构图

图 8.2 中,指针 p 指向链表中第一个元素,链表上的每个元素都有一个指针指向下个元素,这些元素在内存中的存储可以不连续。要找到链表上的某个元素就必须根据它的前一个元素提供的地址才能找到,如果没有首地址,整个链表就无法访问。链表上的元素一环扣一环,中间不能断开。好比幼儿园老师带孩子们出去玩,老师作为头,牵着第一个孩子,这个孩子又牵着第二个孩子,一直持续到最后。要在这个队伍中寻找某个孩子,得先从老师开始,然后按顺序查找每个孩子。为更好理解链表,下面先介绍几个概念。

(1) 结点、头结点、尾结点、前趋结点和后继结点

链表是由多个元素组成,每个元素称为一个结点,每个结点都是一个结构体变量(**同一链表上的所有结点,均为同一种结构体类型的变量**)。链表中的第一个结点称为头结点,最后一个结点称为尾结点。某结点前面的结点称为该结点的前趋结点,后面的结点则称为该结点的后继结点。

(2) 单链表、双向链表和循环链表

单链表指的是每个结点中的指针指向后继结点,尾结点的指针为 NULL。而双向链表中每个结点有两个指针,一个指向前趋结点,一个指向后继结点(**对头结点而言,无前趋结点;对尾结点而言,无后继节点**)。如果一个单链表的尾结点的指针指向了头结点,那么就构成循环链表。

(3) 静态链表和动态链表

静态链表是开始就将链表中的结点数目确定下来并一开始就定义好所有的结点,这样定义的链表不需要动态存储分配。动态链表指的是在程序运行过程中,一个一个地申请内存、建立结点、输入数据并建立前后联系的链表。

链表中基本单位是结点,结点的定义一般用结构体实现,单向链表结点定义一般形式为:

```
struct node
{
    类型说明符 数据名 1;
    ⋮
    类型说明符 数据名 n;
    struct node * 指针名;
}
```

图 8.2 的链表可定义为:

```
struct node
{
    char c;
```

```
        struct node * next;
    };
```

【例 8.8】 某车间四个工人,请建立一个静态单向链表,分别用来存储工人的职工号、年龄、性别和工资,最后输出这些信息。

分析:因人数已确定,故采用静态链表,然后利用指针逐个结点输出这些信息。

```
//代码段 c8-8-1.c
#include "stdio.h"
struct worker
{
    int id;
    int age;
    char sex;
    float salary;
    struct worker * next;
};
main()
{
    struct worker a,b,c,d, * head, * p;        //head用于保存链表第一个结点的地址
    a.id=10001; a.age=30; a.sex='M';a.salary=3200;
    b.id=10002; b.age=32; b.sex='F';b.salary=3500;
    c.id=10101; c.age=38; c.sex='F';c.salary=3800;
    d.id=10103; d.age=28; d.sex='M'; d.salary=3200;
    head=p=&a;                                 //将 head 指向静态链表第一个结点
    a.next=&b;
    b.next=&c;
    c.next=&d;
    d.next=NULL;
    do                                         //通过循环遍历链表
    {
        printf("id=%d, age=%d, sex=%c, salary=%f\n",p->id, p->age, p->sex, p->
        salary);
        p=p->next;
    }while(p!=NULL);
}
```

例 8.8 中,通过指针 p=p->next,实现对当前结点的下个结点的访问。程序中定义了指针变量 head,并指向链表的头。当对链表遍历完后,若想再次找寻链表中某结点,只要顺着 head 进行遍历,便可找到满足条件的结点。否则,程序虽也能运行,但当链表遍历完后,就再也找不到链表的头结点(**导致数据丢失**)。本例所有结点都是事先定义的,并不是根据需要临时开辟的,某种程度上说这种链表可用结构体数组来代替。实际中,这种静态链表较少用,使用更多的是程序运行时,根据需要而临时开辟空间生成的动态链表。本节后面介绍的链表操作都是动态链表的操作,静态链表不再叙述。

2. 链表的基本操作

链表的操作主要有链表的构造、遍历、插入和删除。其中链表的遍历和静态链表的遍历一致,通过 p＝p－＞next,实现逐个结点的访问直到尾结点。为简化,下面以单链表为例叙述链表的其他三个操作。

(1) 链表的构造

链表的构造一般从头结点开始,反复将新生成的结点接到链表尾,一直到链表结束。其中,最重要的一个环节,是将新构造结点的地址赋给前一结点的指针。

【例8.9】 以图8.2为例编写函数构造一个链表:从键盘输入若干英文字母存入新生成的结点,直到输入字符'.'时结束,函数返回链表头结点的地址。

分析:一个非空链表要有一个指针变量用于保存链表头结点的地址,还要一个指针变量用于保存尾结点的地址。新增结点的地址直接赋予尾结点的指针变量即可。另外还需要一个指针变量用于保存新生成结点的地址,因此要定义三个指针变量。只要输入的数据正确,则生成一个新结点,将数据赋给结点中相应变量并将该结点的指针变量赋为NULL,再将该结点地址赋给链表尾结点的指针变量从而将该结点接到链表尾部。注意,链表构造之初,首尾指针一样。函数代码如下。

```c
//代码段 c8-9-1.c
struct node * creat()
{
    struct node * head, * tail, * p;
    char x;
    head=tail=NULL;
    printf("请输入若干英文字母,输入'.'结束!\n");
    scanf("%c",&x);
    while(x!='.')
    {
        p=(struct node * )malloc(sizeof(struct node));      //申请分配内存空间
        p->c=x;                              //将数据赋给结点中变量
        p->next=NULL;                        //将新生成结点的指针赋予 NULL
        if(head==NULL)
            head=tail=p;
        else
        {
            tail->next=p;                    //将新生成结点地址赋给尾结点的指针变量
            tail=p;
        }
        scanf("%c",&x);
    }
    return head;
}
```

(2) 链表的插入

链表的插入有前插和后插两种。将新生成结点,插入到当前结点之前叫"前插",插入到当前结点之后叫"后插"。无论前插或后插都需将链表中的"链"断开再插入新结点。程序中需要三个指针变量：pn 指向新增结点；pc 指向链表中当前结点；若是前插，pt 指向前趋结点（**当前结点的前一个结点**），而后执行"pt—>next＝pn；pn—>next＝pc；"。若是后插，pt 指向后趋结点（**当前结点的后一个结点**），而后执行"pc—>next＝pn；pn—>next＝pt；"。

【**例 8.10**】 假设例 8.9 构造的链表是顺序排列的，编写函数完成下列功能。函数参数传入一个字符，构造一个新的结点，并将该结点插入到链表合适的位置，使插入后链表仍然是顺序排列。

分析：插入结点的位置有可能是链表的首部、中部或尾部，故需分开讨论。若插入到链表首部，那么链表的首地址就要改变，因此函数要返回链表指针。函数代码如下。

```
//代码段 c8-10-1.c
struct node * insert(struct node * head,char x)
{
    struct node * pc, * pn, * pt;
    pn= (struct node * )malloc(sizeof(struct node));
    pn->c=x;
    pc=head;
    if(head==NULL)                        //链表为空
    {
        head=pn;
        pn->next=NULL;
    }
    else
    while(pc->next!=NULL && pc->c <x)     //寻找插入点
    {
        pt=pc;
        pc=pc->next;
    }
    if(pc->c >=x)
    {
        if(head==pc)                      //插入点在链表的首结点前
        {
            pn->next=head;
            head=pn;
        }
        else                              //插入点在链表中
        {
            pt->next=pn;
            pn->next=pc;
        }
    }
    else                                  //插入点在链表尾
```

```
    {
        pc->next=pn;
        pn->next=NULL;
    }
    return head;
}
```

（3）链表的删除

链表的删除相对于链表的插入要简单，找到满足条件的结点直接将该结点的后继结点的首地址赋予该结点前趋结点的指针变量即可。当然也要分情况讨论删除的是链表的首结点、中间结点还是尾结点。

【例 8.11】 编写函数完成：在例 8.9 构造的链表中删除指定的结点。函数参数传入一个字符，将链表中数据和该字符相等的所有结点删除。

分析：搞清楚需删除结点所在的位置，再采取相应的删除方法，并且应删除链表中所有满足条件的结点。函数代码如下。

//代码段 c8-11-1.c
```c
struct node * nodedel(struct node * head, char x)
{
    struct node * pc, * pt;
    pc=head;
    while(pc->next!=NULL)
    {
        if(pc->c==x)
        {
            if(pc==head)                    //删除满足条件的首结点
            {
                head=pc->next;
                pc=head;
            }
            else                            //删除满足条件的中间结点
            {
                pt->next=pc->next;
                pc=pc->next;
            }
        }
        else
        {
            pt=pc;
            pc=pc->next;
        }
    }
    if(pc->c==x)        pt->next=NULL;    //删除满足条件的尾结点
    return head;
```

```
    }
```

8.4.3   类型别名定义——typedef

前面章节学习中,除了结构体、共用体和枚举类型名要用户自己指定外,其他的类型名都是系统预先定义好的标准名称。C 还允许,在程序中用 typedef 语句定义新的类型名来代替已有的类型名。

类型别名定义的一般形式:

> typedef 类型名 标识符

其中,类型名是已经存在的数据类型名,标识符是用户为已有的数据类型重新起的一个名字。通常为了醒目,用户定义的这个数据类型使用大写。例如:

```
typedef int INTEGER;                    //简单数据类型名字替换
typedef struct                          //结构体类型替换
{
    char name[20];
    long num;
    float score;
}STU;
typedef char NAME[20];                  //数组名字替换
typedef char * STRING;                  //指针名字替换
```

有了上述语句就可以用别名来定义相应的变量:

```
INTEGER a,b;                            //定义 a 和 b 两个整型变量
STU student1, student2;                 //定义两个结构体变量
NAME x1,y1;                             //定义两个元素数为 20 的字符数组
STRING ch;                             //定义一个字符型指针变量 ch
```

使用 typedef 语句时需注意:

① typedef 只是定义一个新的类型名,并非生成一个新的数据类型。

② 程序员可以定义新的类型名称,一定程度上提高了程序的可读性。

③ 便于将代码移植到别的机器上。例如,由于机器和编译器的限制,对整型的定义有的计算机上是 2 字节,有的是 4 字节。这样在整型为 4 字节的计算机上可使用"typedef long INTEGER;"语句,而到了整型为 2 字节的计算机将上述语句改为"typedef short INTEGER;"语句,这样便不需改动程序中的内容。

④ 注意 typedef 和♯define 的区别。♯define 是在预编译时处理,只能进行简单的字符串替换;typedef 是在编译时处理,采用如同定义变量的方法定义一个类型。

本 章 小 结

结构体是处理类似记录结构的一种复合数据类型,是由用户根据需要而定义的不同数据类型的集合体。结构体的使用,需要先定义结构体类型、再定义结构体类型的变量,然后才能使用结构体变量,而使用结构体变量主要是指对其成员的引用。结构体变量的存储空间是结构体内所有成员变量所占空间之和,结构体数组和结构体指针是结构体的两大重要应用。

共用体在许多方面和结构体相似,也是处理多种不同类型数据的集合体,但二者最大的区别在于共用体变量的各成员在内存中共用一块存储空间,故共用体所有成员变量中所需存储空间最大的那个成员变量,所需的存储空间即为共用体变量所需存储空间的大小。引用共用体变量成员时要特别注意,共用体成员变量在程序执行的某一时刻只有一个有效。

枚举也是一种数据类型,在枚举类型声明时就将该类型变量可能的取值一一列举出来。枚举类型变量的值,只能在枚举类型定义时列出的值中进行选取,而不能随意选取其他值。

动态存储分配是一种有利于程序和存储资源优化的技术。采用这种技术后,系统在需要时为相关变量分配大小合适的存储空间,而在变量不用时可收回这些存储空间以作它用。

链表是结构体和指针的综合运用。链表由若干结点组成,而指针正是连接各个结点的"链"。链式存储结构一般用于处理记录内容频繁变动,各记录在内存空间的地址互不相邻的线性数据。链表的主要操作包括链表的生成、遍历、插入和删除。

类型别名定义实际上是为一个已有的类型起一个别名,而不是产生新的数据类型。类型别名定义后,程序就可用别名进行变量定义,类型别名定义有利于程序的移植。

习 题 8

一、填空题

1. 设有定义语句:

```
struct
{
    int a;
    float b;
    char c;
}abc, * p_abc=&abc;
```

则对结构体成员 a 的引用方法可以是 abc _____ a 和 p_abc _____ a。

2. 用 typedef 定义整型一维数组：

```
typedef int ARRAY[10];
```

则对整型数组 a[10]的定义可为_____。

3. 已知：

```
struct
{
    int x,y;
}s[2]={{10,20},{3,4}}, * p=s;
```

则表达式＋＋p－＞x 的值为_____,表达式(＋＋p)－＞x 的值为_____。

4. 已知：

```
struct
    {
    int x;
    char * y;
}tab[2]={{1,"ab"},{2,"cd"}}, * p=tab;
```

则表达式(＊p).y 的结果为_____,表达式(＊(＋＋p)).y 的结果为_____。

5. 为建立链表,请完善以下程序段,使结点的定义描述正确。

```
struct node
{
    int data;
    _____
};
```

6. 假如有语句：

```
struct
{
    int i;
    int j;
}data[2]={{1,4},{2,9}};
```

则"printf("％d\n",data[0].j/data[0].i * data[1].i);"的输出结果是_____。

7. 以下程序的运行结果是_____。

```
typedef struct
{
    long x[2];
    int y[4];
    char z[8];
}MYTYPE;
MYTYPE a;
main()
```

```
{
    printf("%d\n",sizeof(a));
}
```

8. 有以下程序段：

```
struct dent
{
    int n;
    int * m;
};
int a=1,b=2,c=3;
struct dent s[3]={{101,&a},{102,&b},{103,&c}};
struct dent * p=s;
```

其中，*（++p）->m 的值为_____。

9. 有结构体和共用体变量定义如下：

```
struct rr{int a;float b;}b1;
union ss{char a;float b;}b2;
struct tt{int a;union ss c;}b3;
```

若 int 型变量占 4 个字节，char 型变量占 1 个字节，float 型变量占 4 个字节，则变量 b1、b2 和 b3 所占字节数分别为_____、_____和_____。

10. 以下程序段的输出结果为_____。

```
enum month {Jan,Feb,Mar,Apr=8,May,Jun,Jul,Aug,Sept,Oct,Nov,Dec};
enum month mon1=Mar,mon2=Sept;
printf("%d,%d",mon1,mon2);
```

二、编程题

1. 用结构体编写程序：求解两个复数的积和商。

2. 使用两个结构体变量，分别存放两个同学的生日(**包括年、月、日**)，然后计算这两个同学生日相差多少天。

3. 键盘输入某职工的身体信息(**姓名、性别、年龄、身高(m)、体重(kg)**)，计算"**体重/(身高的平方)**"，结果为 18～25 的输出"体形正常"，低于 18 的输出"体形偏瘦"，高于 25 的输出"体形偏胖"。

4. 键盘输入 N 位职工信息(**工号、姓名、出生日期、职位和工资**)，输出每位职工工号、姓名、年龄、职位、工资及职工的平均工资(**N≤1000，其值在程序执行时由用户从键盘输入**)。

5. 编写程序定义一个保存学校师生信息的结构体(**ID 号，姓名，身份，级别(职称或年级)**)，并从键盘输入一条信息并输出整条信息，若身份为教师(**T**)，则输出级别为职称，若身份为学生(**S**)，输出级别为年级。

6. A、B 两人做剪刀、石头、布的猜拳游戏。规则如下：石头胜剪刀，布胜石头，剪刀胜布。编程模拟两人的出拳及胜负情况。

7. 假设已建立某公司职工信息表的单向链表,每个结点有姓名、性别、职称和工资四项,编写函数将所有女职工的工资加 100 元。

8. 17 个猴子选大王,猴子们围成一圈开始报数,由于 13 这个数不吉利,凡是报数为 13 的猴子退出竞选大王的行列,该猴子退出圈子后,后面的猴子重新从 1 开始报数,问最后成大王的是开始时序号为多少的猴子(**提示:用循环链表完成**)?

第9章

预编译命令

学习目标

了解预编译的方法和目的,掌握简单的宏定义、文件包含和条件编译的方法,掌握 C 语言中常用标准库中的库函数,掌握多个 C 源程序的编译和调试。

重点、难点

重点:宏定义、文件包含。

难点:带参的宏定义、条件编译。

9.1 概　　述

前面章节的程序在开始部分都有以 ♯ 开始的预编译命令(也称预处理命令),如 ♯include 命令和 ♯define 命令等。下面再看一个宏定义的例子。

【**例 9.1**】　编程:求半径为 5.0 的圆的周长和面积并输出。

分析:本例非常简单,这里用宏定义完成,程序代码如下:

```
//代码段 c9-1-1.c
#include "stdio.h"          //预编译命令-- 文件包含
#define R 5.0               //预编译命令-- 宏定义
#define PI 3.14159          //预编译命令-- 宏定义
#define L 2 * PI * R        //预编译命令-- 宏定义
#define S PI * R * R        //预编译命令-- 宏定义
main()
{
    printf("L=%f, S=%f",L,S);
}
```

例 9.1 中使用了名为"宏定义"和名为"文件包含"的预编译命令。预编译是 C 的一个重要功能,是编译器在编译之前就对程序中的预编译命令预先进行处理,然后再将处理结果与源程序一起进行编译,得到目标代码。程序中一般以 ♯开头的命令,就是预处理命令行。

使用预编译命令的主要目的,是帮助程序员编写出易读、易改、易移植、便于调试的程序,改进程序设计环境,提高编程效率。预编译命令主要有三类：宏定义、文件包含和条件编译,以下分别介绍。

9.2 宏 定 义

C 中允许用一个标识符来标识一个字符串,称为宏,被定义的标识符称为宏名,编译预处理时,对程序中所有出现的宏名都用宏定义中的字符串去替换,称为"宏代换"。C 语言中,宏分为带参数宏和无参数宏两种。

9.2.1 无参数宏定义

无参数宏定义的一般形式：

#define 宏名 替换的文本

其中,替换文本可以是常量、变量、字符串和表达式等(例如：#define PI 3. 14159)。

注意：

① 宏名定义以#开头,结尾无分号。

② 宏名常用大写字符表示(**不是语法规定,只是习惯**),目的是区分于程序中的其他变量。和同一个变量不能多次定义一样,同一个宏名也不能多次定义。

③ 编译预处理期间,编译器对宏名用定义的文本进行替换(**该过程不做语法检查**)。

④ 宏定义时可使用已经定义的宏名,使用层层替换的方法(**如例 9. 1 中,L 和 S 就使用了前面定义的 PI 和 R 宏名**)。

⑤ 宏定义中,一行写不下时,可用\作为续行标志,表示下行还有内容,例如：

```
#define PI 3.14\
15926
```

等价于

```
#define PI 3.1415926
```

⑥ 程序中双引号中的内容不能进行宏替换。例如以下程序的输出为 the number is PI,而非 the number is 3. 14159。

```
#define PI 3.14159
main()
{  printf("the number is PI");
}
```

⑦ 若宏定义的替换文本是表达式,要注意有、无括号的区别,必要时要用括号括起。

例如：#define XY x+y,那么程序中 XY * XY 被宏替换后的表达式应为 x+y * x+y,而不是(x+y) * (x+y)。若想表达式成为(x+y) * (x+y),则宏定义应为#define XY (x+y)。

9.2.2 带参数宏定义

宏定义在使用过程中也可使用参数,称为带参数的宏定义,定义的一般形式为:

> #define 宏名(参数表) 字符串表达式

它的作用是在预编译处理时,将源程序中的所有标识符替换成字符串,并且将字符串中的参数用实际参数替换(**如例 9.2**)。

带参宏的调用和一般的函数调用很相似,一般形式为:

> 宏名(实际参数表)

【例 9.2】 编写程序用带参宏定义方法输出 $1\sim10$ 的立方和。

```c
//代码段 c9-2-1.c
#include "stdio.h"
#define N 10
#define T(x) (x)*(x)*(x)            //带参宏定义
main()
{
    int i, sum=0;
    for(i=0;i<10;i++)
    {
        sum=sum+T(i+1);
    }
    printf("sum=%d\n", sum);        //输出结果:sum=3025
}
```

带参宏定义使用过程中要注意:

① 定义带参数宏时,宏名和参数之间不能有空格(**如例 9.2 中,不能将 #define T(x)(x)*(x)*(x)改为 #define T (x)(x)*(x)*(x),否则出错**)。

② 和无参数宏(**也称无参宏**)定义一样,不能对一个宏名进行多次定义,同时带参宏(**也称有参宏**)定义也不能替换双引号里的内容。

③ 和无参宏定义一样,注意字符串中形参参数外面是否有括号(**如例 9.2 中,若将 #define T(x)(x)*(x)*(x)改为 #define T(x) x*x*x,则输出结果变为:sum= 145**),以及表达式是否要加上括号。例如,以下两条语句是不一样的。

```c
#define S(x,y) ((x)+(y))
#define T(x,y) (x)+(y)
```

$S(4+2,6+3)*S(1,2)$ 等价于 $((4+2)+(6+3))*(1+2)$,值为 45。而 $T(4+2, 6+3)*T(1,2)$ 等价于 $(4+2)+(6+3)*1+2$,值为 17。

④ 带参宏定义和函数参数比较相似,但二者有本质区别:

· 带参宏定义在预编译阶段完成,而函数在程序运行阶段完成。

- 每次宏调用相当于把代码重新写一遍,导致源代码冗余,复用率低,而函数调用只是共用一段代码,代码复用率高。
- 带参宏调用经替换后直接变成代码,省去函数调用的开销,故宏调用的执行速度比函数调用要快。另外函数有类型,而带参宏调用没有数据类型。

9.2.3 宏定义的作用域

C 语言中,宏定义不仅出现在 C 程序的开头部分,也可出现在 C 程序任何一行的开始部分。宏定义的作用范围从定义处起,一直持续到文件的末尾或遇到 #undef 命令。

#undef 命令的作用是提前结束宏定义的作用域,使用 #undef 命令可灵活控制宏定义的作用范围。其格式为:

#undef 宏名称

例如:

```
#define PI 3.14159
main()
{
    …
    #undef PI
    …
}
```

例中,PI 的作用范围从 #define 定义开始一直到 #undef 结束,#undef 命令后 PI 就变得没有意义,不再代表 3.14159,也不能进行宏替换。

9.3 文件包含

9.3.1 概述

预编译的另一重要功能是"文件包含",它使一个源程序文件包含另一个源程序文件的全部内容。

文件包含的一般形式:

#include <文件名>或 #include "文件名"

功能:将指定文件的内容插入到该 #include 命令所在之处。

说明:两种文件包含形式的区别是,前者直接到系统设定的目录下寻找指定文件。后者首先在当前目录中寻找指定文件,若找不到再到系统设定的目录中去寻找。一般而言,只利用系统提供的函数并且只有单个源程序文件的编程使用第一种形式,以节省查找时间,而其他情况使用第二种方法。

9.3.2 文件包含的作用

文件包含命令非常有用,用它可调用其他文件中的函数,避免重复劳动。在许多分块编译的大型程序设计中,通常把要被多个源文件反复用到的函数,放到指定源文件中,哪个文件中需要调用这些函数,就在那个文件的头部使用文件包含命令即可。

使用文件包含命令还有一个好处。大型程序中,可把整个程序中的符号常量,定义在一个文件中,然后用♯include命令将这些定义包含到各相关源文件中,这不但可减少程序设计人员的重复劳动,同时也可保证数据的一致性。例如,进行以下定义:

```
define PI 3.14159
define TRUE 1
define FLASE 0
define NULL '\0'
define ESC 27
...
```

将以上定义保存在文件 file.h 中。在需要用到这些定义的程序中,直接用文件包含命令 ♯include "file.h",将定义的文件内容包含进来即可。

图 9.1 显示的程序结构中,在头文件 file.h 中定义了要用到的全局常量,并且用文件包含命令把要用到的系统标准库文件也包含进来。源文件 file1.c 包含头文件 file.h,并且定义一些函数。file2.c 包含 file1.c,它中间定义的函数需要使用 file.h 和 file1.c,因 file1.c 中包含了 file.h,故只包含 file1.c 便可。同理,file3.c 只需包含 file2.c,便可使用上述三个文件中的函数和预编译的常量。

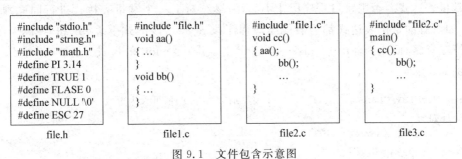

图 9.1　文件包含示意图

9.4　条　件　编　译

编写 C 语言程序时,由于程序要求、编译环境或运行平台等原因,程序中需要编写不同环境或要求的多套代码,而在程序执行时只执行满足一定条件的代码。例如,编写一个大小写字母转换题目,某种情况下可能需要将大写改小写,而另一种情况可能是小写改大写,这就需要编写两套代码,在不同情况下执行其中相应的一套代码。又如,在有的系统中整型是 2 字节,而有的系统中整型是 4 字节,为编写适应不同平台要求的程序,对整型变量 x 的定义就要有两种"long x;"和"int x;",这两种定义在每次执行时只能编译执行一个。如何编译指定行而不编译另一部分,这就需要使用条件编译。

通常源程序的所有行都要被编译。但预处理程序提供的条件编译,则可按不同条件,选择对源程序中的不同部分进行编译,当然所生成的目标代码也就不同。这对程序的移植与调试都有益。条件编译用于商业软件,可为一个程序提供各种定制的版本。条件编译有以下三种形式。

9.4.1 第一种形式 #if 语句

一般形式为:

```
#if 常量表达式 1
    程序段 1
#elif 常量表达式 2
    程序段 2
...
#elif 常量表达式 n
    程序段 n
#else
    程序段 n+1
#endif
```

功能:判断常量表达式 1 的值,如为真,则编译其后的程序段 1,并且不再继续检验后继的常量表达式。否则跳过程序段 1 不编译,继续对下一个常量表达式进行同样判断与处理,如所有的常量表达式都为假就编译程序段 n+1。该形式下 #elif 和 #else 语句可根据情况省略,而成为 #if…#else…#endif 和 #if…#endif 的形式。

例如:

```
#define INT_CLASS 2                //INT_CLASS 的值可人为更改
main()
{
    #if INT_CLASS==2
    long x;
    #else
    int x;
    #endif
    printf("该系统整型类型所占的空间为%d字节\n",sizeof(x));
}
```

上例定义了常量 INT_CLASS,通过该常量的值来确定编译哪个语句。如果该系统整型变量占 2 字节,就用 long 定义 x,否则用 int 定义 x,这样无论是什么系统,变量 x 所占的空间都是 4 个字节。

使用♯if 时,后面的常量表达式在编译时求值,故不能含有变量,只能由事先定义的宏名和常量组成。

9.4.2　第二种形式♯ifdef 语句

一般形式为:

```
#ifdef 宏名
    程序段 1
#else
    程序段 2
#endif
```

功能:若已定义了宏名指定的宏,则编译程序段 1,否则编译程序段 2。与第一种形式类似,♯else 语句也可省略,从而成为♯ifdef…♯endif 的形式。

9.4.3　♯ifndef 语句

一般形式为:

```
#ifndef 宏名
    程序段 1
#else
    程序段 2
#endif
```

功能:和♯ifdef 语句正好相反,若宏名指定的宏没有被定义,则编译程序段 1,否则编译程序段 2。若省略♯else 语句,则上述语句成为♯ifndef…♯endif 的形式。

【例 9.3】　输入一行字母字符,根据需要设置条件编译,要么能将字母全改为大写输出,要么将字母全改为小写输出。

分析:要求实现两个功能,一是大写改小写,二是小写改大写,故在改写的关键语句上用条件编译(以上三种条件编译方法都可以)。

```
//代码段 c9-3-1.c
#include "stdio.h"
#define LETTER 0                //LETTER 的值可人为更改
main()
{
    char c;
    while((c=getchar())!='\n')
    {
```

```
#if LETTER                  //LETTER 值不同,编译的程序段不同,程序实现的功能不同
if(c>='a' && c<='z')
c=c-32;
#else
if(c>='A' && c<='Z')
c=c+32;
#endif
putchar(c);
    }
}
```

　　条件编译的格式和条件语句的格式类似,但用条件语句使目标程序变长,运行时间长,而用条件编译可减少被编译的语句,从而减少目标程序的长度,减短运行时间。当条件编译段较多时,目标程序长度可大大减少。

本 章 小 结

　　预处理功能是 C 的一个重要功能,它可改进程序设计环境,提高编程效率,使 C 程序便于移植和调试。编译预处理主要有宏定义、文件包含和条件编译三大部分。宏定义是在程序的开头定义宏名以代替常量、字符串等文本,在程序预编译过程中宏名被替换成文本。宏定义分为无参宏定义和有参宏定义。♯include 命令实现的文件包含,将一个源文件包含到另一个源文件中。在一个程序文件中包含了另一个程序文件,便可访问另一个程序中的函数,当然文件包含也可包含标准库函数。条件编译则可实现编译时根据条件成立与否,选择不同的程序段进行编译,从而优化代码和提高程序执行效率。

习　题　9

一、填空题

1. 宏定义语句都必须以_____开始。

2. C 语言中,结束宏定义有效作用范围的命令是_____。

3. ♯include 后用双引号和用尖括号的区别是_____。

4. 以下程序的输出结果是_____。

```
#define PR(a) printf("int=%d\n",a)
main()
{
    int x=1,y=1,z=1;
    x+=y+=z;
    PR(x<y? y:x);
```

```
        PR(x);
        PR(y);
        PR(z);
}
```

5. 以下程序的输出结果是_____。

```
#include <stdio.h>
#define PR(a) printf("a=%d",(int)(a))
#define PRINT(a) PR(a);putchar('\n');
main()
{
    float x=3.1415,y=1.823;
    PRINT(2 * x);
    PRINT(3 * y * y);
}
```

6. 以下程序的输出结果是_____。

```
#define MIN(x,y) (x)<(y)? (x):(y)
main()
{
    int i=10,j=15,k;
    k=10 * MIN(i,j);
    printf("%d\n",k);
}
```

7. 以下程序循环执行的次数是_____。

```
#define N 2
#define M N+1
#define NUM (M+1) * M/2
main()
{
    int i;
    for(i=1;i<=NUM;i++);
    printf("%d\n",i);
}
```

8. 以下程序的输出结果是_____。

```
#define A 3
#define B(a) ((A+1) * a)
main()
{
    int x;
    x=3 * (A+B(7));
    printf("x=%4d\n",x);
```

```
}
```

9. 以下程序的输出结果是_____。

```
main()
{
    int b=5;
    #define b 2
    #define f(x) b*(x)
    int y=3;
    printf("%d,",f(y+1));
    #undef b
    printf("%d,",f(y+1));
    #define b 3
    printf("%d\n",f(y+1));
}
```

10. 以下程序的输出结果是_____。

```
#define DEBUG
main()
{
    int a=14,b=15,c;
    c=a/b;
    #ifdef DEBUG
    printf("a=%d,b=%d,",a,b);
    #endif
    printf("c=%d\n",c);
}
```

二、编程题

1. 编写一个宏定义 MYALPHA(c),用以判断 c 是否是字母字符,若是则得 1,否则得 0。

2. 编写一个宏定义 AREA(a,b,c),用于求一个边长为 a、b 和 c 的三角形的面积。

3. 编写宏定义 Leap_Year(year)和 Isupper(a),判断 year 是否闰年以及 a 是否大写字母。

4. 编程求三个数中最大值,要求用带参宏实现。

5. 编写一个程序求:1!+2!+3!+…+n!(要求:用带参宏实现)。

第10章

位 运 算

学习目标

理解位运算的实质，了解位运算的作用，掌握位运算与移位运算。

重点、难点

重点：位运算。

难点：移位运算。

10.1　位运算简介

位运算是指按二进制位进行的运算。在系统软件中，常需要处理二进制位的问题。C 语言提供了 6 个位操作运算符。这些运算符只能用于整型操作数，即只能用于带符号或无符号的 char、short、int 与 long 类型。

1. C 语言的位运算符

C 语言的位运算符参见表 10.1。

表 10.1　C 的位运算符

运算符	含义	功　　能
&	按位与	参加运算的两个二进制位都为 1，结果才为 1，否则为 0
|	按位或	参加运算的两个二进制位都为 0，结果才为 0，否则为 1
^	按位异或	参加运算的两个二进制位相同，结果为 0，否则为 1
~	取反	一元运算符，按位取反（即 0 变 1，1 变 0）
<<	左移	将一个数的各二进制位全部左移 N 位，右补 0
>>	右移	将一个数的各二进制位右移 N 位，移到右端的低位被舍弃，对于无符号数，高位补 0

2. 位运算的优先级

位运算的优先级如下所示，从左向右，由高至低。

$$\sim \quad << \quad >> \quad \& \quad \wedge \quad |$$

3. 位运算逻辑真值表

位运算逻辑真值表参见表 10.2。

表 10.2　C 位运算逻辑真值表

x	y	x&y	x|y	x^y	~x
0	0	0	0	0	1
0	1	0	1	1	1
1	0	0	1	1	0
1	1	1	1	0	0

(1) 按位与运算 &

① 运算规则：当参加运算的两个二进制位皆为 1 时，结果为 1，否则为 0。

例如：4&7，结果为 4。

分析：4 的二进制编码是 100，将 100 补足成一个字节是 00000100。7 的二进制编码是 111，将其补足成一个字节是 00000111，对二者进行按位与运算如下：

```
      00000100   x=4
 &    00000111   y=7
      ─────────
      00000100   4
```

用 C 语言实现代码如下。

```
//代码段 c10-1-1.c
#include <stdio.h>
main()
{
    int x=4;
    int y=7;
    printf("x&y=%d\n",x&y);
}
```

② 按位与运算的用途。

· 清零

若要对 y 的存储单元清零（**使其全部二进制位为 0**），只需使 y 与 0 进行按位与运算即可。

例如：设 y 为 41（即 00101001），x 取 0（即 00000000），对二者进行按位与，结果如下。

```
      00101001     y
 &    00000000     x
      ─────────
      00000000     结果
```

用 C 语言实现代码如下。

```c
//代码段 c10-2-1.c
#include <stdio.h>
main()
{
    int x=0;
    int y=41;
    printf("x&y=%d\n",x&y);
}
```

- 取一个数中某些指定位。

若要取 y 的低 8 位,将 y 与 x(**低 8 位全为 1,其余位为 0**)进行按位与即可。例如:

$$
\begin{array}{r}
00101010\ 11101000 \qquad y \\
\underline{\&\quad 00000000\ 11111111 \qquad x} \\
00000000\ 11101000 \quad 结果
\end{array}
$$

- 保留指定位

若要保留 y 的指定位,将 y 与 x 进行按位与运算(**x:要保留的位取 1,其余位取 0**)。

例如:要对 86(**二进制数 01010110**)的左起第 $3,4,5,7,8$ 位保留。将其与 $(00111011)_2$ 进行如下按位与运算即可。

$$
\begin{array}{r}
01010110 \qquad y \\
\underline{\&\quad 00111011 \qquad x} \\
000100010 \quad 结果
\end{array}
$$

用 C 语言实现代码如下。

```c
//代码段 c10-3-1.c
#include <stdio.h>
main()
{
    int y=86;
    int x=59;
    printf("x&y=%d\n",x&y);
}
```

(2) 按位或运算

① 运算规则:参加运算的两个二进制位全为 0,结果才为 0,否则为 1。

例如:将八进制数 70 与八进制数 21 进行按位或运算,结果为八进制数 71。

$$
\begin{array}{r}
00111000 \quad y \\
\underline{|\quad 00010001 \quad x} \\
00111001 \quad z
\end{array}
$$

用 C 语言实现如下。

```c
//代码段 c10-4-1.c
```

```
#include <stdio.h>
main()
{
    int y=070;
    int x=021;
    printf("x|y=%d\n",x|y);
}
```

② 或运算的应用。

按位或运算常用来将一个数的某些位置 1。

例如：使 y 低 4 位变为 1，则将 y 与 x（**低 4 位全为 1，其余位为 0**）进行按位或运算即可。

（3）按位异或运算^

① 运算规则：参加运算的两个二进制位相同，则结果为 0，否则为 1。

例如：42^57，结果为 19。

```
      00101010      y
^     00111001      x
      ─────────
      00010011   结果
```

用 C 语言实现代码如下。

```
//代码段 c10-5-1.c
#include <stdio.h>
main()
{
    int y=42;
    int x=57;
    printf("x^y=%d\n",x^y);
}
```

② 异或运算应用。

· 使特定位翻转（**1 变 0，0 变 1**）

要使 y 的特定位翻转，将 y 与 x（**要翻转的位为 1，其他位为 0**）进行异或运算即可。

例如：要使（0111 1010）₂ 的低 4 位翻转，将其与（0000 1111）₂ 进行如下异或运算即可。

$$（0111\ 1010）_2\quad（0000\ 1111）_2$$

```
      01111010      y
^     00001111      x
      ─────────
      01110101   结果
```

· 保留原值

要使数 y 保留原值，使 y 与 0 进行按位异或运算即可（因 1^0=1，0^0=0，故可保留原数）。

例如：023^00=023

```
        00010011     y
^       00000000     0
        ─────────────────
        00010011   结果
```

- 交换两个值（不用临时变量）

例如：x＝4（即二进制数 **100**），y＝6（即二进制数 **110**），可用语句"x＝x^y；y＝y^x；x＝x^y；"，将 x、y 的值互换。

执行"x＝x^y；"，即 x＝100^110，结果 x＝010；

执行"y＝y^x；"，即 y＝110^**010**，结果 y＝100；

执行"x＝x^y；"，即 x＝**010^100**，结果 x＝110；

结果：x＝6，y＝4，两数互换了。

用 C 语言实现代码如下。

```c
//代码段 c10-6-1.c
#include <stdio.h>
main()
{
    int x=4;
    int y=6;
    printf("x=%d,y=%d\n",x,y);
    x=x^y;
    y=y^x;
    x=x^y;
    printf("x=%d,y=%d\n",x,y);
}
```

（4）按位取反运算～（一元运算符）

～是对二进制数按位取反（**即 1 变为 0，0 变为 1**）。该运算符的优先级比算术运算符、逻辑运算符和其他运算符都高。例如，计算～x|y 时，应先求～x，再将所得结果与 y 进行|运算。

例如：x 为 025，即（**00010101**）₂，对 00010101 按位取反后得 11101010，即 ～x 为 0352。

10.2 移 位 运 算

移位运算符＜＜和＞＞是将一个数的各二进制位全部左移和右移若干位。

一般形式：

左移：表达式 1＜＜表达式 2

右移：表达式 1＞＞表达式 2

说明：表达式 1 为被移动的数，表达式 2 是所要移动的位数（应为非负整数）。

1. 左移运算符 <<

左移运算符是用来将一个数的各二进制位左移若干位,移动的位数由表达式 2(**必须非负**)指定,其右边空出的位用 0 填补,高位左移溢出则舍弃该高位。

例如:将 x 的二进制数左移 2 位,右边空出的位补 0,左边溢出的位舍弃。若 x=12,即 00001100,左移 2 位得 00110000。

用 C 语言实现如下。

```
//代码段 c10-7-1.c
#include <stdio.h>
main()
{
    int x=12;
    printf("%d",x<<2);
}
```

左移 1 位相当于该数乘以 2,左移 2 位相当于该数乘以 $2*2=4$,12<<2=48,即乘以 4。但此结论只适用于该数左移时被溢出舍弃的高位中不含 1 的情况。例如:假设以一个字节(**8 位**)存储一个整数,若 x 为无符号整型变量,则 x=64 时,左移一位时溢出的是 0,而左移 2 位时,溢出的高位中包含 1,上述结论便不再适用。

2. 右移运算符 >>

右移运算符是用来将一个数的各二进制位右移若干位,移动的位数由表达式 2(**必须非负**)指定,移到右端的低位被舍弃。对于无符号数,高位补 0。对于有符号数,左边空出的部分,一些机器将用符号位填补(**称为算术移位**),另一些机器则用 0 填补(**称为逻辑移位也称简单移位**)。

例如:设 x=0113751,即:x=1001011111101001(**二进制形式**),则

$$x>>1:0100101111110100 \text{(逻辑右移时)}$$

$$x>>1:1100101111110100 \text{(算术右移时)}$$

在 Visual C++ 6.0 中,采用逻辑右移,x>>1 的结果为八进制数 045764,而在采用算术右移的 C 编译器(**例如 Turbo C**)中,结果为 0145764。

用 C 语言实现如下。

```
//代码段 c10-8-1.c
#include <stdio.h>
main()
{
    int x=0113751;
    printf("%o",x>>1);
}
```

3. 位运算赋值运算符

位运算符与赋值运算符可以组成复合赋值运算符,例如:&=,|=,>>=,<<=,^=等。

例如:x&=y 相当于 x=x&y

x|=y 相当于 x=x|y

x^=y 相当于 x=x^y

x<<=2 相当于 x=x<<2

x>>=2 相当于 x=x>>2

10.3 应用举例

【例 10.1】 取正整数 x 的从右端开始的第 3~8 位。

```
//代码段 c10-9-1.c
main()
{
    unsigned int x,y,z;
    scanf("%x",&x);       //以十六进制数输入 x 的值(设运行时输入:5a↵)
    y=x>>2;               //先将 x 右移 2 位,使其原先右起第 3~8 位移到右端,结果放入 y
    z=y&0x3f;             //使 y 与 0x3f(低 6 位全为 1,其余位全为 0,)相与即得所求
    printf("x=%x,z(x 右起第 3~8 位)=%x\n",x,z);  //输出为:x=5a,z(x 右起第 3~8 位)=16
}
```

【例 10.2】 对正的短整型 x 向左循环移 n 位(例如:n=2,x=365,即二进制数 0000000101101101,移位后为 0000010110110100,即十进制的 1460)。

分析:设 x 占 2 个字节存储。先将 x 赋给 y,并将 y 向右移动(16−n)位;再将 x 赋给 z,并将 z 向左移动 n 位;最后将 y 和 z 按位与,结果赋给 x 即可。

```
//代码段 c10-10-1.c
#include <stdio.h>
main()
{
    short x,y,z,n;
    printf("\n 请输入正整数 x(<65536)\n");
    scanf("%d",&x);               //设运行时输入: 365↵
    printf("\n 请输入左移位数 n(1<n<16)\n");
    scanf("%d",&n);               //设运行时输入:2 ↵
    y=x;
    y=y>>(16-n);                  //将 y 右移(16-n)位
    z=x;
    z=z<<n;                       //将 z 左移 n 位
```

```
    x=z | y;
    printf("\n 移位后 x=%d\n",x);                      //输出为:移位后 x=1460(输入如上述假设)
}
```

本 章 小 结

C 语言的位运算(**按位与、按位或、按位异或、按位取反、左移以及右移**),使我们可以对二进制的位进行运算,这使 C 比其他高级语言明显具有优越性。各种位运算的规则以及它们的运算优先级别必须非常清楚,并且要掌握各种位运算的作用,初步掌握位运算的应用。

习 题 10

编程题

1. 编写函数:对一个 16 位的二进制数取出它的从左边起的第 0、2、4、…、14 位。

2. 编程:检查你机器系统的 C 编译器右移时是按逻辑右移原则,还是按算术右移原则? 若为前者,请编一个函数实现后者;若为后者,请编一个函数实现前者。

第11章

数据的永久保存——文件

学习目标

了解文件的基本概念，理解文件结构体与文件指针的概念，掌握文件的基本操作。

重点与难点

重点：文件的基本操作。

难点：文件结构体与文件指针。

11.1　概　　述

在前面的程序设计中，已多次涉及计算机的输入输出操作，这些输入输出操作都是针对标准输入输出设备进行的。回顾我们在前面章节中所编写的程序，它们中的相当一部分工作模式基本都是相同的：程序开始运行，通过键盘输入一些数据，然后在内存中进行处理，最后在显示器上输出。通过这些常规输入输出设备，有效地实现了计算机与用户的联系。

但是，实际应用中，仅仅使用这些常规外部设备是很不够的。比如，当我们编写的程序运行结束时，它所占用的内存空间将被全部释放，该程序使用的各种数据所占用的内存空间也将被其他程序或数据占用而不能被保留；若需把中间结果或最终数据长期保存供以后使用，就要了解程序设计中的一个重要概念——文件。

11.1.1　文件的概念

所谓"文件"是指存储在外部存储设备（**如磁盘、磁带、光盘等介质**）上的数据的集合，用一个文件名进行标识，操作系统是以文件为单位进行数据管理的。文件通常驻留在外部存储设备上，使用时才调入内存。

文件可以从不同的角度进行分类。从用户的角度，文件可分为普通文件和设备文件。普通文件是指驻留在磁盘或其他外部介质上的一个有序数据集，如我们已经多次使用的源程序文件、目标文件、可执行文件、库文件（**头文件**）等。设备文件是指与主机相连的各种外部设备，如显示器、打印机、键盘等。在操作系统中，把外部设备也看作是一个文件，对它们的输入、输出操作也可用与磁盘文件相同的方法去完成。通常把键盘定义为标准输入文件(设备),把显示器定义为标准输出文件(设备)。

在 C 语言中,把文件看成是一个字符(字节)序列,即文件是由一个个字符(字节)数据顺序组成的。根据文件的存储形式,可将文件分为 ASCII 码文件和二进制文件。

ASCII 码文件也称为文本文件或正文文件,它的每一个字节存放一个 ASCII 代码,表示一个字符。例如,整数 2476 的存储形式:

```
ASCII 码:  00110010  00110100  00110111  00110110
              ↓         ↓          ↓         ↓
字符序列:    '2'       '4'        '7'        '6'
```

共占用 4 个字节,ASCII 码文件可在屏幕上按字符显示,例如源程序文件就是 ASCII 码文件。使用 ASCII 码形式可以与字符一一对应,因而便于对字符进行逐个处理,也便于输出字符,但 ASCII 码文件占用的存储空间较多,而且要花费转化时间(**如需要将字符序列'2''4''7''6'转化为整数 2476**)。

二进制文件是按二进制的编码方式来存放文件。例如,整数 2476 的存储形式为:

```
00001001  10101100
```

只占两个字节。用二进制输出数值,可以节省外存空间和转换时间,但因为一个字节并不对应一个字符,所以在屏幕上显示的形式是一串乱码,无法读懂。C 系统在处理这些文件时,并不区分类型,都看成是字符流,按字节进行处理。

从对文件的处理方式来看,可分为缓冲文件系统和非缓冲文件系统两类。缓冲文件系统是指系统自动地在内存中为每个正在使用的文件开辟一个缓冲区,从内存向磁盘输出数据时必须先送到内存中的缓冲区,缓冲区装满后才一起送到磁盘;当从磁盘向内存输入数据时,则一次从磁盘文件将一批数据读入到内存的文件缓冲区中,然后从缓冲区中取出程序所需数据,送入程序数据区中的指定变量或数组元素所对应的内存单元。

采用文件缓冲系统的原因在于:

① 磁盘文件的存取单位是块,一般为 512 字节。即:从文件中读数据或向文件中写数据,一次要读或写 512 字节;而程序中,给变量或数组元素的赋值却是一个一个进行的。

② 由于相对于内存储器而言,磁盘是慢速设备,如果每向磁盘写入一个字节或读出一个字节的数据,都要启动磁盘操作,将会大大降低系统的效率,而且还会对磁盘驱动器的使用寿命带来不利影响。

非缓冲文件系统是指不由系统自动设置缓冲区,而由用户根据需要设置缓冲区。

上述两种文件系统中许多功能是重叠的,因此 ANSI C 建议只保留缓冲文件系统,并扩展了它的功能。本章主要讨论缓冲文件系统下对文件的打开、关闭、读、写、定位等操作。

11.1.2　文件指针

在 C 语言程序中,每个被使用的文件都在内存中分配一个文件信息区,用来保存文件的有关信息：文件的名字、文件的状态、文件当前的读写位置、与该文件对应的内存缓冲区的地址、文件操作方式、文本文件还是二进制文件、读操作还是写操作等。在缓冲文件系统中，这些信息保存在一个结构体变量中，其结构体类型在头文件 stdio.h 中定义为

```
struct _iobuf
{   cha  * _ptr;            //索引数据流内容的位置指针
    int    _cnt;            //当前的定位标志数
    char * _base;           //缓冲区基准位置
    int    _flag;           //文件操作模式标记
    int    _file;           //文件的代号
    int    _charbuf;        //字符缓冲信息
    int    _bufsiz;         //缓冲区大小
    char * _tmpfname;       //临时文件名
};
typedef struct _iobuf FILE;
```

不同的 C 编译系统中可能使用不同的定义，即结构中成员名、成员个数、成员作用等可能有微小差别，但基本含义变化不会太大，因为最终都要通过操作系统去控制这些文件。

编程访问一个文件时，要用语句♯include ＜stdio.h＞或♯include "stdio.h"来包含头文件 stdio.h，然后定义一个指向该结构类型的指针，而不必关心 FILE 结构的细节。例如：可用语句"FILE ＊ fp;"，定义一个指向 FILE 类型结构体的指针变量 fp，当用程序打开一个文件，就得到对应 FILE 结构指针，再使 fp 指向这个 FILE 结构体变量，就是指向这个文件了，也就是说通过该文件指针变量能够找到与它相关的文件。若有 n 个文件，一般应设 n 个文件指针变量（**指向 FILE 类型结构体的指针变量**），使它们分别指向 n 个文件（**确切地说指向存放该文件信息的结构体变量**），以实现文件的访问。

习惯上，笼统地把 fp 称为指向一个文件的指针。但要注意，不要把文件指针与 FILE 结构指针混为一谈，它们代表两个不同的地址：文件指针指出了一个文件当前要读写的数据位置；而 FILE 结构指针指出已打开的文件所对应的 FILE 结构在内存中的地址，实际上它本身也包含了文件指针的信息。

文件的操作包括对文件本身的基本操作和对文件中信息的处理。首先，只有通过文件指针，才能调用相应文件；然后才能对文件中的信息进行处理，进而达到从文件中读数据或向文件中写数据的目的。既可以顺序读写，也可以随机读写；既可以进行格式化读写操作，也可以按记录方式进行读写操作。

11.2　文件的打开与关闭

文件在使用前必须先打开，即建立文件的各种有关信息，并使文件指针指向该文件，以便进行后继操作。对文件的读写操作有字符级、字符串级、数据块级和格式化读写等方式。文件使用完毕后，应及时关闭文件，即断开指针与文件之间的联系，从而禁止再对该

文件进行操作。

C 语言中,对文件的操作都是通过调用库函数来完成的,其接口是头文件 stdio. h。本章将介绍主要的文件操作函数。

11.2.1　fopen 函数

在 C 语言程序中,打开文件通过调用 fopen 函数实现,函数原型在 stdio. h 文件中。其一般形式为:

```
FILE * fopen(char * filename,char * mode);
```

函数功能:打开一个 filename 指向的外部文件,返回与它相连接的流,文件的操作方式由参数 mode 的值决定。

调用的一般形式为:

文件指针名=fopen(文件名,文件打开方式)

其中:文件指针名必须是被说明为 FILE 类型的指针变量;文件名是被打开文件的名字,可为字符串常量或字符数组,文件名中还可指明文件路径;文件打开方式是指文件的类型和操作要求。

例如:"FILE * fp; fp= fopen("datafile. txt","r");",表示打开位于该程序可执行文件当前目录下的文件 datafile. txt,只允许进行读操作(**即只能从文件读取数据,不能向文件写入数据**),并使 fp 指向该文件。

再如:"FILE * fp; fp= fopen("c:\\temp\\name. lib","rb");",表示打开 c:\temp 目录下的 name. lib 文件。这是一个二进制文件,只允许按二进制方式进行读操作(c:\\temp 中的两个反斜线\\中的第一个表示转义字符,第二个在本例中表示根目录)。

使用文件的方式共有 12 种,表 11.1 给出它们的符号和意义。

表 11.1　文件使用方式

文件使用方式	意　　义
"r"	以只读方式打开一个已有的文本文件
"w"	以只写方式建立一个新的文本文件。若该文件已经存在则删除之,然后重新建立一个新文件
"a"	以添加方式打开一个文本文件,并在文件末尾写数据
"rb"	以只读方式打开一个已有的二进制文件
"wb"	以只写方式建立一个新的二进制文件
"ab"	以添加方式打开一个二进制文件,并在文件末尾写数据
"r+"	以读写方式打开一个已有的文本文件
"w+"	以读写方式建立一个新的文本文件

文件使用方式	意　　义
"a+"	以读写方式打开一个文本文件,在文件末尾添加或修改数据。若该文件不存在,则建立一个新的文件
"rb+"	以读写方式打开一个已有的二进制文件
"wb+"	以读写方式建立一个新的二进制文件
"ab+"	以读写方式打开一个二进制文件,在文件末尾添加或修改数据

文件使用方式的几点说明:

① 文件使用方式由 r、w、a、t、b、+6 个字符组成,各字符的含义是:

r(read)：　　读

w(write)：　　写

a(append)：　追加

t(text)：　　文本文件,可省略不写

b(binary)：　二进制文件

+：　　　　　读和写

② 若用带有 r 的方式打开文件,要求该文件必须已经存在,且只能从该文件读出。

③ 若用带有 w 的方式打开文件,则只能向该文件写入;若打开的文件不存在,则以指定的文件名建立该文件;若打开的文件已经存在,则将该文件删除,重建一个新文件。

④ 若要向一个已存在的文件追加新的信息,只能用带 a 的方式打开文件。但此时文件必须是存在的,否则将会出错。

⑤ 在打开一个文件时,若出错,fopen 将返回一个空指针值 NULL。在程序中可用这一信息来判断是否成功打开文件,并做相应的处理。例如:

```
FILE * fp;
if((fp=fopen("c:\\temp\\name.lib","rb"))==NULL)
{
    printf("can not open file c:\\temp\\name.lib!\n");
    getch();
    exit(1);
}
else
{
    printf("File opened for reading\n")
}
```

这段程序的意义是：若返回的指针为空,表示不能打开 c：\temp 目录下的 name. lib 文件,并给出相应提示信息,下一行的 getch 的功能是从键盘输入一个字符,但不在屏幕上显示。这里,该语句的作用是等待,只有当用户在键盘上按任意键时,程序才继续执行,因此用户可利用这个等待时间察看出错提示信息。函数 exit 的功能是关闭所有打开的文件并强迫程序结束,一般 exit 带参数 0 表示正常结束,带非 0 值表示出错后结束,操作

系统中可接收其返回的参数值。

⑥ 把一个文本文件读入内存时,要将 ASCII 码转换成二进制码,而把文件以文本方式写入磁盘时,又要把二进制码转换成 ASCII 码,因此文本文件的读写要花费较多的转换时间。对二进制文件的读写不存在这种转换。

⑦ 标准输入文件(**键盘**)、标准输出文件(**显示器**)和标准出错输出(**出错信息**)是由系统自动打开的,可直接使用。

事实上,打开一个文件时,要向编译系统说明以下 3 个信息。

- 需要访问的外部文件是哪一个;
- 文件被打开后要执行的是读还是写操作,操作方式一经说明就不能改变,除非关闭文件后重新打开;
- 确定哪一个文件指针指向被打开的文件。

11.2.2 fclose 函数

程序对文件的读写操作完成后,必须关闭文件,即释放文件指针以供别的程序使用。这是因为对打开的磁盘文件进行写入操作时,若文件缓冲区的空间未被写入的内容填满,这些内容将不会自动写入打开的文件中,从而导致内容丢失。只有对打开的文件进行关闭操作后,位于文件缓冲区的内容才能写到磁盘文件中,从而保证了文件的数据完整。在 C 语言中可使用库函数 fclose 来关闭文件。

```
int fclose(FILE * stream);
```

函数功能:关闭 stream 所关联的文件。此时,若输出缓存中还有数据,则写入磁盘;若输入缓存中还有数据,则丢弃;释放文件指针和有关的缓冲区。

说明:fclose 函数关闭 FILE 结构变量指针 stream 对应的文件。若关闭操作成功,函数返回值为 0;若失败,则返回一个非 0 值。

【例 11.1】 打开一个可读可写的二进制文件,文件名由键盘输入,然后将文件关闭。

```
//代码段 c11-1-1.c
#include <stdio.h>
#include <stdlib.h>
main()
{
    FILE * fp;
    char filename[15];
    printf("Input the filename:");
    scanf("%s",filename);
    if((fp=fopen(filename,"wb+"))==NULL)
    {
        printf("cannot open file\n");
        exit(1);
```

```
    }
    if(fclose(fp))
        printf("file close error!\n");
}
```

程序执行时,如果 fopen 函数打开文件出错,给出提示信息,并执行 exit 函数退出程序;如果 fclose 函数关闭文件出错,也给出相应的提示信息。假如程序执行时输入 hello.txt,那么在程序目录下可以建立一个文件名为 hello.txt 的文本文件。

11.3 文件的读写

建立和打开文件的目的是为了对其进行相关的操作,其中最常见的就是对文件的读和写操作。在 C 语言中提供了丰富的文件读写操作函数。

针对文本文件和二进制文件的不同性质,对这两类文件可以使用不同的读写方式:对文本文件来说,可按字符读写或按字符串读写;对二进制文件来说,可进行成块的读写或格式化的读写。

11.3.1 读写文件中字符的函数

1. 读字符函数 fgetc

函数的一般形式:

```
int fgetc(FILE * fp);
```

函数功能:从文件指针 fp 指向的文件中读取一个字符。若读取字符时文件已经结束或出错,fgetc 函数返回文件结束标记 EOF(**值通常为−1**)。例如:"ch＝fgetc(fp);"是从 fp 所指向的文件中读取一个字符赋给变量 ch。注意,文件结束标记 EOF 并不是函数从文件读入的字符值,而是当系统判断已经到达文件结束位置或操作出错时的返回值;而且,在 ASCII 码中,并没有值为−1 的字符。

说明:

① 调用 fgetc 函数读取字符时,被读取的文件必须以读或读写方式打开。

② 读取字符的结果也可不向字符变量赋值,例如:"fgetc(fp);",但这样读出的字符不能被保存。

③ 在文件内部有一个位置指针,用来指向文件的当前读写字节。当打开文件时,该指针总是指向文件的第一个字节。调用 fgetc 函数后,该位置指针将向后移动一个字节,因此可连续多次使用 fgetc 函数,读取多个字符。应注意文件指针和文件内部的位置指针不是一回事。文件指针是指向整个文件的,应在程序中定义说明,只要不重新赋值,文件指针的值不变。文件内部的位置指针用以指示文件内部的当前读写位置,每读写一次,

该指针均向后移动，它不需要在程序中定义说明，由系统自动设置。

若想从一个磁盘文件顺序读取字符并在屏幕上显示出来，可编程如下。

```
while((ch=fgetc(fp))!=EOF)    //若函数 fgetc 当前返回值不是 EOF
{  putchar(ch);
}
```

注意：上面的代码只适用于对文本文件的读取操作，对二进制文件不能这么做，因为某一个字节的二进制数据的值有可能为-1，这恰好就是 EOF 的值，此时在 while 中对文件是否结束的判断就不恰当了。为解决这个问题，在 C 语言中，专门提供了一个函数 feof 来判断文件是否结束(**具体内容参见 11.5 节**)。

【例 11.2】 打开文本文件 name.txt，将其中的内容读出，并在屏幕上显示。

```
//代码段 c11-2-1.c
#include <stdio.h>
#include <stdlib.h>
main()
{
    FILE * fp;
    char ch;
    fp=fopen("name.txt","r");
    while (!feof(fp))
    {
        ch=fgetc(fp);
        putchar(ch);
    }
    fclose(fp);
}
```

请注意，上面的代码中并没有像例 11.1 那样对 fopen 函数执行结果情况进行检查，就进行了读文件操作，这是非常危险的。如果程序运行时，在程序目录下并不存在一个文件名为 name.txt 的文本文件，程序会崩溃，原因在于 fopen 函数以操作方式 r 打开一个文件时，要求这个文件存在，否则 fopen 函数的返回值为 NULL，也即文件指针 fp 的值将为 NULL，而在后继代码 feof(fp)中使用了这个空指针，这就导致了程序崩溃。一种更安全的代码如下。

```
//代码段 c11-2-2.c
#include <stdio.h>
#include <stdlib.h>
main()
{
    FILE * fp;
    char ch;
    if((fp=fopen("name.txt","r"))==NULL)    //检查文件是否被成功打开
    {
```

```
        printf("cannot open file\n");
        exit(1);
    }
    while (!feof(fp))
    {
        ch=fgetc(fp);
        putchar(ch);
    }
    if(fclose(fp))
        printf("file close error!\n");
}
```

修改后的代码中，若 fopen 函数打开文件成功，才进行对文件的读操作；若打开文件出错，则给出提示信息，并执行 exit 函数退出程序。

2. 写字符函数 fputc

函数的一般形式：

```
int fputc(int ch,FILE * fp);
```

函数功能：将指定字符(**可以是字符表达式、字符常量、变量等**)写入到指定的文件。例如，fputc(ch,fp)将字符变量 ch 中的字符输出到 fp 所指向的文件。

说明：

① 被写入的文件可用写、读写、追加方式打开。用写或读写方式打开一个已存在的文件时将清除原有的文件内容，写入字符从文件首开始。如果需保留原有文件内容，希望写入的字符从文件末开始存放，则必须以追加方式打开文件。若被写入的文件不存在，则创建该文件。

② 每写入一个字符，文件内部位置指针向后移动一个字节。

③ fputc 函数有一个返回值，如果写入成功则返回写入的字符，否则返回一个 EOF。可由此判断写入是否成功。

【例 11.3】 从键盘输入一行字符，写入到文本文件 name.txt 中。

```
//代码段 c11-3-1.c
#include <stdio.h>
#include <stdlib.h>
main()
{
    char ch;
    FILE * fp;
    if((fp=fopen("name.txt","w"))==NULL)
    {
        printf("cannot open file\n");
        exit(1);
    }
```

```
    printf("Input a string:\n");
    do
    {
        ch=getchar();
        fputc(ch,fp);
    } while(ch!='\n');
    fclose(fp);
}
```

程序中,fopen 函数以操作方式 w 打开文件 name.txt。如果被打开的文件不存在,将创建一个文件,然后用 do 循环从键盘缓冲区中逐个取出输入的字符。如果当前取出的字符不是'\n',则使用 fputc 函数写入到打开的文件中;直到取出的字符是'\n'为止。

11.3.2　读写文件中字符串的函数

1. 读字符串函数 fgets

函数的一般形式:

char * fgets(char * str,int num,FILE * fp);

函数功能:从文件指针 fp 指向的文件中读取 num-1 个字符的字符串,放到指针 str 指向的字符数组中。其中,str 是指向字符数组的指针,num 为一个正整数,表示要读取的最多字符个数,fp 是指向该文件的文件型指针。

说明:

① 若 fgets 在读入 num-1 个字符前就遇到换行符'\n'或文件结束符 EOF,也将停止读入,但将遇到的换行符'\n'也作为一个字符送到字符数组中。

② fgets 在读入字符串之后会自动添加一个串结束符'\0',故送入字符数组中的字符串(包括'\0'在内)最多为 num 个字符。

③ 在调用该函数前必须为 str 分配内存空间。

④ 若操作正确,函数返回字符数组的首地址;若文件结束,返回 NULL,str 的内容不变;若读取过程出错,返回 NULL,str 中的内容不确定。

【例 11.4】　从例 11.3 创建的文件 name.txt 中读出 15 个字符,并放入一个字符串中。

```
//代码段 c11-4-1.c
#include<stdio.h>
#include<stdlib.h>
main()
{
    char ch[16];                          //注意字符数组的大小
    FILE * fp;
    if((fp=fopen("name.txt","r"))==NULL)
```

```
    {
        printf("cannot open file\n");
        exit(1);
    }
    fgets(ch,16,fp);
    printf("%s",ch);
    fclose(fp);
}
```

本例首先定义一个字符数组,按照题目要求读取 15 个字符,而 fgets 函数会在读出的最后一个字符后添加'\0'作为字符串结束标记,所以字符数组的大小应该为 16 个元素;然后将读出的字符串在屏幕上显示。读者可以分别测试程序目录下有(无)文件 name. txt,文件中有(无)字符的不同情况下,程序的执行结果。

2. 写字符串函数 fputs

函数的一般形式:

int fputs(char * str,FILE * fp);

函数功能:与 fgets 函数相反,fputs 函数将 str 指向的字符串或字符串常量写入 fp 指向的文件。当字符串写入文件时,字符'\0'被自动舍去。若调用成功,函数返回值为 0,否则返回 EOF。其中,str 是指向字符数组的指针,fp 是指向将要被写入文件的文件型指针。

【例 11.5】 从键盘输入若干行字符,写入到文本文件 address. txt 中。

```
//代码段 c11-5-1.c
#include <stdio.h>
#include <stdlib.h>
#include <string.h>
main()
{
    char arrStr[50];
    FILE * fp;
    if((fp=fopen("address.txt","a"))==NULL)
    {
        printf("cannot open file\n");
        exit(1);
    }
    //从键盘读取一行字符,并测试其长度
    while(strlen(fgets(arrStr,50,stdin))>1)
        fputs(arrStr,fp);
    fclose(fp);
}
```

程序中首先定义大小为 50 个元素的字符数组 arrStr,用来保存输入的字符串。然后在 while 循环中从标准输入设备 stdin(键盘)缓冲区中读取一行字符送入 arrStr,并将字符数组中的字符串写入到打开的文件中;如果当前取出的字符串长度<=1(之所以为 1,是因为在 **Windows** 环境下读写文本文件时,按一下回车键,会产生两个字符:**0x0d** 和 **0x0a**,即回车符和换行符,而 **fgets** 只去掉最后的回车符,在缓冲区内还有一个换行符存在。如果是在 **UNIX/Linux** 环境下,按一下回车键,只会产生一个字符:**0x0d**,此时上面的 **while** 循环测试条件中的>**1** 应改为>**0**);最后关闭文件。

11.3.3　格式化读写函数

在第 3 章中,我们学习过 scanf 和 printf 函数,这两个函数的功能是按用户指定的格式,从输入设备(**键盘**)读取数据(**主要是各种基本类型,如字符型、整型、实型和字符串等**)或将数据写入到输出设备(**显示器**)上。下面讨论的格式化读写函数与 scanf 和 printf 函数的区别在于读写对象不再是键盘和显示器,而是磁盘文件。

1. 格式化写文件函数 fprintf

函数的一般形式:

```
int fprintf(FILE * fp,char * format,[argument,…]);
```

函数功能:按照格式字符串(**format**)中指定的格式,将输出参数表(**argument**)中的各输出项,写入 fp 所指向的文件。若写入文件正确,则返回写入文件的字符数;若出现错误,则返回一个负值。

其中:fp 为指向要写入文件的文件类型指针,format 表示输出格式控制字符串,与 printf 函数的格式说明完全相同,argument 为输出参数表。例如,"fprintf (fp,"％c,％d",'a', x);"表示按格式控制字符串"％c,％d"规定的格式,将字符常量'a'和变量 x 的值写入到 fp 指定的文件中。

2. 格式化读文件函数 fscanf

函数的一般形式:

```
int fscanf(FILE * fp,char * format,[argument,…]);
```

函数功能:从 fp 所指向的文件中,按照格式字符串(format)中指定的格式读取相应数据,并赋给输入参数表(argument)中的对应变量。若读取文件正确,则返回实际读取数据的数目;若出现读错误或已到文件尾,则返回 EOF。

其中:fp 指向要读取的文件,format 表示输入格式控制字符串,该格式说明与 scanf 函数的格式说明完全相同,argument 为输入参数表。例如,"fscanf(fp,"％d,％f",&a,&b);"表示按格式控制字符串"％d,％f"规定的格式,从 fp 指定的文件中读取数据,分别送到变量 a 和 b 中。

【例 11.6】 将整数 123、单精度数 3.14 和字符串 format,写入一个二进制文件,然后再从该文件中把这些值全部读出并在屏幕上显示。

程序代码如下。

```c
//代码段 c11-6-1.c
#include <stdio.h>
#include <stdlib.h>
main()
{
    FILE * fp;
    int i;
    float f;
    char str[10];
    fp=fopen("format.dat","wb+");
    if(fp==NULL)
    {
        printf("Can't open format.dat\n");
        exit(1);
    }
    printf("\ninput three value:");
    scanf("%d,%f,%s",&i,&f,str);
    fprintf(fp,"%d,%f,%s",i,f,str);
    rewind(fp);                        //内部位置指针移到文件首,参见 11.4 节
    i=0;f=0.0;str[0]='\0';
    printf("i=%d,f=%f,str=%s\n",i,f,str);
    fscanf(fp,"%d,%f,%s",&i,&f,str);
    printf("i=%d,f=%f,str=%s\n",i,f,str);
    fclose(fp);
}
```

11.3.4　数据块读写函数

除了可以使用上面介绍的方式读写文件之外,ANSI 标准还对缓冲文件系统作了扩充,允许按数据块(**记录**)来读写文件。这种读写方式主要用于二进制文件,可方便地对数组、结构体数据进行整体输入输出操作。

1. 数据块读取函数 fread

函数的一般形式:

> int fread(void * str,int size,int count,FILE * fp);

函数功能:从文件指针变量 fp 所指文件中,读取 count 个大小为 size 的数据项到 str 所指向的内存缓冲区。若函数调用成功,返回值为实际读入数据块的个数(**这个值可能并不等于 count 值,因文件中可能没有足够的数据项**);若失败,则出现错误;若 size 或 count

为 0,则直接返回 0。

其中:str 是一个指针,指向输入数据存放在内存中的起始地址;size 是要读取的字节数;count 表示要读取的数据块个数,每个数据块的长度为 size 个字节;fp 为文件指针。

2. 数据块写入函数 fwrite

函数的一般形式:

```
int fwrite(void * str,int size,int count,FILE * fp);
```

函数功能:与 fread 函数类似,只是对文件的操作而言是互逆的,一个是读取,一个是写入。将 str 所指向的数据,写入 count 次,每次写 size 字节至文件 fp 中。

【例 11.7】 将学生信息存放到二进制文件 stu_rec.dat 中,然后从文件中读取并显示这些学生信息。

程序代码如下。

```c
//代码段 c11-7-1.c
#include <stdio.h>
#define NumOfStu 3
struct STUINFO
{
    char name[10];                          /* 姓名 */
    int num;                                /* 编号 */
    int age;                                /* 年龄 */
    char addr [20];                         /* 地址 */
}stu[NumOfStu];                             /* 存储 NumOfStu 个学生信息的数组 */
void WriteToFile ();
void ReadAndDisplay();
main()
{
    int i;
    for(i=0;i<NumOfStu;i++)                 /* 输入学生信息 */
    {
        printf("the %dth student: ",i+1);
        scanf("%s%d%d%s",stu[i].name,&stu[i].num,&stu[i].age,stu[i].addr);
    }
    WriteToFile();                          //将学生信息写入到二进制文件中
    ReadAndDisplay();                       //从文件中读取并显示学生信息
}
void WriteToFile()
{
    FILE * fp;
    int i;
    fp=fopen("stu_rec.dat","wb");
```

```
        if(fp==NULL)
        {
            printf("Can't create stu_rec.dat \n");
            return;
        }
        for(i=0;i<NumOfStu;i++)
        { //写入二进制文件,并检测是否成功
            if(fwrite(&stu[i],sizeof(struct STUINFO),1,fp)!=1)
            {
                printf("Write file error! \n");
            }
        }
        fclose(fp);
}

void ReadAndDisplay()
{
    FILE * fp;
    int i;
    fp=fopen("stu_rec.dat","rb");
    if(fp==NULL)
    {
        printf("Can't open stu_rec.dat \n");
        return;
    }
    for(i=0;i<NumOfStu;i++)
    { /* 检测读取是否成功 */
        if(fread(&stu[i],sizeof(struct STUINFO),1,fp)!=1)
        {
            printf("Read file error! \n");
            return;
        }
        printf("%10s%5d%5d%20s \n",stu[i].name,stu[i].num,stu[i].age,stu[i].
        addr);
    }
    fclose(fp);
}
```

　　c11-7-1.c 中,定义了一个结构类型 STUINFO,包含学生的姓名、学号、年龄和地址信息。在主函数 main 中,通过 for 循环获取各个学生的信息,并存放到结构体数组 stu 中。接下来调用自定义函数 WriteToFile,在这个函数中创建二进制文件 stu_rec.dat。若文件创建失败,给出提示信息并返回至主调函数 main;若文件创建成功,则将数组 stu 所含的学生信息通过函数 fwrite 写入到打开的文件中。紧接着调用自定义函数 ReadAndDisplay,在这个函数中首先打开文件 stu_rec.dat。若打开文件成功,将学生信息从文件读取到数组 stu 中,并在屏幕上显示学生基本信息。

11.4　文件的定位

文件中有一个位置指针,指示当前读写的位置,在前面介绍的文件读写方式均为顺序读写,即从文件的开头逐个进行数据的读或写,每读写完一个数据后该位置指针就自动移到它后面一个位置。如果读写的数据包含多个字节,则对该数据项读写完后位置指针移到该数据项的末尾,即下一个数据项的起始地址。

实际问题中,常要求只读写文件中某一指定的部分。为解决这个问题,可将文件内部的位置指针移动到需要读写的位置,再进行读写操作,这种读写称为随机读写。实现随机读写的关键是要按要求移动位置指针,这称为文件的定位。

1. 移动位置指针函数 fseek

函数的一般形式:

```
int fseek(FILE * fp,long offset,int base);
```

函数功能:以指定的文件起始位置 base 为基准位置,将 fp 所指向的文件内部位置指针往前或往后移动偏移量 offset 指定的字节数,指向新的位置。若函数调用成功,则返回 0;若出现错误,则返回非 0。

其中:fp 指向要读写的文件,base 表示以文件的什么位置为基准进行移动(**取值如表 11.2 所示**),offset 为偏移量(**从基准值 base 开始到要确定新位置的字节数**)。

表 11.2　文件基准位置

基 准 位 置	符 号 表 示	数 字 表 示
文件开始	SEEK_SET	0
文件当前位置	SEEK_CUR	1
文件末尾	SEEK_END	2

偏移量 offset 为长整型表达式,取正数表示向文件尾方向移动,取 0 表示不移动,取负数表示向文件头方向移动。例如:

```
fseek(fp,100L,0);      //将位置指针移到离文件头 100 个字节处
fseek(fp,70L,1);       //将位置指针移到离当前位置 70 个字节处
fseek(fp,-40L,2);      //将位置指针移到离文件尾后退 40 个字节处
```

若偏移量使用常数,则必须是长整型的,即整数后要加 L 或 l;若使用表达式,可以使用"(long)(**表达式**)"将表达式的值强制转换为长整型。

因为文本文件要进行字符转换,计算位置时往往会出现错误,故 fseek 函数一般用于二进制文件。在移动位置指针后,就可用前面介绍的任一种读写函数进行读写。由于一般是读写一个数据块,因此常用 fread 和 fwrite 函数。

【例 11.8】 从例 11.7 建立的文件 stu_rec. dat 中,读取并显示第二个学生的基本信息。程序代码如下。

```
//代码段 c11-8-1.c
#include <stdio.h>
#include <stdlib.h>
struct STUINFO
{
    char name[10];
    int num;
    int age;
    char addr [20];
};
main()
{
    int i=1;
    struct STUINFO stu;
    FILE * fp;
    fp=fopen("stu_rec.dat","rb");
    if(fp==NULL)
    {
        printf("Can't open stu_rec.dat\n");
        exit(1);
    }
    /* 从文件头开始偏移一个学生信息字节数 */
    fseek(fp,(long)(i * sizeof(struct STUINFO)),0);
    fread(&stu,sizeof(struct STUINFO),1,fp);
    /* 显示学生信息 */
    printf("%10s%5d%5d%20s\n",stu.name,stu.num,stu.age,stu.addr);
    fclose(fp);
}
```

2. 文件复位函数 rewind

函数的一般形式:

```
void rewind(FILE * fp);
```

函数功能:将文件内部位置指针重新指向文件头,其中,fp 为文件类型指针。

3. 确定当前位置函数 ftell

函数的一般形式:

```
long int ftell(FILE * fp);
```

函数功能：获得 fp 所指文件的内部指针当前读写位置。若调用成功,返回位置指针距离文件开头的字节数;若失败,返回－1L。

【例 11.9】 文件定位函数的用法。

```
//代码段 c11-9-1.c
#include <stdio.h>
#include <stdlib.h>
main()
{
    FILE * fp;
    int iFileSize;
    fp=fopen("myFile.dat","wb");
    if(fp==NULL)
    {
        printf("Can't open file\n");
        exit(1);
    }
    fprintf(fp, "%s" "Write to file a string");
    rewind(fp);                     /* 位置指针回到文件头 */
    fseek(fp,0L, SEEK_END);         /* 位置指针移到文件尾 */
    iFileSize=ftell(fp);            /* 位置指针当前值 */
    printf("文件大小为%5d 个字节\n", iFileSize);
    fclose(fp);
}
```

c11-9-1.c 中,语句"rewind(fp);"和"fseek(fp,0L,SEEK_END);"只是为了说明这些函数的用法而加上,也可去掉不要,在 fprintf 函数后直接使用 ftell 获得文件的大小。

11.5　文件的出错检测

1. 文件结束检测函数 feof

函数的一般形式：

```
int feof(FILE * fp);
```

函数功能：判断 fp 所指文件的内部指针是否处于文件结束位置。若已经到达文件尾,返回非 0 值;否则返回 0,表示文件尚未结束。

例如,以下代码段可以将打开的文本文件中的内容在显示器上输出。

```
while(!feof(fp))
{
    putchar(fgetc(fp));
```

```
    }
```

2. 读写文件出错检测 ferror

函数的一般形式：

```
int ferror(FILE * fp);
```

函数功能：测试 fp 所指向的文件在最近一次操作（包括读、写、定位等）中是否发生错误。若没有错误，返回 0 值；否则返回非 0 值。

说明：每一次调用输入输出函数后，都有一个 ferror 函数值与之对应。若想检查调用的输入输出函数是否出错，应在调用该函数后立即测试 ferror 函数的值，否则该值会丢失。

3. 文件出错标志和文件结束标志清零函数 clearerr

函数的一般形式：

```
void clearerr(FILE * fp);
```

函数功能：使文件错误标志或文件结束标志置 0。

说明：如果在调用一个输入输出函数时出现错误，ferror 函数值为一个非零值，在调用 clearerr(fp) 后，ferror(fp) 的值变为 0。

11.6　文件操作实例

【例 11.10】　将一个文本文件的内容复制到另一个文件中。

```
//代码段 c11-10-1.c
#include <stdio.h>
#include <stdlib.h>
main()
{
    FILE * fpSrc, * fpDes;
    char ch, srcFileName[10], desFileName[10];
    printf("Input the source file name:");
    scanf("%s",srcFileName);
    printf("Input the destination file name:");
    scanf("%s", desFileName);
    if((fpSrc=fopen(srcFileName,"r"))==NULL)
    {
        printf("Can't open source file \n");
        exit(1);
```

```
    }
    if((fpDes=fopen(desFileName,"w"))==NULL)
    {
        printf("Can't open destination file \n");
        exit(1);
    }
    while(!feof(fpSrc))
    {
        ch=fgetc(fpSrc);
        fputc(ch, fpDes);
    }
    fclose(fpSrc);
    fclose(fpDes);
}
```

　　程序运行时,输入两个文件名,其中第一个文件名 srcFileName 所对应的文件在程序目录下应该已经存在,并且里面应该有一些数据;在 while 循环中,将 srcFileName 对应的文件中的所有字符全部复制到 desFileName 对应的文件中去(**若 desFileName 对应的文件之前不存在,则新建之;若之前已存在,无论其中是否有内容,结果都会被 srcFileName 对应的文件内容替代**)。

　　【例 11.11】 设例 11.7 中建立的文件 stu_rec.dat 中已有 10 个学生的信息,请将编号为偶数的学生信息写入到文件 stu_new.dat 中。

```
//代码段 c11-11-1.c
#include <stdio.h>
#include <stdlib.h>
#define NumOfStu 10
struct STUINFO
{
    char name[10];              /* 姓名 */
    int num;                    /* 编号 */
    int age;                    /* 年龄 */
    char addr [20];             /* 地址 */
}stu[NumOfStu],stuInfo;         /* 存储 NumOfStu 个学生信息的数组 */
main()
{
    FILE * fpSrc, * fpDes;
    int i;
    fpSrc=fopen("stu_rec.dat","rb");
    fpDes=fopen("stu_new.dat","wb+");
    if(fpSrc==NULL)
    {
        printf("Can't open stu_rec.dat \n");
        exit(1);
```

```
        }
    for(i=0;i<NumOfStu;i++)
    {
        if(fread(&stu[i],sizeof(struct STUINFO),1,fpSrc)!=1)
        {
            printf("Read file error! \n");
            exit(1);
        }
        if(stu[i].num %2==0)        /*编号为偶数*/
        {
            if(fwrite(&stu[i],sizeof(struct STUINFO),1,fpDes)!=1)
            {
                printf("Write file error! \n");
                exit(1);
            }
        }
    }
    rewind(fpDes);                  /*位置指针回到文件头*/
    while(!feof(fpDes))             /*将文件 stu_new.dat 的内容读出并显示*/
    {
        if(fread(&stuInfo,sizeof(struct STUINFO),1,fpDes)==1)
        {
            printf("%10s%5d%5d%20s\n",stuInfo.name,stuInfo.num,
            stuInfo.age,stuInfo.addr);
        }
    }
    fclose(fpSrc);
    fclose(fpDes);
}
```

例中,定义两个文件指针 * fpSrc 和 * fpDes,分别用于打开文件 stu_rec. dat 和 stu_new. dat(**注意**:两个 fopen 函数使用的文件打开方式不同)。for 循环中将 fpSrc 指向文件中的学生信息数据用 fread 函数读出,并检查每一个读出的 num 值是不是偶数,若是,则调用 fwrite 函数将该学生信息数据写入到 fpDes 指向的文件中去;当所有满足条件的记录被写入后,stu_new. dat 的文件内部位置指针指向该文件的最后。这时需要使用 rewind 函数将文件位置指针设置到文件头,然后在 while 循环中,将文件 stu_new. dat 中的所有学生数据全部读出并显示,最后关闭这两个文件。

本 章 小 结

文件是指存储在外部存储设备上的数据的集合,用一个文件名进行标识。从用户的角度,文件可分为普通文件和设备文件;从存储形式的角度,文件可分为 ASCII 码文件和二进制文件。C 语言中没有单独的文件操作语句,对文件的操作均是通过库函数进行。

　　C 语言中,用文件指针标识文件。当一个文件被打开时,可取得该文件指针。在对文件操作时,必须遵循"打开(创建)—读写—关闭"的操作流程,即首先调用 fopen 函数打开文件,然后调用各种文件操作函数(如 **fgetc、fputc、fgets、fputs、fread、fwrite、fprintf、fscanf等**)进行数据读写,最后调用 fclose 函数关闭文件。打开文件时,一定要检查 fopen 函数返回的文件指针是否为 NULL。若不做文件指针合法性检查,就对文件指针进行操作,可能会造成"野指针"操作,严重时会导致系统崩溃。文件可按只读、只写、读写、追加四种操作方式打开,同时还必须指定文件的类型是二进制文件还是文本文件。文件可按字节、字符串、数据块为单位读写,也可按指定格式进行读写。文件内部的位置指针可指示当前的读写位置,移动该指针可对文件实现随机读写。

习　题　11

一、填空题

1. 在 C 程序中,文件可用_____方式存取,也可用_____方式存取。

2. 在 C 程序中,数据可用_____和_____两种编码方式存放。

3. 若用 fopen 函数打开一个新的二进制文件,该文件可以读也可以写,则文件打开模式是_____。

4. 语句"fgets(buffer,n,fp);"的功能是从 fp 指向的文件中读入_____个字符放到 buffer 数组中。

5. 下面程序的功能是将从键盘输入的字符串写入文件中,字符串以♯结束,文件名从键盘输入,请在_____处填入适当内容。

```c
#include <stdio.h>
#include <stdlib.h>
main()
{
    FILE * fp;
    char ch,filename[20];
    printf("Input the filename:");
    scanf("%s",filename);
    if((fp=_____)==NULL)
    {
        printf("cannot open file\n");
        exit(1);
    }
    printf("Input a string:\n");
    while((ch=getchar())!='#')
```

```
        {
            fputc(_____,fp);
        }
        fclose(fp);
    }
```

二、编程题

1. 在文件 file_one 和 file_two 中已有一些数据,编写程序将这两个文件中的数据合并到文件 file_three 中去。

2. 从键盘输入一行英文字符,将其中的大写字符转换为小写字符,小写字符转换为大写字符(**比如输入 AbCDefG,应转换为 aBcdEFg**),然后输出到一个磁盘文件中保存。

3. 文件 student. dat 中已经存放 5 个学生的信息(**学号、姓名、英语成绩、数学成绩、计算机成绩**),编程计算 3 门课程的平均分,并将原有数据和平均分存放在该文件中。

4. 设文件 integer. dat 中存放了一组整数,编程统计并输出正整数、零、负整数的个数。

第12章

综 合 实 例

学习目标

了解一些简单算法在 C 语言中的实现,理解库函数应用,了解程序设计的使用开发技术。

重点、难点

重点:综合运用 C 语言各知识点编写程序。

难点:程序的结构设计。

12.1 概 述

前面章节中,我们学习了 C 的语法规范,但是要编写优秀的程序,仅仅掌握语法是不够的,更重要的是学会综合运用。本章通过分析一些综合实例,使读者对综合的、实用的 C 程序有一个了解;部分实例涉及一些简单的算法,求解中对算法进行了简要介绍。

12.2 牛顿迭代法

迭代法是一种逐次逼近方法。在求解一些复杂的方程时,因不便或无法利用解析的方法,而采用由粗到细逐步求精进行重复计算,以求得原问题中达到一定精度要求的解。使用迭代法的关键是要确定迭代公式、迭代的初始值和迭代的精度要求。

【例 12.1】 使用牛顿迭代法求解一个数 a 的平方根(**要求迭代精度满足 $|X_{n+1}-X_n|<10^{-5}$**),迭代公式为 $X_{n+1}=(X_n+a/X_n)/2$。

分析:由迭代公式可知,所求项 X_{n+1} 为前一项 X_n 的函数,即只要确定了 X_0,依据迭代公式,就可依次求出 X_1、X_2、$\cdots$、X_n 的值。对于任一正数,可设初值 $X_0=a/4$。

```
//代码段 c12-1-1.c
#include <math.h>
#include<stdio.h>
main()
```

```
{
    float a,x,x0;
    printf("请输入一个数：");
    scanf("%f",&a);
    if(a<0)
    {
        printf("输入的数须为正数");
        return 1;
    }
    if(fabs(a-0.0)<=1.e-6)        //a为零时的特殊处理
    {
        printf("\n 数 a=%f 的平方根为%f\n",a,0.0);
        return 1;
    }
    x=a/4;                        //迭代初始值
    do
    {
        x0=x;
        x=(x0+a/x0)/2;            //迭代公式
    }while(fabs(x-x0)>1.e-5);     //迭代终止条件
    printf("\n 数 a=%f 的平方根为%f\n",a,x);
    return 0;
}
```

注意：a＝0 时，迭代初始值 x＝a/4＝0,进入循环后,x0＝x＝0,导入迭代公式 x＝(x0＋a/x0)/2 中,分母为零,而 0 的平方根值为 0,故程序中将 a＝0 的情况特殊处理。

12.3　穷举法求勾股数

勾股数又称毕达哥拉斯三元数,即满足 $x^2+y^2=z^2$ 的正整数解(x,y,z)。早在三千五百年前巴比伦人就知道 119、120 和 169 是一个直角三角形的三边长。二千多年前的《周髀算经》记载有周公和商高的一段问答,商高说"勾广三,股修四,弦隅五",即 3、4 和 5 是一组勾股数。《九章算术》中提到过 8 组勾股数。

【**例 12.2**】　求指定区间[a,b]内的所有勾股数组。

分析：根据用户输入的区间值,使用循环用穷举的方式找出区间范围内所有满足公式 $x^2+y^2=z^2$ 的 z 值,得到的(x,y,z)就为一组勾股数。

```
//代码段 c12-2-1.c
#include<stdio.h>
#include<math.h>
main()
{
```

```
int a,b,temp,x,y,z;
printf("请输入区间范围[a,b]: ");
scanf("%d,%d",&a,&b);
if(a>b)
{
    printf("区间范围错误!");
    return 1;
}
printf("查找区间[%d,%d]内勾股数组\n",a,b);
for(x=a;x<=b-2;x++)
for(y=x+1;y<=b-1;y++)
{
    temp=x*x+y*y;
    z=(int)sqrt(temp);
    if((temp==z*z && z<=b) &&x>0&&y>0&&z>0)        //满足 x²+y²=z² 的正整数解
    printf("(%d,%d,%d) ",x,y,z);
}
printf("\n");
return 0;
}
```

程序运行时,输入<u>50,100</u>,得到的勾股数组结果如下:

(51,68,85)   (54,72,90)   (57,76,95)   (60,63,87)   (60,80,100)   (65,72,97)

12.4　回溯法求八皇后问题

八皇后问题是一个古老而著名的问题,是回溯算法的典型问题。该问题是数学家高斯(Gauss)于 1850 年提出:在国际象棋的 8×8 方格的棋盘上如何放置 8 个皇后,使得这 8 个皇后不能互相攻击,即任意两个皇后不能处在同一行、同一列,也不能处于同一与棋盘边框成 45 度角的斜线上。

【例 12.3】　求出八皇后问题所有解。

分析:本例我们使用回溯法进行求解。设置一维数组 a[8],数组元素的下标 i 表示棋盘上的第 i 行,a[i]的值表示该皇后所处的列标。例如:a[2]=4,表示在棋盘的第二行的第四列放一个皇后。求八皇后问题的一个解,就是寻找数组 a 的一组取值,该组取值中每一个元素的值互不相同(即没有任意两个皇后在同一列),且第 i 个元素和第 k 个元素的值相差不为 abs(i−k)(即任意两个皇后不在同一 45 度角的斜线上)。

首先假定 a[1]=1,表示第一个皇后放在棋盘的第一行的第一列的位置上。然后试探第二行中皇后可能的位置:从小到大选择一个不同于 a[1]值且与 a[1]值相差不为 1 的整数赋给 a[2],这样即找到第二行皇后的一个合适位置。处理第三行的皇后位置:再从小到大选择一个不同于 a[1]值、a[2]值且与 a[1]相差不为 2、与 a[2]相差不为 1 的整数赋给 a[3]，这样即找到第三行皇后的一个合适位置。以此类推，处理后续的各行。这样通过各行的反复试探，可以最终找出八个皇后的全部摆放方法。

因为 C 数组的下标由 0 开始，为方便理解，c12-3-1.c 中定义一维数组大小为 9 而不是 8，并且不处理 a[0]元素。

//代码段 c12-3-1.c

```
#include<stdio.h>
#define QUEENNUM 8                  //皇后个数
main()
{
    int a[QUEENNUM+1];
    int i,flag,k,j,count,x;
    printf("八皇后问题的解：\n");
    i=1;                            //正在处理的元素(皇后)下标
    count=0;                        //已找到解的个数
    a[1]=1;                         //初始情况：第一个皇后放在棋盘的第一行的第一列的位置上
    while(1)
    {
        flag=1;                     //当前处理的皇后是否在合适位置标志
        for(k=i-1;k>=1;k--)
        {   //判断是否有不同行的皇后在同一列(x==0)或 45 度对角线(x==i-k)
            x=a[i]-a[k];
            if(x<0)
                x=-x;
            if(x==0||x==i-k)
                {flag=0;break;}
        }
        if(i==QUEENNUM && flag==1)   //已找到一组解，输出
        {
            for(j=1;j<=QUEENNUM;j++)
            {
                printf("%d ",a[j]);
            }
            printf(" ");
            count++;
            if(count%4==0)
                printf("\n");
        }
        /*前 i 行皇后满足条件，对 i+1 行皇后赋初值*/
        if(i<QUEENNUM && flag==1)
        {
            i++;
            a[i]=1;
            continue;
```

```
            }
         for(j=1;j<=QUEENNUM;j++)
         {      //回溯,重新试探处理前一个皇后位置
             if(a[i]==QUEENNUM && i>1)
                 i--;
         }
         if(a[i]==QUEENNUM && i==1)      //回溯完成,退出循环
             break;
         else
             a[i]=a[i]+1;
     }
     printf("\n共有%d个解。\n",count);
}
```

1854 年在柏林的象棋杂志上不同的作者发表了 40 种不同的解,高斯认为有 76 种方案。后来有人用图论的方法解出 92 种结果。计算机发明后,有多种方法可以解决此问题。

八皇后问题可以推广为更一般的 n 皇后摆放问题:这时棋盘的大小变为 $n \times n$,而皇后个数也变成 n。需要说明的是,当且仅当 $n=1$ 或 $n \geqslant 4$ 时问题有解。

12.5　一个简单的通讯录管理程序

通讯录管理程序可以对通讯录进行简单的管理,包括插入一条新的记录、修改或删除一条已有的记录、在通讯录中查找一条指定的记录、显示通讯录中所有记录等功能。程序的功能模块图如图 12.1 所示。

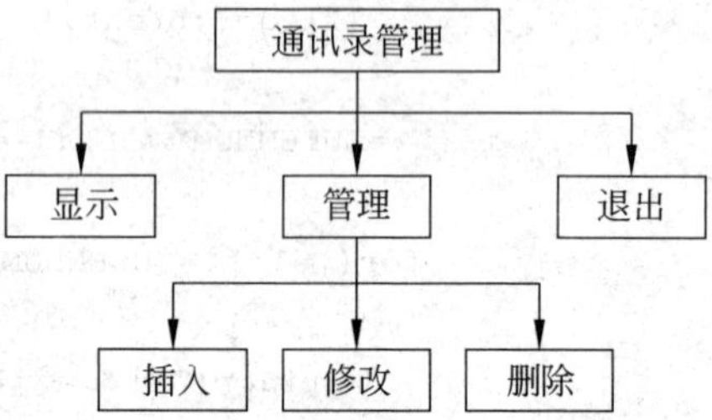

本程序所使用通讯录信息以记录的形式存储在文件中,每条通讯录信息包括姓名、地址和电话,其对应的结构体类型如下:

```
struct AddressInfo
{
    char name[10];
    char addr[20];
    char phone[10];
};
```

图 12.1　通讯录管理程序的功能模块图

因不知通讯录中会有多少条信息,所以采用链表结构进行数据的存储:

```
typedef struct lnode
{ /*通讯录链表中结点的定义*/
    struct AddressInfo addressInfo;
```

```
    struct lnode * next;
} listnode, * nodePointer;
```

程序中定义了两个指针 head 和 rear 分别指向链表的头和尾,通过这两个指针,可以方便地对链表中的通讯录信息结点进行插入、删除和遍历等操作,其逻辑结构如图 12.2 所示。

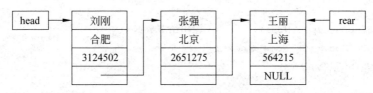

图 12.2　链表的逻辑结构

为方便理解,下面对程序的主要功能模块做一个简要介绍。

1. 从文件读取数据并构造链表

```
void creat()
{
    fp=fopen("addressBook.txt","r+");
    if(fp!=NULL)
    {
        while(!feof(fp))
        {
            if(fread(&addrInfo,sizeof(struct AddressInfo),1,fp)==1)
            {  /*为新结点分配内存*/
                pCurNode=(nodePointer)malloc(sizeof(listnode));
                strcpy(pCurNode->addressInfo.name, addrInfo.name);
                strcpy(pCurNode->addressInfo.addr, addrInfo.addr);
                strcpy(pCurNode->addressInfo.phone, addrInfo.phone);
                insertNode(pCurNode);
            }
        }
    }
    else
    {  /*若文件不存在,则新建一个文件*/
        fp=fopen("addressBook.txt","w+");
    }
}
```

调用 fopen 函数以读写方式打开一个文件并检查文件指针,判断文件打开的状态。若打开失败,说明文件不存在,那么再次调用 fopen 函数创建一个新文件;若打开成功,在循环中调用 fread 函数将数据读入到 AddressInfo 结构体类型变量 addrInfo 中。然后调用 strcpy 函数将 addrInfo 各成员的值赋给 lnode 结构体类型指针对象的各成员,调用函数 insertNode 将结点插入到链表尾部。

2. 显示链表结点信息

```c
void Show()
{
    pCurNode=head;
    while(pCurNode!=NULL)
    {
        dispData(pCurNode);        /*输出结节数据*/
        pCurNode=pCurNode->next;
        printf("\n");
    }
    pauseSrc();
}
```

从头结点 head 开始,遍历整个链表,将链表中每个结点的数据在显示器上输出,其中自定义函数 dispData 如下。

```c
void dispData(nodePointer pNode)
{   //函数功能:将 pNode 指向的结点中各成员数据在显示器上显示
    printf("\n\tname:%s",pNode->addressInfo.name);
    printf("\n\taddr:%s",pNode->addressInfo.addr);
    printf("\n\tphone:%s",pNode->addressInfo.phone);
}
```

另外还有一个简单的自定义函数 pauseSrc。

```c
void pauseSrc()
{   //函数功能:暂停屏幕输出,直到用户按下任意键后,程序继续运行
    printf("\n\n");
    system("pause");
}
```

3. 查找指定的结点

```c
nodePointer findNodeByName()
{
    char searchName[10];
    nodePointer pNode;
    fflush(stdin);                      /*清空缓冲区*/
    printf("\n\n\t 请输入要查找的姓名:");
    gets(searchName);
    pNode=head;
    while(pNode!=NULL&&strcmp(searchName,pNode->addressInfo.name)!=0)
    pNode=pNode->next;
    if(pNode==NULL)
    {
```

```
        printf("\n\n\t 在通讯录中未能找到该人员的信息!");
        pauseSrc();
    }
    return pNode;
}
```

　　根据用户输入的姓名,遍历链表,查找与输入的姓名相同的结点,并返回结点指针。语句"fflush(stdin);"的作用是清空输入缓冲区,避免在执行函数 gets 的时候,缓冲区还有数据,使得不相干的值被赋给 searchName,进而导致查找失败。函数 findNodeByName 会在 Find 和 Alter 中被调用,因为如果没有找到与输入姓名匹配的结点,findNodeByName 函数会返回一个空指针,所以在主调函数中一定要检查得到的指针是不是为空(NULL),再进行指针操作,否则会导致程序崩溃。

4. 插入一个新结点

```
void insertNode(nodePointer pNode)          //该函数在 create 和 Input 中被调用
{ //函数功能:使用尾插法,将 pNode 指向的对象插入到链表中
    pNode->next=NULL;
    if(head==NULL)                          /* 将新结点插入链表中 */
        head=pNode;
    else
        rear->next=pNode;
    rear=pNode;
}
```

5. 删除指定的结点

```
void Delete()                               /* 删除一条通讯录信息 */
{
    ...
    pCurNode=head;
    if(strcmp(pCurNode->addressInfo.name,searchName)==0)
    { /* 若被删结点是头结点,pCurNode 指向头结点的 next 结点,head 指向新的头结点位
          置,然后将原头结点释放 */
        nodePointer tempNode;
        tempNode=head;
        pCurNode=pCurNode->next;
        head=pCurNode;
        free(tempNode);
    }
    else
    { /* 若被删结点不是头结点,那么该结点的前驱结点中 next 指针指向该结点的 next 指
          针所指对象,然后将该结点释放 */
        while(strcmp(pCurNode->next->addressInfo.name,searchName)!=0)
        pCurNode=pCurNode->next;
```

```
        pNextNode=pCurNode->next;
        pCurNode->next=pNextNode->next;
        free(pNextNode);
    }
    ...
}
```

从链表的头结点开始,逐个检查结点的姓名成员值是不是和输入的姓名匹配,若匹配,则删除该结点。需注意,将要被删除的结点是或不是头结点,删除的方法不一样。

6. 存储链表数据到文件中

```
void Save()
{
    fp=fopen("addressBook.txt","w");
    for(pCurNode=head;pCurNode!=NULL;pCurNode=pCurNode->next)
    {
        strcpy(addrInfo.name,pCurNode->addressInfo.name);
        strcpy(addrInfo.addr,pCurNode->addressInfo.addr);
        strcpy(addrInfo.phone,pCurNode->addressInfo.phone);
        fwrite(&addrInfo,sizeof(struct AddressInfo),1,fp);
    }
}
```

遍历链表,将每一个结点的成员(**姓名**、**地址和电话**)值,调用函数 fwrite 写入到文件中。

【例 12.4】 通讯录管理程序。

```
//代码段 c12-4-1.c
#include<stdio.h>
#include <stdlib.h>
#include <string.h>
struct AddressInfo
{
    char name[10];
    char addr[20];
    char phone[10];
}addrInfo;                        /*定义结构体变量用于缓存数据*/
typedef struct lnode
{    /*通讯录链表中结点的定义*/
    struct AddressInfo addressInfo;
    struct lnode * next;
}listnode, * nodePointer;
nodePointer head=NULL,rear=NULL;/*头指针和尾指针*/
nodePointer pCurNode, pNextNode; /*当前结点指针和下一个结点指针*/
FILE * fp;                         /*文件指针*/
```

```c
void insertNode(nodePointer pNode)
{
    pNode->next=NULL;
    if(head==NULL)                          /*将新结点插入链表中*/
        head=pNode;
    else
        rear->next=pNode;
    rear=pNode;
}
void creat()                                /*将文件的信息读入并构造链表*/
{
    fp=fopen("addressBook.txt","r+");       /*打开文件*/
    if(fp!=NULL)
    {
        while(!feof(fp))
        {
            if(fread(&addrInfo,sizeof(struct AddressInfo),1,fp)==1)
            {   /*为新结点分配内存*/
                pCurNode=(nodePointer)malloc(sizeof(listnode));
                strcpy(pCurNode->addressInfo.name,addrInfo.name);
                strcpy(pCurNode->addressInfo.addr,addrInfo.addr);
                strcpy(pCurNode->addressInfo .phone,addrInfo.phone);
                insertNode(pCurNode);
            }
        }
    }
    else
    {   /*若文件不存在,则新建一个文件*/
        fp=fopen("addressBook.txt","w+");
    }
}
void dispData(nodePointer pNode)            /*显示一条通讯录信息*/
{
    printf("\n\tname:%s",pNode->addressInfo.name);
    printf("\n\taddr:%s",pNode->addressInfo.addr);
    printf("\n\tphone:%s",pNode->addressInfo.phone);
}
void pauseSrc()                             /*暂停屏幕显示*/
{
    printf("\n\n");
    system("pause");
}
void Show()                                 /*显示链表所有的信息*/
{
```

```
        pCurNode=head;
        while(pCurNode!=NULL)
        {
            dispData(pCurNode);
            pCurNode=pCurNode->next;
            printf("\n");
        }
        pauseSrc();
}
nodePointer findNodeByName(int iSearchType)
{   /*按输入的姓名查找链表中的结点*/
    char searchName[10];
    nodePointer pNode;
    fflush(stdin);
    if(iSearchType==0)                      /*需查找人员*/
        printf("\n\n\t请输入要查找的姓名:");
    else
        if(iSearchType==1)                  /*需修改人员*/
            printf("\n\n\t请输入要修改的姓名:");
    gets(searchName);
    pNode=head;
    while(pNode!=NULL && strcmp(searchName,pNode->addressInfo.name)!=0)
        pNode=pNode->next;
    if(pNode==NULL)
    {
        printf("\n\n\t在通讯录中未能找到该人员的信息!");
        pauseSrc();
    }
    return pNode;
}

void Delete()                               /*删除一条通讯录信息*/
{
    char searchName[10];
    fflush(stdin);
    printf("\n\n\t请输入要删除的姓名:");
    gets(searchName);
    if (head==NULL)
    {
        printf("\n\n\t在通讯录中未能找到该人员的信息!");
        pauseSrc();
        return;
    }
    pCurNode=head;
    if(strcmp(pCurNode->addressInfo.name,searchName)==0)
```

```
    {
        nodePointer tempNode;
        tempNode=head;
        pCurNode=pCurNode->next;
        head=pCurNode;
        free(tempNode);
    }
    else
    {
        while((pCurNode->next!=NULL)&&strcmp(pCurNode->next->addressInfo.
        name,searchName)!=0)
            pCurNode=pCurNode->next;
        pNextNode=pCurNode->next;
        if(pNextNode==NULL)
        {
            printf("\n\n\t 在通讯录中未能找到该人员的信息!");
            pauseSrc();
            return;
        }
        pCurNode->next=pNextNode->next;
        free(pNextNode);
    }
    printf("\n\n 删除成功!");
    pauseSrc();
}
void Find()                          /* 查找 */
{
    pCurNode=findNodeByName(0);
    if(pCurNode!=NULL)
    {
        dispData(pCurNode);
        pauseSrc();
    }
}
void inputData(nodePointer pNode)    /* 对指针指向的结点成员赋值 */
{
    fflush(stdin);                   /* 清空缓冲区 */
    printf("\n\n\t 请输入信息:");
    printf("\n\n\t\t 姓名:");
    gets(pNode->addressInfo.name);
    printf("\n\n\t\t 地址:");
    gets(pNode->addressInfo.addr);
    printf("\n\n\t\t 电话:");
    gets(pNode->addressInfo.phone);
```

```
    }
    void Input()                                    /*向通讯录中输入一条信息*/
    {
        pCurNode=(nodePointer)malloc(sizeof(listnode));
        inputData(pCurNode);
        insertNode(pCurNode);
        printf("\n\n插入成功!");
        pauseSrc();
    }
    void Alter()                                    /*修改信息*/
    {
        pCurNode=findNodeByName(1);
        if(pCurNode!=NULL)
        {
            inputData(pCurNode);
            printf("\n\n修改成功!");
            pauseSrc();
        }
    }
    void Save()                                     /*保存信息*/
    {
        fp=fopen("addressBook.txt","w");
        for(pCurNode=head;pCurNode!=NULL;pCurNode=pCurNode->next)
        {
            strcpy(addrInfo.name,pCurNode->addressInfo.name);
            strcpy(addrInfo.addr,pCurNode->addressInfo.addr);
            strcpy(addrInfo.phone,pCurNode->addressInfo.phone);
            fwrite(&addrInfo,sizeof(struct AddressInfo),1,fp);
        }
    }
    void main()
    {
        char ch;
        creat();
        do
        {
            fflush(stdin);
            printf("\n\n\n\n\t 欢迎使用通讯录管理程序");       /*显示提示的信息*/
            printf("\n\n\t 请选择相应的功能:");
            printf("\n\t\t1.显示所有信息");
            printf("\n\t\t2.删除");
            printf("\n\t\t3.查找");
            printf("\n\t\t4.插入");
            printf("\n\t\t5.修改");
```

C 语言程序设计实用教程

```c
        printf("\n\t\t6.保存并退出");
        printf("\n\n\n");
        printf("\t 输入 1-6:");
        ch=getchar();
        switch(ch)
        {
        case '1':
            Show();
            break;
        case '2':
            Delete();
            break;
        case '3':
            Find();
            break;
        case '4':
            Input();
            break;
        case '5':
            Alter();
            break;
        case '6':
            Save();
            fclose(fp);
            exit(0);
            break;
        default:
            printf("\n\t*********************************\n");
            printf("\n\t 输入的值应该为 1-6!!! \n");
            printf("\n\t*********************************");
            break;
        }
    }while(1);
}
```

本 章 小 结

　　本章介绍了 4 个实例，前三个分别使用迭代法、穷举法和回溯法三种不同的算法来解决实际问题；第四个例子是一个通讯录管理程序，程序较长，且涉及较多 C 语言的知识（**如循环、分支、结构体、指针、链表、自定义函数、库函数、文件操作等**），读者可能一下子看不明白，但不要紧，反复研究这些实例后可帮助读者更好理解 C 语言的知识以及一些常用算法，从而提高程序设计能力。

附 **A** 录

运算符优先级和结合性

C 语言运算符优先级和结合性如表 A.1 所示。

表 A.1　运算符优先级和结合性

优先级	运 算 符	含 义	参加运算对象个数	结合方向
1	( )	圆括号		自左至右
	[ ]	下标运算符		
	—>	指向结构体成员运算符		
	·	结构体成员运算符		
2	!	逻辑非运算符	1	自右至左
	～	按位取反运算符		
	++	自增运算符		
	——	自减运算符		
	—	负号运算符		
	(类型)	类型转换运算符		
	*	指针运算符		
	&	取地址运算符		
	sizeof( )	长度运算符		
3	*	乘法运算符	2	自左至右
	/	除法运算符		
	%	求余运算符		
4	+	加法运算符	2	自左至右
	—	减法运算符		
5	<<	左移运算符	2	自左至右
	>>	右移运算符		

优先级	运 算 符	含 义	参加运算对象个数	结合方向
6	< <= > >=	关系运算符	2	自左至右
7	==	等于运算符	2	自左至右
	!=	不等于运算符		
8	&	按位与运算符	2	自左至右
9	∧	按位异或运算符	2	自左至右
10	|	按位或运算符	2	自左至右
11	&&	逻辑与运算符	2	自左至右
12	||	逻辑或运算符	2	自左至右
13	?:	条件运算符	3	自右至左
14	= += -= *= /= %= >>= <<= &= ∧= |=	赋值运算符	2	自右至左
15	,	逗号运算符(顺序求值运算符)		自左至右

附 **B** 录

常用字符 ASCII 码

常用字符 ASCII 代码如表 B.1 所示。

表 B.1　常用字符 ASCII 代码对照表

字符	ASCII 码值（十进制）	字符	ASCII 码值（十进制）	字符	ASCII 码值（十进制）	字符	ASCII 码值（十进制）
NUL	0	ESC	27	6	54	Q	81
SOH	1	FS	28	7	55	R	82
STX	2	GS	29	8	56	S	83
ETX	3	RS	30	9	57	T	84
EOT	4	US	31	:	58	U	85
ENQ	5	SPACE	32	;	59	V	86
ACK	6	!	33	<	60	W	87
BEL	7	"	34	=	61	X	88
BS	8	#	35	>	62	Y	89
HT	9	$	36	?	63	Z	90
LF	10	%	37	@	64	[	91
VT	11	&.	38	A	65	\	92
FF	12	`	39	B	66	]	93
CR	13	(	40	C	67	^	94
SO	14	)	41	D	68	_	95
SI	15	*	42	E	69	'	96
DEL	16	+	43	F	70	a	97
DC1	17	,	44	G	71	b	98
DC2	18	—	45	H	72	c	99
DC3	19	.	46	I	73	d	100
DC4	20	/	47	J	74	e	101
NAK	21	0	48	K	75	f	102
SYN	22	1	49	L	76	g	103
ETB	23	2	50	M	77	h	104
CAN	24	3	51	N	78	i	105
EM	25	4	52	O	79	j	106
SUB	26	5	53	P	80	k	107

字符	ASCII 码值 （十进制）	字符	ASCII 码值 （十进制）	字符	ASCII 码值 （十进制）	字符	ASCII 码值 （十进制）
l	108	q	113	v	118	{	123
m	109	r	114	w	119	|	124
n	110	s	115	x	120	}	125
o	111	t	116	y	121	~	126
p	112	u	117	z	122	del	127

常用控制字符说明：

BEL(bell)：报警；　　　　BS(backspace)：退格；　　　HT(horizontal tab)：水平制表；

FF(form feed)：换页；　　LF(line feed)：换行；　　　VT(vertical tab)：垂直制表；

SUB (substitute)：替换；　CAN(cancel)：作废；　　　CR(carriage return)：回车；

ESC(escape)：换码；　　　SP(space)：空格；　　　　DEL(delete)：删除。

附 C 录

C 程序集成开发环境——VC++ 6.0

C.1　C 语言程序的编辑、编译、连接、运行

1. 启动 VC++ 6.0,并在其中编辑源程序

选择"开始/程序/Microsoft Visual Studio 6.0/Microsoft Visual C++ 6.0",启动 VC++ 6.0(图 C.1)。

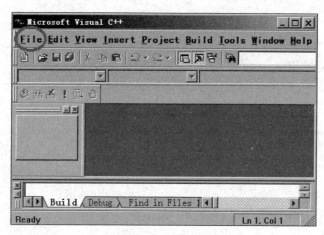

图 C.1　VC++ 6.0窗口

图 C.1 中,选择 File/New,弹出图 C.2 所示对话框。图 C.2 中,单击 Files 选项卡标签,选择 C++ Source File,在 File 下方栏内输入文件名,在 Location 下方栏内输入(或单击⊡按钮浏览选择)源程序的存储位置,单击 OK 按钮,弹出如图 C.3 所示窗口,便可在源程序编辑窗口输入源程序,输入完毕选择 File/Save(或单击工具栏上"存盘"按钮或 Ctrl+S 键)将编辑的源文件保存。

说明:

① 源程序扩展名请指定为.c,否则编译时有可能显示警告信息(若扩展名缺省,系统默认为.cpp,它是 C++ 程序设计语言源文件的默认扩展名)。

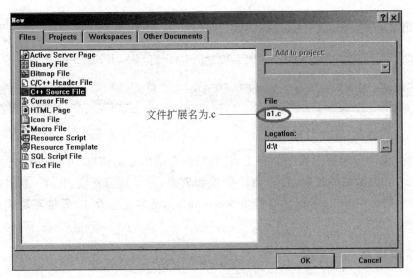

图 C.2　新建源文件

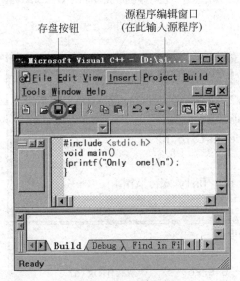

图 C.3　编辑源程序

　　② 也可在指定文件夹下,新建一个.txt 文件,再将扩展名.txt 强制改为.c,再用 VC++ 6.0 打开它(注意: 使用该法时,文件扩展名不能隐藏)。

2. 编译源文件,生成目标文件

　　菜单中选择 Build/Compile(或 **Ctrl+F7** 或图 **C.6** 所示工具栏中的"编译"按钮)。第一次编译会出现建立工作区请求(图 **C.4**),单击"是"按钮,出现保存请求(图 **C.5**),单击"是"按钮。

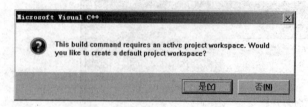

图 C.4 请求创建工作区

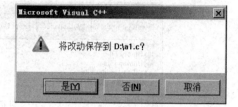

图 C.5 请求保存

编译时,编译器检查源程序中有无语法错误,若给出提示信息"0 error(s),0 warning(s)"(图 C.6),表示编译正确,没有语法错误和警告,并生成目标文件 a1.obj。若提示有错 error(s),则必须改正;若提示有警告 warning(s),通常也应改正(**即使不影响目标文件的生成**)。

3. 连接程序

选择 Build/Build(或 F7 或图 C.6 所示工具栏中的"连接"按钮)。系统给出提示信息"a1.exe-0 error(s),0 warning(s)",表示连接成功(图 C.7),生成可执行文件 a1.exe。

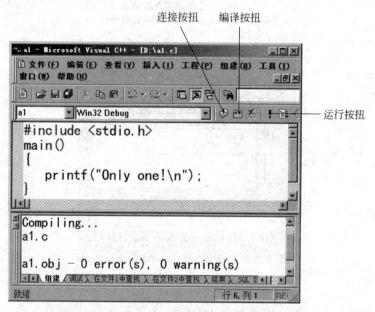

图 C.6 程序的编译

说明:编译和连接这两步可合二为一,但这并不意味 C 的源程序可不经编译而直接进行连接,因为直接执行"连接"选项,系统会自动对源程序编译后再连接。对初学者来说,建议分步进行编译和连接,以便逐步检查和修改程序。

4. 运行程序

选择 Build/Execute(或 **Ctrl+F5** 或图 **C.6** 所示工具栏中的"运行"按钮),弹出数据输入输出窗口显示程序输出结果"Only one!"(**图 C.8**),按任意键后退出图 C.8 所示窗

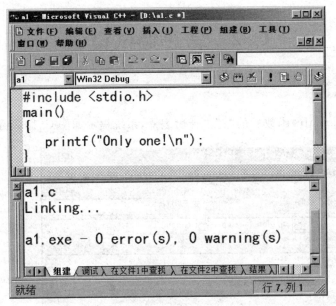

图 C.7　程序的连接

口,返回 VC++ 编辑窗口。

5. 关闭工作空间

执行 File/ Close Workspace(**图 C.9**),关闭工作空间和打开的 C 源程序文件。这一步是用 VC 调试完一个 C 源程序,开始调试下一个程序前必须进行的操作。若不关闭工作空间,直接新建第二个程序,将导致一个工作区内出现两个 main 函数,连接时将报错。

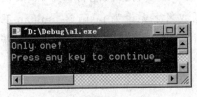

图 C.8　数据输入输出窗口

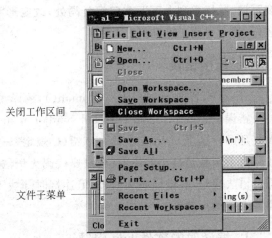

图 C.9　关闭当前文档和工作区

C.2　常见调试错误

1. 编译错误

将 a1.c 的 printf() 函数后的";"去掉后编译,系统提示如图 C.10 所示。

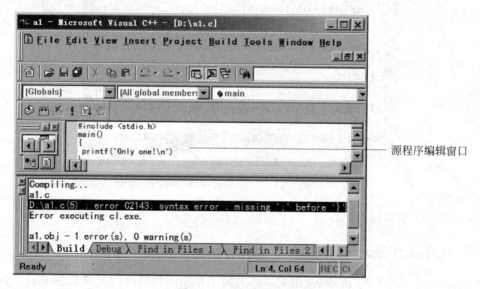

图 C.10　错误信息提示

光标定位到出错信息提示行(**图 C.10 中深色底纹行**),双击,源程序编辑窗口出现实心箭头,指向出错位置,一般箭头所指(**或附近**)行有错,如图 C.11 所示(**底部信息窗口高度可调,鼠标移到上下两窗口间分隔处,改变形状时拖动即可**)。改正错误,重新编译连接运行,就会得到正确结果。

2. 连接错误

a1.c 中,若把 main() 误写为 mian(),编译无错,但连接报错,如图 C.12 所示。

错误信息 unresolved external symbol_main(**不确定的外部"符号"**),对初学者来说不太好理解。这里 main 函数的名字错(**C 规定,一个 C 源程序必须有且只能有一个 main 函数**),由于函数是最小编译单位,只要代码无语法错误,函数名字无论为 main 还是 mian 都符合语法规定,故编译顺利通过,但连接时却找不到 main 函数,故报错(**将错误改正重新编译连接运行即可**)。

3. 编译时的软件 bug 问题

VC 使用中出现的最典型问题是编译时程序"假死",即编译时停在 Linking...不动,无法终止编译,也无法退出 VC。这时,用户只有强行终止 VC,步骤如下:

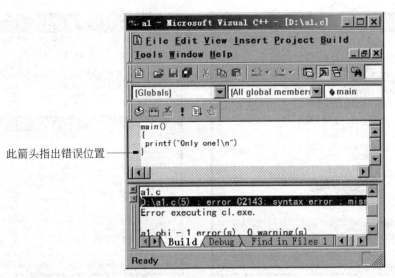

此箭头指出错误位置——

图 C.11　错误信息定位

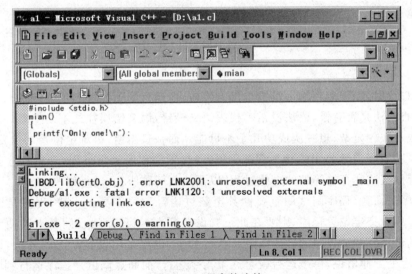

图 C.12　程序的连接

① 保存当前的源程序文件（**一般编译前,先保存源文件**）。

② 调出图 C.13 所示的任务管理器（**Ctrl＋Alt＋Delete 或任务栏空白处右击**）。

③ 单击"应用程序"选项卡标签,任务列表中选中 VC＋＋,单击"结束任务"按钮,若 VC 没有关闭,再次单击"结束任务"按钮,然后选择"立即结束"按钮。也可直接在"进程"选项卡找到 msdev. exe 进程,右击直接选择"结束进程"选项（**图 C.14**）。

④ 删除 Debug 文件夹下所有文件,启动 VC＋＋6.0,打开源程序并编译,一般就可解决问题。

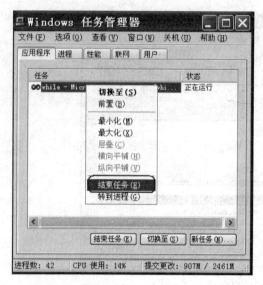

图 C.13 强制结束任务

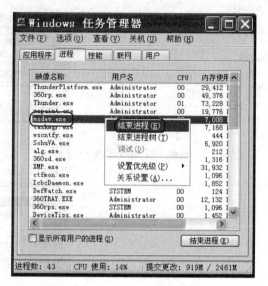

图 C.14 进程结束任务

C.3 高级调试方法

调试程序时,经常遇到编译没错也没有警告,但运行却不能得到正确结果。这是因为编译仅检查语法是否有错,语法没错不代表语义没错,语义错误往往不易发现。若程序规模较大,或算法较复杂,想一次成功几乎不可能。而一旦出错,很难定位错误位置。为此,VC++ 6.0 提供了有效易用的动态调试手段,通过跟踪程序运行过程,观察程序执行过程中变量、存储区或寄存器等值的变化过程,以便找出问题所在,进行修改。

对程序员而言,程序调试的重要性甚至超过语言学习本身。一般,程序是连续运行的,若要程序在指定位置暂停,则要在此位置设置断点,当程序运行到断点时便会中断执行,回到调试器。调试程序的方法以单步执行为主,也可采用设置断点的方法,依次运行到各断点之处。通俗说,单步运行就是逐条指令运行,而断点调试是程序运行到断点处暂停。无论单步运行还是设置断点,都是为观察变量的状态,结合窗口的输出,判断程序是否按预定逻辑正确执行,以下进行具体介绍(**注意:编译连接成功,才可进行动态调试**)。

为方便调试,先了解微型工具条和 Debug 工具栏按钮的具体含义(**表 C.1**)。

表 C.1 常用调试命令

菜单命令	按钮形状	快捷键	功 能 说 明
Compile		Ctrl+F7	编译(生成 .obj 文件)
Build		F7	连接或组建(先 Compile 生成 .obj 文件,再 Link 生成 .exe 文件)
Stop Build		Ctrl+Break	停止连接

菜单命令	按钮形状	快捷键	功 能 说 明
Execute program	！	Ctrl＋F5	执行程序,直到程序结束
Go	▣↓	F5	运行,直到断点处中断
Insert/Remove breakpoint	✋	F9	设置/取消断点
Step Over	⟨}↑	F10	单步跳过运行,若涉及子函数,不进入子函数内部
Step Into	⟨}	F11	单步进入运行,若涉及子函数,进入子函数内部
Run to Cursor	*{}	Ctrl＋F10	运行到当前光标处
Step Out	{}↑	Shift＋F11	运行到当前函数的末尾,跳转到上一级主调函数
Stop Debugging	▣✕	Shift＋F5	结束程序调试,返回程序编辑环境

通常,Debug 工具栏并不显示(**工具栏菜单空白区右击,选定 Debug 选项即可显示**)。其中,用处最大的是 F10 和 F11,记住这两个快捷命令,调试操作可方便很多。

VC 支持查看变量、表达式和内存的值。图 C.16 的下方,可看到两个观察窗口,左边是当前变量显示区(**Variables 窗口**),显示当前执行上下文中所有可见变量的值(**特别是前一条语句运行后发生改变的,以红色显示**),右边是自定义变量显示区(**Watch 窗口**),显示变量名及其当前值,单步执行过程中,可在 Watch 窗口加入所需观察的变量,以便监视,随时了解变量的当前情况。

1. 单步调试

单击调试就是单步执行程序,一次只执行一条语句,以便查看各相关变量的值。

① 单步跟踪跳过子函数(**Step Over,F10**),每按一次 F10 键,程序执行一行,涉及子函数时,不进入子函数内部。

② 单步跟踪进入子函数(**Step Into,F11**),每按一次 F11 键,程序执行一条无法再进行分解的程序行,涉及子函数时,进入子函数内部。

③ 单步跟踪跳出子函数(**Step Out,Shift＋F11**),按此组合键后,程序运行至当前函数的末尾,然后从当前子函数跳到上一级主调函数。

④ 按下 CTRL＋F10 键后,程序运行至当前光标所在处的语句。

现以求 1＋2＋3 源程序为例,进行调试(**尤其关注 while 语句的执行**)。编译连接成功后,按下 F10 键程序执行一步,从 main 函数进入,再按 F10 键,再执行一步(**即"int i, s;"**),之后出现图 C.15 所示界面。

图 C.15 中箭头所指"s＝0,i＝1;"为将要运行的下一条语句(**此刻还没有被执行**)。因此当前变量显示区中,变量 s、i 的值是随机值。再次按 F10 键,执行"s＝0,i＝1;",使 s、i 的值发生改变,当前变量窗口显示的变量值随之动态更新,如图 C.16 所示。

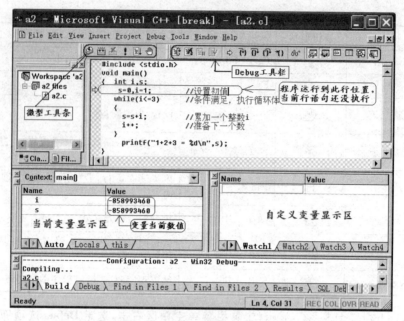

图 C.15　程序调试界面之一

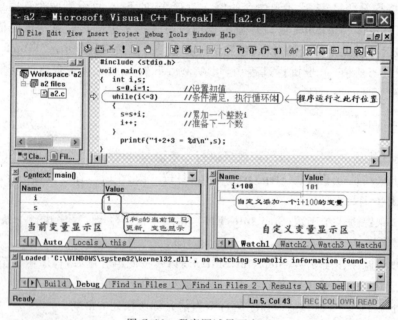

图 C.16　程序调试界面之二

　　若程序中 s 的初始值没有置零,那么此时 s 的值将不会由先前的那个随机值变为零,由此便可发现错误。若想观察若干典型变量或表达式值的变化情况,可打开 Watch 窗口,直接在 Name 下方文本框里输入所需观察变量的名字或表达式(例如,**图 C.16** 中在自定义变量显示区,输入表达式 **i＋100**,随着程序的运行,其值将被动态更新)。请读者用单步执行方法,继续调试本例(注意观察 while 循环的执行过程),直至程序执行结束。

2. 断点调试

若程序规模较大,仍采用单步执行,则比较繁琐。采用断点调试,可跳过无须关注的中间环节,比较灵活高效。断点调试,就是让程序连续执行,直到遇断点时停下,中断执行,回到调试器,以便观察各相关变量、存储区、寄存器等的瞬时值,然后再让程序从当前执行点开始一直向后继续执行程序,直到遇到下一个断点,或执行到程序结束。

① 设置断点

光标移到需设置断点的行,按 F9 键或单击工具条上的 按钮,所在程序行左侧出现一个紫红色实心圆点,表明断点设置成功。

② 运行到断点

选择 Build/Start Debug/Go(**或相关按钮**),程序执行到第一个断点处暂停(**此时该行左侧紫色圆点上出现黄色箭头**),仔细观察分析变量取值情况后,单击 F5 键,程序继续从箭头所指行起执行,直到下一个断点处,再次暂停。

仍以求 1+2+3 的源程序为例,在"s=s+i;"行设置断点,按 F5 键第一次暂停时情况如图 C.17 所示。

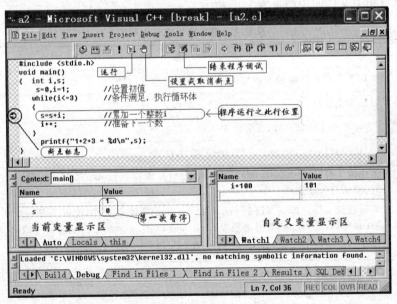

图 C.17　断点调试之一

因断点在 while 循环内,按 F5 键暂停时,"s=s+i;"之前的语句已经被执行,但"s=s+i;"还没执行,故 s 为 0,i 为 1。再次按 F5 键,程序执行"s=s+i;",使 s 值变为 1,接着执行"i++;",使 i 值变为 2。之后回到循环头 while(i<=3),此时 i 为 2,i<=3 为真,再次进入循环体。遇到"s=s+i;"再次暂停,相关变量取值如图 C.18 所示,再次单击 F5 键,又从断点所在行开始继续向下执行。执行"s=s+i;",使 s 值变为 3,执行"i++;",使 i 值变为 3,再次回到循环头时,i 的值为 3,i<=3 为假,于是退出循环,执行 printf 语句输出相关结果后,遇到最后的},整个程序运行结束。

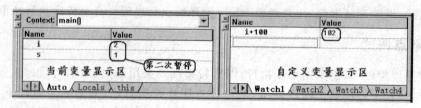

图 C.18　断点调试之二

③ 取消断点

调试过程中,若某断点处问题已排除,则可将该断点取消。这只要在断点处,单击 F9 键即可(或单击"编译"工具条上 按钮)。

无论单步调试,还是断点调试,调试过程中,若要结束调试,返回编辑环境,可选择 Debug/ Stop Debugging 命令,或单击 Debug 工具条上 按钮,或按 Shift+F5 键,即可结束调试。

C.4　VC 项目文件说明

VC 项目相关文件的说明见表 C.2 所示。

表 C.2　相关项目文件说明

扩展名	说　明
.opt	工程关于开发环境的参数文件(如工具条位置等信息)
.aps	资源辅助文件(AppStudio File),二进制格式
.clw	ClassWizard 信息文件,实际上是 INI 文件的格式
.dsp	项目文件(DeveloperStudio Project),文本格式
.dsw	工作区文件(DeveloperStudio Workspace),其他特点与 dsp 类似。一般,打开软件系统时,默认打开此文件
.plg	编译信息文件。即编译时的 error 和 warning 等信息文件(实际上是一个 html 文件)。Tools/Options/build 的可选项 Write Build Log[.plg]用于控制是否生成该文件
.hpj	生成帮助文件的工程(Help Project),用 Microsoft Help Compiler 可以处理
.mdp	旧版本的项目文件(Microsoft DevStudio Project),若要打开此文件,会提示你是否转换成新的 dsp 格式
.bsc	浏览信息文件,用于浏览项目信息,若用 Source Brower 的话就必须有这个文件
.map	执行文件的映像信息记录文件,除非对系统底层非常熟悉,否则不用这个文件
.pch	预编译文件(Pre-Compiled File),可加快编译速度,但文件非常大
.pdb	记录了与程序有关的一些数据和调试信息(Program Database),调试时可能有用
.exp	只有在编译 dll 时才会生成,记录了 dll 文件中的一些信息,一般不用
.ncb	无编译浏览文件(no compile browser),当自动完成功能出问题时可删除此文件

附 **D** 录

C 常用标准库函数

1. 数学函数

C 语言中主要数学函数如表 D.1 所示。若程序中使用数学函数,源文件开头要有文件包含命令: ♯ include<math. h>。

表 **D.1** 常用数学函数

函数名	函 数 原 型	功　　能	返　回　值
abs	int abs(int x)	求整数 x 的绝对值	计算结果
acos	double acos(double x)	计算 $\cos^{-1}(x)$ 的值,$-1{\leqslant}x{\leqslant}1$	计算结果
asin	double asin(double x)	计算 $\sin^{-1}(x)$ 的值,$-1{\leqslant}x{\leqslant}1$	计算结果
atan	double atan(double x)	计算 $\tan^{-1}(x)$ 的值	计算结果
atan2	double atan2(double x,double y)	计算 $\tan^{-1}(x/y)$ 的值	计算结果
cos	double cos(double x)	计算 $\cos(x)$ 的值,x 单位为弧度	计算结果
cosh	double cosh(double x)	计算 $\cosh(x)$ 的值	计算结果
exp	double exp(double x)	求 e^x 的值	计算结果
fabs	double fabs(double x)	求 x 的绝对值	计算结果
floor	double floor(double x)	求不大于 x 的最大整数	以双精度实数形式返回该整数
ceil	double ceil (double x)	求大于 x 的最小整数	以双精度实数形式返回该整数
fmod	double fmod(double x,double y)	求整除 x/y 的余数	以双精度实数形式返回余数
log	double log(double x)	求 $\log_e x$ 即 $\ln x$	计算结果
log10	double log10 (double x)	求 $\log_{10} x$	计算结果
modf	double modf(double x, double ∗ p)	把 x 分解成整数部分和小数部分,整数部分存到 p 所指单元	x 的小数部分
pow	double pow(double x,double y)	求 x^y 的值	计算结果

函数名	函数原型	功 能	返 回 值
sin	double sin(double x)	求 sin(x)的值，x 单位弧度	计算结果
sinh	double sinh(double x)	计算 sinh(x)的值	计算结果
sqrt	double sqrt (double x)	计算$\sqrt{x}$，x≥0	计算结果
tan	double tan(double x)	计算 tan(x)的值，x 单位弧度	计算结果
tanh	double tanh(double x)	计算 tanh(x)的值	计算结果

2. 字符函数

C 语言常用字符函数如表 D.2 所示。使用字符函数时，要在源文件开头使用命令：#include <ctype.h>。

表 D.2 常用字符函数

函数名	函数原型	功 能	返 回 值
isalnum	int isalnum(int c)	检查 c 是否字母或数字	是返回非零，否则返回 0
isalpha	int isalpha(int c)	检查 c 是否字母	是返回非零，否则返回 0
iscntrl	int iscntrl(int c)	检查 c 是否控制字符（ASCII 码在 0～0x1f 间，及 0x7f）	是返回非零，否则返回 0
isdigit	int isdigit(int c)	检查 c 是否数字字符（'0'～'9'）	是返回非零，否则返回 0
isgraph	int isgraph(int c)	检查 c 是否可打印字符（不含空格）（ASCII 码 0x21～0x7e）	是返回非零，否则返回 0
islower	int islower(int c)	检查 c 是否英文小写字母	是返回非零，否则返回 0
isprint	int isprint(int c)	检查 c 是否可打印字符（含空格）（ASCII 码 0x21～0x7e）	是返回非零，否则返回 0
ispunct	int ispunct(int c)	检查 c 是否标点字符（不含空格）（ASCII 码 0x00～0x1f），即除字母、数字和空格外的所有可打印字符	是返回非零，否则返回 0
isspace	int isspace(int c)	检查 c 是否空格、跳格符（制表符）或换行符	是返回非零，否则返回 0
isupper	int isupper(int c)	检查 c 是否大写英文字母	是返回 1，否则返回 0
isxdigit	int isxdigit(int c)	检查 c 是否十六进制数字字符（0～9，或 A～F，或 a～f）	是返回非零，否则返回 0
tolower	int tolower(int c)	将字符 c 转换为英文小写字母	返回 c 对应的小写字母
toupper	int toupper(int c)	将字符 c 转换为英文大写字母	返回 c 对应的大写字母

3. 字符串函数

C 语言常用字符串函数如表 D.3 所示。使用字符串函数时，要在源文件开头使用命令：#include <string. h>。

表 D.3　常用字符串函数

函数名	函 数 原 型	功　能	返　回　值
strcat	char * strcat(char * s1,char * s2)	把字符串 s2 接到 s1 后面,取消原来 s1 最后的结束符'\0'	返回 s1
strchr	char * strchr (char * s,int c)	找出字符串 s 中第一次出现字符 c 的位置	返回指向该位置的指针,若找不到返回 NULL
strcmp	int strcmp (char * s1,char * s2)	比较字符串 s1 和 s2	s1<s2 时,返回负数;s1＝s2 时,返回 0;s1>s2 时,返回正数
strcpy	char * strcpy (char * s1,char * s2)	把字符串 s2 复制到 s1 中去	返回 s1
strlen	unsigned int strlen (char * s)	统计字符串 s 中字符的个数(不包括终止符'\0')	返回字符个数
strncat	char * strncat (char * s1, char * s2, unsigned int n)	把字符串 s2 中最多 n 个字符连到串 s1 后面,并以 NULL 结尾	返回 s1
strset	char * strset(char * p,char ch)	将 p 所指串中的全部字符都变为字符 ch	返回 p
strstr	char * strstr(char * s1,char * s2)	寻找字符串 s2 在字符串 s1 中首次出现的位置	成功返回该位置的地址,否则返回 NULL

4. 输入输出函数

C 语言中常用输入输出函数如表 D.4 所示。使用输入输出函数时,要在源文件中使用命令：#include "stdio. h"。

表 D.4　常用输入输出函数

函数名	函 数 原 型	功　能	返　回　值
fclose	int fclose(FILE * fp)	关闭 fp 所指文件,释放文件缓冲区	成功返回 0,否则返回非 0
feof	int feof(FILE * fp)	检查文件是否结束	结束返回非 0,否则返回 0
fgets	char * fgets (char * p, int n, FILE * fp)	从 fp 所指文件最多读取(n−1)个字符(遇'\n'、^z 终止),存入起始地址为 p 的空间	成功返回 p,失败返回 NULL
fgetc	int fgetc(FILE * fp)	从 fp 所指文件中读取一个字符	成功返回所取字符,失败返回 EOF
fopen	FILE * fopen (char * fname,char * mode)	以 mode 方式打开文件 fname	成功返回文件指针,失败返回 NULL
fputc	int fputc(int ch,FILE * fp)	将字符 ch 输出到 fp 所指文件中	成功返回该字符,失败返回 EOF
fputs	int fputs(char * s,FILE * fp)	将字符串 s 输出到 fp 所指文件中	成功返回写入的字符个数,失败返回 EOF

函数名	函数原型	功　能	返回值
fread	int fread (void * pt, unsigned size, unsigned n, FILE * fp)	从 fp 所指文件中读取长度为 size 的 n 个数据项,存到 pt 所指内存中	返回实际读取到的数据项个数,若该数小于 n,表示有错误发生或可能读到了文件的尾,可用 eof() 或 ferror() 检查发生了何种情况
fseek	int fseek (FILE * fp, long offset,int base)	将 fp 所指文件的位置指针移到 base 为基准、offset 为位移量的位置	成功返回当前位置,否则返回—1
fwrite	int fwrite (void * p, unsigned size, unsigned n, FILE * fp)	把 p 所指 n * size 个字节输出到 fp 指向的文件中	返回实际写入的数据项数目
getc	int getc(FILE * fp)	从 fp 所指文件中读取一个字符	成功返回读取字符,失败返回 EOF
getchar	int getchar()	从标准输入设备读取一个字符	成功返回所读字符,失败返回—1
gets	char * gets(char * s)	从标准输入设备读取字符串存入 s 指向的数组(输入的串以回车结束)	成功返回 s,失败返回 NULL
printf	int printf(char * format,输出项表)	按 format 给定输出格式,将输出项表各表达式的值,输出到标准设备	成功返回输出字符的个数
putchar	int putchar(int ch)	把字符 ch 输出到标准输出设备	成功返回字符 ch,失败返回 EOF
puts	int puts(char * s)	把串 s 输出到标准输出设备,将'\0'转换为'\n'输出	成功返回非负值,失败返回 EOF
remove	int remove(char * fname)	删除名为 fname 的文件	成功返回 0,失败返回—1
rename	int rename (char * oname, char * nname)	将文件名 oname 改为 nname	成功返回 0,出错返回—1
rewind	void rewind(FILE * fp)	移动 fp 所指文件的读写位置到文件头,并清除文件结束标志和错误标志	无
scanf	int scanf(char * format,输入项地址表)	从标准输入设备按 format 规定的格式输入数据,存入各输入项地址表列指定的内存单元	成功返回输入数据的个数,若文件结束返回 EOF,若出错返回 0

5. 动态存储分配函数

C 语言中常用动态存储分配函数如表 D.5 所示。使用动态存储分配函数时,要在源文件中使用命令: #include <stdlib. h>。

函数名	函 数 原 型	功 能	返 回 值
calloc	void * calloc (unsigned n, unsigned size)	分配 n 个连续内存单元,每个单元大小为 size 字节	成功返回分配内存单元的起始地址,失败返回 NULL
free	void free(void * p)	释放 p 所指内存区	无
malloc	void * malloc (unsigned size)	分配 size 个字节的内存区	成功返回所分配内存单元的首地址,失败返回 NULL
realloc	void * realloc (void * p, unsigned size)	将 p 所指已分配内存区的大小改为 size	成功返回该内存区首地址,失败返回 NULL

6. 其他函数

表 D.6 中罗列表 D.1～表 D.5 中未介绍的常用函数。其他函数也是 C 语言的标准库函数,由于不便归入某一类,故单独列出。使用这类函数时,要在源文件中使用命令: ♯include ＜stdlib.h＞。

表 D.6　其他常用函数

函数名	函 数 原 型	功 能	返 回 值
atof	double atof(char * p)	将 p 所指字符串转换为 double 型的值	返回转换后的数值;若字符串 p 不能被转换为 double,则返回 0
atoi	int atoi(char * p)	将 p 指向的字符串转换为 int 型的值	返回转换后的整型数;若 p 不能转换成 int 或 p 为空串,则返回 0
atol	long atol(char * p)	将 p 指向的字符串转换为 long 型值	返回转换后的长整型数(long);若 p 不能转换成 long 或 p 为空串,则返回 0
exit	void exit(int status)	中止程序运行,清除和关闭所有打开的文件。将 status 的值返回调用的过程	无
rand	int rand()	产生 0 到 RAND_MAX 间的伪随机数。RAND_MAX 在头文件中定义	伪随机整数
srand	void srand (unsigned int)	用来建立 rand()产生序列值的起始点(即为 rand()设置种子)	无

参 考 文 献

[1] 杨路明,郭浩志.C 语言程序设计教程(第二版).北京:北京邮电大学出版社,2005.

[2] 杨克昌.C 语言程序设计.武汉:武汉大学出版社,2007.

[3] 安俊秀.C 程序设计.北京:人民邮电出版社,2007.

[4] 谢乐军.C 语言程序设计与应用.北京:冶金工业出版社,2004.

[5] 苏小红等.C 语言程序设计.北京:高等教育出版社,2011.

[6] 谭浩强著.C 程序设计(第 4 版).北京:清华大学出版社,2009.

[7] 吴文虎著.程序设计基础.北京:清华大学出版社,2003.

[8] 杨起帆主编.C 语言程序设计教程.杭州:浙江大学出版社,2006.

[9] 郝玉洁等.C 语言程序设计.北京:机械工业出版社,2000.

[10] 吴国凤主编.C 语言程序设计教程.合肥:中国科学技术大学出版社,2004.

[11] 孟庆昌,陈海鹏,马鸣远,刘振英.C 语言程序设计.北京:人民邮电出版社,2006.

[12] 王柏盛,李万庆,贺洪江.C 程序设计.北京:高等教育出版社,2005.

[13] 王行言.计算机程序设计基础.北京:高等教育出版社,2005.

[14] 陈朔鹰.C 语言程序设计习题集.北京:人民邮电出版社,2000.

[15] 高克宁等.C 语言程序设计.北京:科学出版社,2003.

[16] 崔培伟等.C/C++ 语言程序设计.北京:石油大学出版社,2000.

[17] H. M. Deitel 等著,薛万鹏等译.C 程序设计教程.北京:机械工业出版社,2000.

[18] Dennis M. ritchie(美),等著,徐宝文,等译.C 程序设计语言(第二版).北京:机械工业出版
社,2001.

[19] Herbert Schild 著,戴健鹏译.C 语言大全(第二版).北京:电子工业出版社,1994.

[20] 田淑清.全国计算机等级考试教程——C 语言程序设计.北京:高等教育出版社,2002.

[21] 迟成文著.高级语言程序设计(2007 年版).北京:经济科学出版社,2007.

[22] 李春葆.C 语言习题集解答.北京:清华大学出版社,1999.

[23] 洪锦魁.C 语言程序设计.北京:科学出版社,2004.

[24] 赵永哲.C 语言程序设计.北京:科学出版社,2003.

[25] 王敬华,林萍,陈静.C 语言程序设计教程.北京:清华大学出版社,2005.

[26] 王曙燕.C 语言程序设计.北京:科学出版社,2005.

[27] 郑平安等.程序设计基础(C 语言)(第二版).北京:清华大学出版社,2006.

[28] 郝谦,孙英华.C 程序设计.北京:北京邮电大学出版社,2005.

[29] 张树粹,孟佳娜.C 语言程序设计.北京:人民邮电出版社,2005.

[30] 陈策等.C/C++ 程序设计教程.北京:机械工业出版社,2004.

[31] 李丽娟等.C 语言程序设计(第二版).北京:中国铁道出版社,2009.